U0225909

社会学前沿问题论丛

SOCIAL STUDIES FRONTIER ISSUES

数字经济时代
企业生态责任
与
声誉

刘　军　刘贵容◎著

ECOLOGICAL RESPONSIBILITY AND
REPUTATION OF
ENTERPRISES IN THE ERA OF
DIGITAL ECONOMY

本书得到重庆市教育委员会本科高校大数据智能化类特色专业建设项目（项目立项文件：渝教高发〔2018〕12号）、重庆市2019年本科高校一流专业立项建设项目（项目立项文件：渝教高发〔2019〕7号）等建设项目的支持。

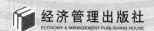

经济管理出版社
ECONOMY & MANAGEMENT PUBLISHING HOUSE

图书在版编目（CIP）数据

数字经济时代企业生态责任与声誉/刘军，刘贵容著. —北京：经济管理出版社，2021.5
ISBN 978 - 7 - 5096 - 8009 - 4

Ⅰ.①数… Ⅱ.①刘…②刘… Ⅲ.①生态环境建设—企业责任—研究—中国 ②生态环境建设—企业形象—研究—中国 Ⅳ.①X321.1②F279.23

中国版本图书馆 CIP 数据核字（2021）第 103021 号

组稿编辑：王光艳
责任编辑：王虹茜
责任印制：张莉琼
责任校对：张晓燕

出版发行：经济管理出版社
　　　　　（北京市海淀区北蜂窝 8 号中雅大厦 A 座 11 层　100038）
网　　　址：www. E - mp. com. cn
电　　　话：(010) 51915602
印　　　刷：唐山昊达印刷有限公司
经　　　销：新华书店
开　　　本：720mm × 1000mm/16
印　　　张：16
字　　　数：305 千字
版　　　次：2021 年 6 月第 1 版　2021 年 6 月第 1 次印刷
书　　　号：ISBN 978 - 7 - 5096 - 8009 - 4
定　　　价：68.00 元

前　言

中国改革开放 40 多年来，经济快速发展，市场需求旺盛，一些企业单纯追逐利润最大化，往往忽视生态责任的履行。由于企业在环境保护意识上不够重视，导致"碳达峰""碳中和"才会在第七十五届联合国大会上被提出。同样地，在信息化高速发展的现代社会和竞争激烈的市场中，很多新兴的互联网企业也缺乏生态责任履行的责任感，给企业和社会带来巨大危害，互联网金融的 P2P 爆雷、房屋信用融资租赁 APP 企业一夜"坍塌"等事件屡被曝光。新时代中国特色社会主义经济建设的先进理念是抓住数字经济时代的经济运行规律，以供给侧结构性改革为主线，以市场资源配置为核心，以体制改革和宏观调控为重要手段，以提质增效为宗旨，致力于带动经济社会的重大变革。在这样的数字经济发展新理念下，企业生态责任的履行是提升企业声誉，保持竞争优势，实现可持续发展的重要推动因素。因此，对企业生态责任、企业声誉等相关理论的创新研究具有重要的理论意义和现实意义。

企业生态责任源于企业社会责任，在可持续发展的背景下，企业面临的压力增大。面对资源的稀缺性以及环境恶化的瓶颈制约，企业需要确定自己在产业生态链中的位置以从产业生态系统中获利，产业生态化是实现企业可持续发展的重要途径，为企业实施清洁生产技术、生态友好型生产模式奠定了内在基础。与此同时，研究表明，相关生态环境保护法规的存在、公众对生态保护意识的提高以及来自生态消费市场的激励，构成了企业生态友好行为的外在动力。企业积极履行生态责任有利于树立正面的企业形象，提高企业的声誉。声誉作为企业的无形资产，在当今企业市场竞争中具有重要的地位。企业声誉源于其信誉、诚信、安全和责任；而责任则是环境、生态、安全和慈善公益等社会行为共同作用的结果。企业社会责任作为企业声誉的先导变量，其行为推进了利益相关者对企业的"识别"，利益相关者在这其中感受到了自身价值观与公司价值观的融合，从而推动利益相关者与企业之间良好关系的构建，对提升企业声誉具有积极作用。企业社会责任信息能直接或者间接影响消费者购买意愿。企业社会责任能够对消费者的潜在购买需求、企业声誉的评价产生积极影响，从而推动企业经营绩效的增长和提升。因此，企业生态责任与企业声誉、企业绩效之间存在怎样的关系，三者又如何对企业可持续发展产生影响是本书研究的重点。而随着数字经济及移动互联网的发展，互联网企业在信息传播、价值导向、文化建设等方面具有不可推卸的社会责任，其履行程度还直接影响着互联网的生态环境，那么互联网企业的生态责任与企业声誉的关系如何呢？与传统企业的社会生态责任和企业声誉的关系一致吗？互联网生态责任的特殊性有哪些？互联网企业又该如何构建自己的生态责任和社会责任呢？

为解开这些疑惑，我和我的团队耗时近6年时间进行文献梳理、深度访谈、实地调研、问卷调查、实证分析等科研工作，才得以完成本书。

本书共分四篇。第一篇为研究背景，共两章。其中，第一章主要是阐述企业生态责任的重要性和必要性；第二章主要是文献综述，为后续模型假设奠定基础。第二、第三篇为主要的研究内容，分为传统企业篇和数字经济型企业篇。第二篇针对传统企业，研究生态责任与企业声誉的关系，共五章。其中，第三章在第二章文献梳理的基础上构建本书的理论模型；第四至第七章则是通过具体的实证研究来验证第三章的理论模型，通过实证研究，假设检验得以验证，企业生态责任的履行会提高企业声誉，进而提高企业绩效，而企业绩效的提高也会提高企业声誉，只是影响程度没有企业生态责任对企业声誉的影响程度大，可见企业生态责任对企业声誉的重要性和对企业可持续发展的重要性。第三篇为拓展研究，对现在新兴的数字经济型企业的生态责任履行与企业声誉之间的关系进行探索性研究。研究表明，传统企业的生态责任与企业声誉的关系研究，其结论也同样适用于数字经济型企业，这为规范和提高我国数字经济时代的数字经济型企业的社会责任履行意识提供了重要的指导意义。第三篇包含第八章至第十二章，各章分别探讨以电子商务、网络媒体、互联网金融、搜索引擎和网络游戏五类互联网企业为代表的数字经济型企业社会责任与企业声誉的关系。第四篇（第十三章）

为研究结论，对全文进行概括总结。

感谢刘贵容教授和重庆移通学院信息管理与信息系统专业"大数据智能化类特色专业"建设团队和"一流专业"项目团队成员，他们在文献收集与梳理、问卷设计与数据采集、样本统计分析等重要工作上提供了高质高效的研究帮助；感谢如新集团为我们的实证研究提供了大量的实证环境与数据支持；感谢各界朋友对我们工作的理解与大力支持。

本书在撰写过程中参考了大量的文献资料，在此，向各相关作者表示深深的敬意和诚挚的感谢。由于数字经济型企业生态责任与企业声誉的研究还不够深入，也缺乏实证研究，全书的内容不够全面；另外，尽管我和我的团队秉承"精益求精"的工作精神，但研究分析和本书的撰写过程中难免存在疏漏和不当之处，还请读者不吝批评指正。

刘 军

2021 年 3 月

目　录

第一篇　研究背景

第一章　绪论 ··· 3

一、研究背景 ··· 3

（一）企业生态责任问题突出 ·· 3

（二）数字经济时代更利于企业生态责任的履行 ·········· 6

（三）网络新媒体对企业声誉的影响 ······························· 9

（四）数字经济时代企业生态责任的重要性与必要性 ··· 9

（五）问题的提出 ··· 10

二、研究内容 ··· 11

三、研究思路 ··· 13

四、研究方法 ··· 15

（一）文献分析法 ··· 15

（二）深度访谈法 ··· 15

（三）问卷调查法 ··· 15

（四）数理统计分析法 ··· 15

（五）对比分析法 ··· 15

（六）案例分析法 ··· 16

五、研究价值及贡献 ··· 16

第二章　文献综述 ··· 17

一、企业声誉 ··· 17

（一）企业声誉的概念及内涵 ·· 17

（二）企业声誉特征及作用 18

（三）企业声誉测量概况 19

（四）企业声誉与企业形象、组织认同辨析 22

二、企业生态责任 23

（一）企业生态责任的提出 23

（二）企业生态责任的内涵 24

（三）企业生态责任的作用 25

（四）企业生态责任的理论基础 27

三、企业生态责任与企业声誉 30

四、数字经济型企业生态责任与企业声誉的关系研究 31

（一）数字经济型企业生态责任与社会责任的关系 31

（二）数字经济型企业社会责任履行与企业声誉的关系研究 32

五、研究述评 33

第二篇　研究内容——传统企业篇

第三章　企业声誉与企业生态责任理论模型构建 37

一、企业声誉理论模型 37

（一）企业声誉与企业绩效的关系 38

（二）企业声誉理论模型 40

二、企业生态责任理论模型 42

（一）企业生态责任与企业绩效的关系 42

（二）企业生态责任理论模型 43

三、企业生态责任与企业声誉模型 46

第四章　实证研究方法与实施过程 48

一、明确数据分析的目标 48

（一）问题提出 48

（二）模型假设 49

（三）指标体系的建立 49

二、做好数据准备 50

（一）数据来源的确立 50

（二）数据采集方式的确立 58

　　　（三）量表设计 ·· 58

　二、准确采集数据与数据预处理 ····················· 60

　四、数据分析与结论解读 ····························· 61

第五章　如新企业生态责任与企业声誉实证分析 ············· 62

　一、描述性统计分析 ································· 62

　二、量表因子分析 ··································· 63

　　　（一）生态产品及服务偏好因子分析 ············· 65

　　　（二）企业生态责任因子分析 ················· 68

　三、量表信度检验 ··································· 73

　　　（一）企业生态产品和服务的偏好量表信度检验 ····· 73

　　　（二）企业生态责任信度检验 ················· 76

　　　（三）企业绩效信度检验 ··················· 77

　四、描述性分析与结果讨论 ······················· 77

　　　（一）数据分析 ······················· 78

　　　（二）分析结果讨论 ··················· 79

　五、回归分析与结果讨论 ························· 80

　　　（一）企业生态责任、企业声誉与企业绩效回归分析 ····· 80

　　　（二）分析结果讨论 ··················· 82

第六章　公众企业生态责任与企业声誉实证分析 ············· 84

　一、量表项目分析 ··································· 85

　二、因子分析 ····································· 97

　　　（一）探索性因子分析 ··················· 97

　　　（二）第二次因子分析 ··················· 104

　三、量表信度 ····································· 110

　四、回归分析 ····································· 111

　　　（一）相关分析 ······················· 111

　　　（二）多元回归分析 ··················· 112

　五、结构方程模型 ································· 117

第七章　如新企业和公众对企业生态责任与企业声誉实证研究的比较

　　　分析 ······································ 123

　一、分开研究的原因 ······························· 123

二、数据采集方式及其结果的比较 ·············· 123

三、调查问卷量表设计的比较 ·················· 124

四、统计分析方法的比较 ······················ 125

（一）描述性统计分析 ························ 125

（二）因子分析与信度检验 ···················· 125

（三）回归分析 ······························ 126

（四）结构方程模型分析 ······················ 126

五、分析结论的比较 ·························· 127

（一）问卷1的实证分析结果 ·················· 127

（二）问卷2的实证分析结果 ·················· 127

（三）两者分析的结果一致 ···················· 127

第三篇　研究内容——数字经济型企业篇

第八章　电子商务企业社会责任与企业声誉的关系研究 ········ 131

一、我国电子商务的发展概况 ·················· 131

（一）我国电子商务的发展特点 ················ 131

（二）我国电子商务的发展趋势 ················ 133

（三）我国电子商务发展的问题 ················ 133

二、电子商务企业社会责任的界定 ·············· 133

（一）电子商务企业社会责任研究综述 ·········· 133

（二）电子商务企业社会责任的内涵 ············ 134

三、我国电子商务企业社会责任的问题与对策 ······ 136

（一）存在的问题 ···························· 136

（二）问题的成因分析 ························ 136

（三）对策建议 ······························ 139

四、案例分析——阿里巴巴社会责任履行分析 ······ 141

（一）阿里巴巴集团简介 ······················ 141

（二）阿里巴巴的社会责任是其核心竞争力 ········ 142

（三）阿里巴巴社会责任模型体系 ·············· 143

（四）阿里巴巴社会责任履行现状 ·············· 146

五、电子商务企业社会责任与企业声誉的关系 ······ 150

第九章　网络媒体企业社会责任与企业声誉的关系研究 …………… 153

一、网络媒体企业社会责任的重要性 ……………………………… 153

二、网络媒体企业社会责任的界定 ………………………………… 154

（一）网络媒体企业社会责任研究综述 ……………………… 154

（二）网络媒体企业社会责任理论依据 ……………………… 155

（三）网络媒体企业社会责任的构成体系 …………………… 156

三、网络媒体社会责任的问题与对策 ……………………………… 160

（一）网络媒体企业社会责任履行的问题 …………………… 160

（二）网络媒体企业社会责任缺失的原因分析 ……………… 161

（三）网络媒体企业社会责任的推进措施 …………………… 162

四、案例分析——今日头条的社会责任之路任重道远 …………… 164

（一）今日头条简介 …………………………………………… 164

（二）今日头条运作方式暗藏社会责任问题 ………………… 165

（三）今日头条社会责任的整改与落实 ……………………… 169

（四）今日头条社会责任履行与企业声誉关系研究 ………… 171

五、网络媒体企业社会责任与企业声誉的关系 …………………… 174

（一）研究结论 ………………………………………………… 174

（二）对策建议 ………………………………………………… 175

（三）研究局限与展望 ………………………………………… 176

第十章　互联网金融企业社会责任与企业声誉的关系研究 ……… 177

一、互联网金融发展概况与业务类型 ……………………………… 177

二、互联网金融企业社会责任的界定 ……………………………… 178

三、互联网金融企业社会责任问题与对策分析 …………………… 179

（一）存在的问题 ……………………………………………… 179

（二）问题的成因分析 ………………………………………… 181

（三）对策建议 ………………………………………………… 182

四、案例分析——宜信社会责任与企业声誉关系研究 …………… 185

（一）宜信公司简介 …………………………………………… 185

（二）宜信社会责任治理体系 ………………………………… 186

（三）宜信公司社会责任履行概况 …………………………… 187

（四）宜信社会责任与企业声誉的关系 ……………………… 189

五、互联网金融企业社会责任与企业声誉的关系 ………………… 190

第十一章　搜索引擎企业社会责任与企业声誉的关系研究…………… 192

一、搜索引擎的工作原理与盈利模式 ………………………………… 192

（一）工作原理 ………………………………………………… 192

（二）盈利模式 ………………………………………………… 194

二、搜索引擎社会责任的界定 ………………………………………… 197

（一）搜索引擎的媒体性质 …………………………………… 197

（二）搜索引擎的社会责任 …………………………………… 198

三、搜索引擎社会责任的问题与对策 ………………………………… 200

（一）搜索引擎社会责任的缺失现象 ………………………… 200

（二）搜索引擎社会责任缺失的原因分析 …………………… 202

（三）搜索引擎社会责任的治理对策 ………………………… 203

四、案例分析——百度社会责任与企业声誉的关系 ………………… 205

（一）百度简介 ………………………………………………… 205

（二）百度社会责任概况 ……………………………………… 206

（三）百度社会责任与企业声誉的关系 ……………………… 209

五、搜索引擎企业社会责任与企业声誉的关系 ……………………… 210

第十二章　网络游戏企业社会责任与企业声誉的关系研究 ………… 211

一、网络游戏引发的社会问题 ………………………………………… 211

二、网络游戏企业应当承担社会责任的原因 ………………………… 213

（一）虚拟性 …………………………………………………… 213

（二）遥在性 …………………………………………………… 213

（三）弱规范性 ………………………………………………… 213

（四）挑战性 …………………………………………………… 213

（五）体验性 …………………………………………………… 214

三、网络游戏企业社会责任的内涵 …………………………………… 214

四、网络游戏企业社会责任的推进对策 ……………………………… 216

（一）游戏企业层面 …………………………………………… 216

（二）非政府组织层面 ………………………………………… 217

（三）政府层面 ………………………………………………… 217

五、案例分析——腾讯游戏的社会责任 ……………………………… 218

（一）腾讯简介 ………………………………………………… 218

（二）腾讯社会责任与腾讯游戏的社会责任 ………………… 219

（三）腾讯游戏社会责任的践行概况 ·················· 220

（四）腾讯游戏社会责任与企业声誉关系 ············· 222

六、网络游戏企业社会责任与企业声誉的关系 ··············· 223

第四篇　研究结论

第十三章　研究总结 ·· 227

一、结论与启示 ··· 227

（一）研究结论 ·· 227

（二）建议 ··· 229

二、局限 ··· 231

三、展望 ··· 231

参考文献 ··· 233

第一篇

研究背景

数字经济时代，信息技术高速发展，信息传播变革式地影响着企业的社会形象，企业是否履行生态责任和社会责任将直接影响企业的生存能力。为了企业的可持续性发展、提升我国企业的核心竞争力，本研究从传统企业和数字经济型企业两个角度并行围绕着企业生态责任与企业声誉之间的关系展开。目前对企业生态责任与企业声誉的研究比较丰富，经过梳理国内外相关文献资料后，本研究确定企业生态责任与企业声誉、企业绩效之间存在怎样的关系，三者又如何对企业可持续发展产生影响为研究重点。

第一章
绪论

一、研究背景

（一）企业生态责任问题突出

中国改革开放40多年来，经济快速发展，市场需求旺盛，一些企业为单纯追逐利润最大化，往往忽视生态责任的履行，导致产品质量和安全问题，以及对人类生存环境的破坏。

1. 传统企业的生态责任履行问题

2018年7月15日，国家药品监督管理局发布通告指出，长春长生生物科技有限公司冻干人用狂犬病疫苗生产存在记录造假等行为。这是长生生物自2017年11月被发现疫苗效价指标不符合规定后不到一年，再曝疫苗质量问题。7月16日，长生生物在总部所在地长春召开紧急会议，来自全国各地的20多位推广商参会，公司董事会一成员在会上通报了相关情况，长生生物发布公告，表示正对有效期内所有批次的冻干人用狂犬病疫苗全部实施召回；17日中午公司发布声明称，所有已经上市的人用狂犬病疫苗产品质量符合国家注册标准，没有发生过因产品质量问题引起的不良反应事件，请广大使用者放心。7月19日，长生生物公告称，收到《吉林省食品药品监督管理局行政处罚决定书》。然而，广大人民并没有买账，而是进一步爆料其生态不合规等重要信息。2018年7月21日，某网友在微博发布《疫苗之王》（现公众号原文已被删除）一文后，仅仅几分钟，网络消息铺天盖地——长生生物的子公司长春长生生物科技有限责任公司（以下简称"长春长生"）遭药监部门立案调查并收回药品GMP证书，责令停止生产狂犬疫苗。2018 年 7 月 22 日，李克强就疫苗事件做出批示：此次疫苗事件突破人的道德底线，必须给全国人民一个明明白白的交代。23 日，习近平对吉林长春长生生物疫苗案件做出重要指示，并指出：长春长生生物科技有限责任公司违法违规生产疫苗行为，性质恶劣，令人触目惊心。有关地方和部门要高度重视，立即调查事实真相，一查到底，严肃问责，依法从严处理。2018 年 7 月 24 日，吉林省纪委、监委启动对长春长生生物疫苗案件腐败问题调查追责。7 月 29 日，公安机关对长春长生董事长等 18 名犯罪嫌疑人提请批捕。7 月 30 日，长生生物名下 34 个银行账户全部遭冻结，28 亿元投资项目暂停。8 月 6 日，国务院调查组公布了吉林长春长生公司违法违规生产狂犬病疫苗案件调查的进展情况。

像长生生物科技疫苗事件一样引起社会对企业生态责任履行的呼吁要追溯到 2008 年三鹿"三聚氰胺"奶粉事件。

2008 年 9 月，中国河北省三鹿集团（以下简称"三鹿"）生产的婴幼儿奶粉被中国国家质检总局检测发现含有化工原料"三聚氰胺"。"三聚氰胺"对奶粉的污染，不仅致使数万名婴幼儿健康受到严重影响，也使企业自身声誉一落千丈，给企业带来了灭顶之灾。2006 年，"三鹿"的销售额为 87 亿元；2007 年销售收入为 100 亿元，总资产 16.19 亿元，净资产 12.24 亿元。AC 尼尔森的调查报告表明，"三鹿"在婴幼儿奶粉市场上占据了 18% 的份额，与同行业的"伊利""蒙牛"等企业共同处于龙头地位。从数据上看，在"三聚氰胺污染事件"曝光之前，"三鹿"在消费者当中都有着良好的口碑，积累了很高的声誉和稳定的消费群体，企业发展呈上升趋势。但"三鹿"用"三聚氰胺"欺骗消费者，换取了暂时的利润和繁荣景象，这不仅损坏了"三鹿"长期积累起来的声誉，给广大消费者的生命和心理带来极大伤害，而且使中国乳品制造企业的声誉和发展受到重创。

无独有偶，2010 年 7 月 3 日，号称世界 500 强企业之一的中国紫金矿业集团公司所属的上杭县紫金山铜矿湿法厂待处理污水池发生渗漏，9100 立方米污水顺排洪涵洞流入汀江，导致汀江流域大量鱼类中毒死亡，当地居民几乎不能再饮用自来水……

2. 互联网新兴企业社会责任履行问题

上述传统企业在生产经营时缺乏生态责任履行导致灭顶之灾，给社会造成生态危机，产生严重的负外部效应。同样地，在信息化高速发展的现代社会和竞争激烈的市场中，很多新兴的互联网企业也缺乏生态责任履行的责任感。百度在搜索引擎市场一直居于几乎垄断的市场地位，因而百度检索是企业进行网络营销非常重要的手段，百度的搜索结果是企业获取流量导向的重要来源。百度在几乎垄断的市场环境下，因缺乏对生态责任的履行，才导致"血友病贴吧变卖""魏则西"事件引发的"莆田系医院"问题被公众谴责,而百度也因此付出了惨重代价,各项业务业绩急剧下滑,在公众心目中的企业形象一毁到底。另外,每年"3·15"晚会会对国内各行各业存在的侵犯消费者权益的行为进行集体曝光。2016 年"3·15"晚会则集中曝光了网络购物、汽车、P2P 网贷、电信服务行业的欺诈问题。影响最显著的是曝光了"饿了么""黑作坊事件"。央视记者的实地调查发现,在"饿了么"网站上,餐馆的照片看着干净正规、光鲜亮丽,但实际却是油污横流,不堪入目……老板娘用牙咬开火腿肠直接放到炒饭中,厨师尝完饭菜再扔进锅里……"饿了么"平台引导商家虚构地址、上传虚假实体照片,甚至默认无照经营的黑作坊入驻。《中华人民共和国食品安全法》规定:网络食品交易第三方平台提供者应当对入网食品经营者进行实名登记,明确其食品安全管理责任;依法应当取得许可证的,还应当审查其许可证。显然"饿了么"并没有履行好对入驻企业资质及经营状况的审查监管职责。随后,央视"3·15"晚会还曝光了二手车交易平台车易拍存在价格骗局、跨境电商行业存在不合格产品、大量手机用户被莫名扣费、APP 泄密用户私人信息、智能支付和智能汽车存在安全漏洞、网店和 APP 刷单现象曝光网络交易信用堪忧等互联网企业不履行企业生态责任的典型例子。曝光后的这些企业的业绩受到明显影响,企业声誉一度丧失,企业经营举步维艰。2018 年 5 月,滴滴打车平台爆出网约顺风车监管不善致使乘客遇害的事件再次将互联网企业的企业责任与履行推到风口浪尖,自河南空姐乘坐顺风车遇害后,网友纷纷爆料自己在接受滴滴打车、快车、顺风车服务时,也遭遇过司机窥视乘客、服务不到位、泄露乘客隐私等问题。2018 年 7 月,我国几百家 P2P 平台集体爆雷导致借款人、投资人、平台运营方都陷入恐慌之中。在爆雷的 P2P 平台中,有些是平台运营商携款潜逃,有些是经营不善导致现金流障碍,有些是中美贸易战导致的行业整体疲软所致。P2P 作为互联网金融的新型模式,存在进入门槛低、市场风险高、监管难到位等问题,因而 P2P 平台企业的社会责任履行就更难保障。

"三聚氰胺奶制品污染事件""长生生物科技公司冻干人用狂犬病疫苗事件""紫金矿业污染事件""百度事件""饿了么事件""滴滴网约车事件""P2P 集体爆雷事件"等,不仅使有关企业乃至整体行业声誉急剧下降,而且致使企业今后的发展受到极大的负面影响。正如紫金矿业董事长陈景河所说,"紫金矿业污染事件"不仅暴露了公司在环境保护意识上不够重视、在环境保护上投入不足,而且使他们清醒地认识到环保安全事故可能对社会造成重大危害。如果不提高生态责任意识和切实履行生态责任,企业会遭到灭顶之灾。"饿了么"被曝光后,立即发表致消费者公开信,信中称"饿了么高度重视今晚央视'3·15'晚会报道的问题,已紧急成立专项组下线所有涉事的违规餐厅,并连夜部署核查全国范围的餐厅资质"。此外，在曝光的"饿了么"内部信中，饿了么CEO张旭豪称："消除食品安全监管隐患，要快，要坚决，要见效果！在行动之外，希望大家不要就此事随意发表言论，不当的言论会被外界误读，甚至会被看作是代表全公司的态度。我很清楚，同事们都把饿了么当作自己的事业来爱护，面对眼前汹涌而来的责问，大家都有话想说。"

（二）数字经济时代更利于企业生态责任的履行

《中共中央关于制定国民经济和社会发展第十四个五年规划和二〇三五年远景目标的建议》提出："发展数字经济，推进数字产业化和产业数字化，推动数字经济和实体经济深度融合，打造具有国际竞争力的数字产业集群。"加快推动数字经济与实体经济的深度融合，是我国立足新发展阶段、贯彻新发展理念、构建新发展格局，推动经济高质量发展的重要举措，也是推进我国经济行稳致远、全面提升产业链现代化水平的必由之路。

当前，我国在产业数字化转型方面亟须加强，要下大力气推动信息技术深度嵌入实体经济，实现数字经济和实体经济的深度融合发展。在这种新形势下，数字科技企业在两个经济范畴之间的"连接器"作用就显得尤为重要。

在这方面，中国的数字科技企业在各个领域积极作为，从响应"新基建"的发展战略，到探索多领域合作与数字化发展，为数字经济与实体经济的深度融合开展了一系列具有开拓创新意义的探索与实践。

1. 以数字基础设施为纽带，数字企业催生智慧集群

数字经济与实体经济融合发展的前提是需要做强数字产业化集群，即让多样化的实体企业通过云计算、工业互联网、SaaS平台等数字基础设施的连接，最终形成集群。这种集群不同于传统上基于地域和生产协作的自然集群，而是以网络和云为基点的智慧集群，能够形成持续大规模的、可持续的创新动力。

这种集群形成的前提是数字基础设施的建立，而这恰是目前中国数字科技企业的着力之处。比如，腾讯WeMake工业互联网平台，整合了多个内部产品，依托腾讯云的技术积累和解决方案能力，构建了生产制造、运营管理、市场营销等具有行业属性的业务和能力，为超30万家企业打通从"生产第一线"到"企业决策者"的全链条通路。在最新披露的2020年年报中，腾讯表示将继续投资云计算基础设施和技术，显示了数字科技企业在连接实体经济方面的发展势头。

数字科技时代下，中国的数字科技企业正在通过一系列实践，全面打通产业价值链，助力实体经济转型升级、连接数字经济，形成更加强大的智慧集群。

2. 巩固数字基础设施，带动区域经济的协调发展

发展数字经济，强大的、安全的数字基础设施是关键。搭建数字经济的基础

设施，不仅能够做强企业经济竞争力，还能形成外溢效应，有效覆盖边远乡村地区的实体经济，促进区域经济的协调发展。

具体来说，云计算、大数据、5G、人工智能、区块链、物联网、边缘计算等技术，在形成数据中心和互联平台的过程中，通过合理的、系统化的布局安排，可以为城市、乡村等多种用户的数字化建设提供解决方案，让更多实体企业受益。

边缘计算的下沉布设，就是其中一种模式。以腾讯云的边缘计算下沉计划为例，为了更好地服务客户，腾讯云已于 2020 年 12 月 17 日开服了位于武汉、杭州、长沙、福州、济南、石家庄六大省会城市的边缘可用区，加码新基建布局，不仅能够满足厂商需要，同时也能够为乡村用户提供更好的服务。

可以预见，未来数字科技企业会持续释放云计算价值，在全国更多城市上线边缘可用区，进而不仅加速推动企业数字化、智能化转型升级，而且让数字化更好地覆盖县域、乡村的实体经济，助力区域经济的全面协调发展。

3. 数字化助力治理现代化，优化实体经济发展环境

随着数字经济和实体经济深度融合，以及大数据、云计算和人工智能等新一代信息技术的广泛应用，数字技术成为实现智慧城市和数字政府的必备技术。

在这个过程中，数字科技企业积极承担社会责任，将数字能力作为一项公共产品，助力治理现代化。在这个过程中，数字技术转化为地方性经济和社会治理的实在提升，将带动更广阔的实体经济。

这其中最典型的产品是健康码。疫情期间，腾讯防疫健康码是全国服务用户最多的健康码。相关数据显示，过去一年腾讯防疫健康码累计用户超 10 亿，累计亮码次数超 240 亿，累计访问量超 650 亿次。正如腾讯最新财报指出的，"健康码协助用户安全有序的出行"。这大大促进了复产复工的顺利进行。

4. 数字化助力疫情防控，为复工复产复学提供优质服务

2020 年新冠肺炎疫情的暴发严重冲击了正常的生产生活，对经济社会各个领域的正常运转造成了影响。

在整个疫情防控阶段以及推进复工复产复学的过程中，大数据、云计算等新一代信息技术发挥了前所未有的助力作用，其中数字技术企业的贡献功不可没。

疫情期间，腾讯将腾讯会议、企业微信、腾讯课堂、腾讯云、腾讯文档、QQ 课堂等产品在产业互联网中积累的产品力迅速应用到战疫一线，以数字化力量支持复工复产复学。例如，其中腾讯会议成为最快超过 1 亿用户的视频会议产品，深度服务于政务、金融、教育、医疗等行业和中小企业在线办公，2020 年腾讯会议上举办的会议超过 3 亿场。同时，腾讯教育团队连通企业微信、腾讯课堂、智慧校园，服务了全国 30 多个省市的教育主管部门，助力超过 1 亿师生

复学。

5. 数字化助力人才培养，为数字与实体经济融合提供人才支撑

数字人才是推进数字经济向纵深发展和实体经济数字化升级的重要基础，只有具备懂数据、会技术的专业人才，才能在发展的过程中不断迸发新的思想火花，注入新的活力，产生强劲动力，引领创新发展。

以腾讯为代表的数字技术企业为数字人才培养树立了良好示范。2020 年 12 月 20 日，在 2020 Techo Park 开发者大会上，腾讯云数据库发布"知更鸟计划"，提出携手高校、合作伙伴、客户共建开放、积极、合作、共赢的人才发展生态，创造更为成功的人才培养新模式。腾讯云数据库学院负责人陈昊表示：未来 5 年，"知更鸟计划"将培养 100 万数据库人才。腾讯云将携手高校、伙伴、客户共建繁荣数据库产业生态圈，在高校人才培养、就业岗位推荐、开发者交流生态圈，形成人才培养闭环。

同时，腾讯云针对高校开发者发布了公益计划"腾讯云·未来开发者云梯计划"。公开资料显示，2020 年"云梯计划"已对接全国 62 所高校，为 3000 名大学生提供了免费的腾讯云认证培训和考试名额。学生们通过系统性、实战性学习，获得腾讯云权威专业凭证，拿到进入意向行业和岗位的"敲门砖"。腾讯的这些作为为数字经济人才培养创造了优质平台，为数字企业发展奠定了重要的人才保障。

6. 产学研深度融合驱动产业"数智化"升级

随着新技术的爆发式发展，对企业的转型升级提出了新的要求。依托大数据、云计算、AI、物联网等技术方面的优势，加速促进数字经济与实体经济融合发展，需加强产学研的深度合作，联动助力传统产业数字化转型升级，以及驱动产业进行"数智化"转型升级。

举例来说，腾讯以产学研建设项目实施平台为输出口，围绕腾讯生态体系进行技术成果转化，落实企业引进，为许昌打造了智慧教育、智慧政府等相关产业的研发集群，带动了地方相关产业升级发展。可以预见，政企的充分合作将成为推动数字经济与实体经济深度融合的重要力量。

在鼓励推动数字经济与实体经济深度融合，驱动产业转型升级的同时，还需要对数字经济发展新业态过程中可能出现的流量造假、夸大宣传、大数据杀熟等乱象进行有效监管，维护各方主体的合法权益。相关政府管理部门一方面可出台监管措施，建立企业黑名单制度、信用评价制度、投诉处理制度、维权保护等管理制度，培育示范企业，带动中小企业合法合规有序发展；另一方面可建立网络大数据监测监管应用平台，将大数据、人工智能、云计算、区块链等技术应用于市场监管前沿领域，在线实时进行风险识别、同步取证存证、有效线索移交、企

业信用管理等多方面的有效监管,以科技手段赋能监管创新。此外,还需创新数据融合分析与共享交换机制,实现数据资源合理调配,进一步提升数据资源配置效率。

(三) 网络新媒体对企业声誉的影响

网络新媒体是指在传统的媒体电视、广播、报纸等之外所出现的传播信息的新媒体形式。新的媒体以互联网、手机为主,通过自媒体、社区论坛、博客平台、知识社区等多种载体,以社交软件以及互动平台将信息传播出去。新媒体最大的特点就是适应了社会发展的需求,人们可以利用新媒体获取信息和网络服务。从蕴含的内容来讲,新媒体比传统媒体的内容更加丰富,所能一次传输的信息量也比传统媒体多,在传播速度上也更快速。相对于报刊、户外、广播、电视等传统意义上的媒体,新媒体被形象地称为"第五媒体"。新媒体以其形式丰富、互动性强、渠道广泛、覆盖率高、精准到达、性价比高、推广方便等特点在现代传媒产业中占据着越来越重要的位置。

"长生生物冻干人用狂犬病疫苗"事件经新浪微博《疫苗之王》一文曝光后,仅仅用了几分钟,微信、微博、QQ、各大主流媒体平台均开始大量阅读、转发、申讨这件骇人听闻的事件,引起了社会恐慌,更引起了中央政府的高度重视,曾经的"疫苗之王"很难再继续发展下去。网络新媒体在信息传播与披露上的威力,对企业而言是双刃剑,"好事不出门但坏事传千里"直接影响着企业声誉。可以说,网络这一新型载体,对企业塑造企业声誉和品牌而言,是"水能载舟亦能覆舟"。在中国互联网已经"互联网+"的发展背景下,网络新媒体在信息传播与披露上的优势具有舆论导向、精准定位、快速传播、整合发酵的特点,企业应该积极履行企业生态责任,并善于利用新媒体进行生态责任传播与披露,极力维护企业声誉和塑造企业声誉,提高企业绩效,获得企业核心竞争力。

(四) 数字经济时代企业生态责任的重要性与必要性

数字经济时代,中国特色社会主义思想是全党全国人民为实现中华民族伟大复兴而奋斗的行动指南。数字经济时代,中国特色社会主义经济建设的先进理念是要求我们以供给侧改革为主线,以市场资源配置为核心,以体制改革和宏观调控为重要手段,以提质增效为宗旨,致力于带动经济社会的重大变革。在这样的数字经济时代发展新理念下,企业的质量工程就是可持续化发展的前提,企业的生态责任的履行或者社会责任的履行是企业质量工程的保障,进而是社会可持续发展的重要基石。可见,企业生态责任的履行在新时代经济形态下极度重要。

可持续化发展不仅是微观企业的企业生命线,更是造福人类社会持续发展的源泉。如果像"长生生物"和"三鹿奶粉"企业那样，不仅企业自身得不到可持续化发展，也是我国经济社会的重大损失，不利于我国新时代下伟大复兴中国梦的实现。显然，以"长生生物"和"三鹿奶粉"为代表的不履行社会生态责任的企业，与新时代中国特色社会主义经济建设发展战略是背道而驰的，其结局也是悲惨的。所以，在当前新常态下，在党的十九大精神的重要引领下，在提质增效的战略要求下，企业生态责任履行是必不可少的。

从企业的实践来看，越是重视生态责任，越是将利益相关者的诉求作为企业发展的动力，企业的声誉就越高，企业的绩效就越好。比如，以"好空调，格力造"为名的格力空调不仅履行社会责任，更是不断创新，不断探索新的制造领域，创造了一个又一个企业神话。以"成就别人才能成就自己""让天下没有难做的生意"为企业宗旨的阿里巴巴集团，不仅通过各种电子商务模式帮助中小企业解决融资问题与产品销售问题，还通过淘宝网帮助众多的农村村民、个体户、残疾人等走向发财致富的小康之路……阿里巴巴集团的社会责任实践无不一一体现"成就别人才能成就自己"的企业理念。另外，阿里巴巴通过旗下的各种电商平台造福社会，阿里巴巴、淘宝、菜鸟、天猫、支付宝、蚂蚁金服、阿里研究院、阿里云、达摩院等都在服务社会，带动社会经济发展，着实履行着主动承担社会责任的重任。付出必有收获，在履行生态责任的同时，企业也获得了企业声誉，企业声誉必然也会带来进一步的企业绩效，形成良性循环生态发展模式。

网络媒体的信息披露与传播作用，对企业履行生态责任起着媒体监督和社会监督的作用。当前，互联网和移动互联网是公众信息获取的主要渠道，在新媒体的这种强势影响下，企业更应该积极落实生态责任的履行，并通过新媒体传播出去，在公众认知中形成企业形象和企业声誉，进而提高企业绩效。

（五）问题的提出

在当今数字经济时代中国特色社会主义经济建设战略高度下，在网络媒体的重大影响下，许多企业的产品与经营模式的边界越来越模糊，企业如何快速树立起独特的品牌形象，提高企业声誉，促进消费者对其产品、服务的快速识别和认知，从而提高企业的市场竞争力？但是，在研究中发现，一些企业不履行生态责任的事实在没被媒体曝光之前其声誉和绩效都很好，一旦曝光后声誉一落千丈，企业的发展受到极大影响，正如前文提到的"长生生物"和"三鹿奶粉"一样。然而，那些一直履行企业生态责任的企业，通过媒体披露其信息后，企业声誉就会提高吗？也就是说，信息披露对企业声誉有没有影响？消费者关不关心企业生态责任的履行？消费者关心企业生态责任履行的态度会不会影响企业声誉进而影响企业绩效？这一系列的问题显然还没有答案。

国内外的学者研究和企业界的实践表明：企业声誉是一个需要高度重视的研究领域，声誉对企业发展具有十分重要的影响。但企业声誉理论的研究在中国还不成熟。国外的实证研究往往以发达的欧美市场为背景，忽视了中国作为新兴市场国家在全球市场中的发展潜力和积极作用。因此，欧美的这些研究结论对中国新兴市场和企业具有参考作用，但不一定适合中国企业的管理实践。况且，经济发展水平和社会文化背景的差异也同样会影响到企业声誉的管理实践，仍处于发展中的中国的企业可能与欧美发达国家的企业存在显著差异。因此，在企业声誉的研究和验证过程中，绝不能忽视中国特定市场背景下的声誉理论对中国企业的特定影响。

此外，客观的产业前景和企业自身的发展需要，促使中国企业必须履行生态责任。近几年来，在政府和利益相关者的参与、推动下，中国企业在履行生态责任方面已经取得了一定的成效。但总体来看，目前我国还没有制定完整的企业履行生态责任的相关法规，对企业履行生态责任的要求还只是道德层面上的软约束，只有片面的部分法律法规，如《中华人民共和国环境保护法》督促企业履行环境保护的企业生态责任、《中华人民共和国消费者权益保护法》监督企业履行市场这一层面的企业生态责任。由于企业履行生态责任缺乏外部压力和激励动力，企业履行生态责任的积极性和主动性不高，利益相关者对企业履行生态责任的外部推进机制也未形成。

那么，企业生态责任与企业声誉两者之间存在什么样的关系？企业履行生态责任对企业的可持续发展产生什么样的影响？如何推动企业履行生态责任，提高企业声誉？在数字经济时代背景下，网络新媒体下信息披露的措施是什么？如何利用新媒体有效塑造企业声誉或规避企业声誉受损？以互联网企业为代表的数字经济型企业生态责任的范畴与传统企业的生态责任是否一致？对数字经济型企业而言，生态责任的履行与企业声誉之间的关系是什么？如果互联网企业的生态责任履行与企业声誉之间的关系不同于传统企业生态责任履行与企业声誉的关系，那么造成这种差异的原因是什么？带着对这些问题的疑问，我和我的团队展开了本书的研究。

二、研究内容

近几年来，在政府和利益相关者的参与、推动下，中国企业在履行生态责任方面已经取得了一定的成效。但总体来看，由于缺乏有效的外界监督和激励机制，企业履行企业生态责任的外部压力和内部动力不足——企业履行生态责任的内部动力不足，积极性和主动性不高，利益相关者对企业履行生态责任的外部推进机制也未形成。然而，在理论的发展和验证过程中，绝不能够忽视特定理论的应用环境。不同的社会文化背景同样会影响到企业声誉的管理实践，处于发展中国家与发达国家的企业可能也存在显著差异；而且，客观的产业前景和企业自身的发展需要，促使中国企业必须履行生态责任。此外，在市场竞争中，中国企业因其制造产品的质量、安全和生态环境事件所致企业声誉每况愈下与消费者对安全、生态产品的需求之间的矛盾日益突出。企业如何抓住市场机遇，把握消费者心理需求，积极承担企业生态责任和维护提升企业声誉，成为企业不可回避的问题。

由前文中的案例可知，由于企业履行生态责任的内部动力不足和外部压力缺失，导致企业履行生态责任的主动性不强，积极性不高。本书立足于中国企业的客观实际，以传统企业和数字企业为两大研究视角，分析企业生态责任与企业声誉之间的相互关系，探讨企业履行生态责任的内在动力和外部推进机制，构建政府、投资者、消费者、公众等有效的评价、监督、激励和约束机制，以促进企业履行生态责任，从而为提升企业声誉，保持竞争优势和实现可持续发展寻找新动力、新优势。

本书将在数字经济时代中国特色社会主义经济提质增效的发展大背景下，以传统企业和数字经济型企业为并列的研究对象，对企业生态责任与企业声誉的理论进行创新研究。重点分析和探讨企业生态责任与企业声誉的相互关系和影响机制。具体内容如下：

（1）企业生态责任和企业声誉的内涵、特征和维度是什么？两者之间存在什么样的关系和影响机制？

（2）如何识别企业履行生态责任的行为？如何构建一个企业生态责任、企业声誉与企业可持续发展之间的模型框架？

（3）基于理论模型对企业进行实证分析，为企业履行好生态责任，促进企业可持续发展提供有效的策略。

（4）新兴的数字经济型企业生态责任和企业声誉的内涵、特征和维度是什么？与传统企业在企业生态责任和企业声誉的内涵、特征和维度上有无差异？基于传统企业的实证研究结果能否推广到新兴数字经济型企业？

（5）新媒体会不会影响企业声誉？在企业声誉形成机制中，信息披露的影响程度是什么？

三、研究思路

（1）对相关文献进行梳理和综述。主要包括有关企业生态责任、企业声誉，以及有关利益相关者支持的理论研究；企业生态责任与企业声誉之间关系，驱动因素以及理论模型的研究；对企业声誉、企业生态责任、利益相关者认同的概念和测评指标进行论述。

（2）采用实地调研、深度访谈的研究方法，进行先导性的研究。主要包括企业生态责任—企业声誉理论模型、维度，以及企业生态责任行为与利益相关者支持之间的关系，企业生态责任行为与企业声誉的初始概念模型。

（3）通过对企业生态责任行为、企业声誉、利益相关者三者之间的关系进行深入的研究，细化与扩展初始的概念模型，从而最终得出企业声誉、利益相关者、企业可持续发展之间的概念模型。

（4）在对相关文献进行回顾以及相关理论研究的基础上，通过问卷调查法，用大样本数据为支撑进行实证检验，对文章所提出的理论假设和相应的概念模型逐一进行验证。

（5）对比分析企业员工对生态责任履行与企业声誉关系的认知模型与公众对企业生态责任履行与企业声誉关系的认知模型，并对比分析两者的研究结果。最后将该研究结论探索性地扩展到新兴数字经济型企业，探索传统的企业生态责任履行与企业声誉的关系是否适用于数字经济型企业？如果不能，分析其可能的原因。

（6）为进一步验证传统企业生态责任履行与数字经济型企业生态责任履行与企业声誉关系的研究结论，采取案例分析法，从积极正向的角度或反面消极的角度佐证本书研究的可靠性与实践性。

（7）对比分析传统企业与数字经济型企业生态责任履行与企业声誉的关系，对研究结果进行总结，得出研究结论，并为企业利益相关者及企业自身履行生态责任提出管理实践方面的有效建议。最后，阐述本书研究的局限性，以及未来相关研究可能发展的方向。

总的来说，本书的研究思路如图 1 - 1 所示。

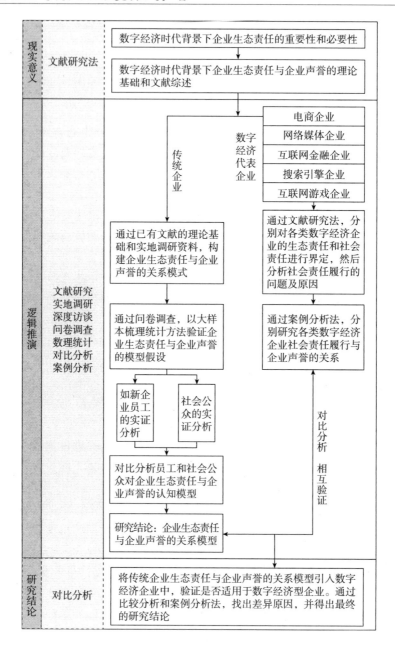

图1-1　本书的研究思路

四、研究方法

本书选取在中国具有代表性和发展前景良好的行业——保健食品行业为样本，并以该行业的相关企业为实证，对该行业的现状、存在问题、发展前景进行定性分析，对企业生态责任与企业声誉两者影响关系的前因、维度与结果进行定量分析，最后得出结论。从总体上看，本书将主要运用文献分析法、深度访谈法、问卷调查法、数理统计分析法、对比分析法和案例分析法。

（一）文献分析法

收集与查阅国内外有关企业生态责任和企业声誉的文献，然后归纳和总结已有文献的成果与不足，重点是总结出企业生态责任履行与企业声誉关系的模型框架，为本书的研究奠定理论基础。

（二）深度访谈法

考虑到不同的利益相关者对企业生态责任的要求，以及对企业声誉的感知、评价的不同，本书将通过深度访谈得出消费者和企业内部员工所关注企业生态责任的维度，并以此来确定消费者和企业内部员工角度的企业生态责任评价指标，以便于消费者和企业内部员工对企业生态责任和企业声誉做出更为客观的评价。

（三）问卷调查法

根据本书研究内容，分别采用针对消费者和企业内部员工的两份量表来完成本次的调查研究。以此分析、论证消费者和企业内部员工视角下的企业生态责任与企业声誉的相关关系。

（四）数理统计分析法

采用SPSS22.O、AMOS21专业统计软件对调查的问卷数据进行处理和分析。用到的数理统计分析方法有：描述性统计分析、效度分析和信度分析，以及相关分析、因子分析和回归分析、结构方程模型。

（五）对比分析法

在实证研究部分，采用对比分析法，解释为什么对企业员工和公众分别进行问卷调查。并且，其实证分析的结果是否一致？如果不一致，产生差异的方面有哪些？什么原因导致了这些差异？

（六）案例分析法

为进一步验证本书结论，除了实证分析方法外，还引入了案例分析法。通过个案分析法，探求这些公司生态责任履行与企业声誉之间的关系，以此延伸到对整个行业生态责任履行的思考。

五、研究价值及贡献

在党的十九大确立的中华民族伟大复兴的中国梦的重大战略思想下，在供给侧全力改造经济升级换代的伟大形势下，在数字经济时代内涵发展要求下，在维护人民利益高于一切的政治觉悟下，我国企业的生态责任履行或社会责任履行势在必行。所以，本书的研究不仅具有国家层面的战略高度和政治高度，更具有推动经济社会可持续发展的现实意义。另外，在生态文明建设正成为中国实现可持续发展的重要战略背景下，企业履行生态责任，成为企业提升声誉，保持自身竞争优势，实现可持续发展的重要推动因素。因此，对企业生态责任、企业声誉等相关理论进行创新性研究，对企业和企业利益相关者在生态责任方面的管理实践具有重要的理论意义和现实意义。具体表现在以下四个方面：

（1）研究当今中国经济社会和文化情势下企业生态责任和企业声誉所具有的理论内涵和特征。

（2）理论分析和实证研究生态责任与企业声誉的相互关系机制，扩大企业生态责任和企业声誉的研究视野，丰富理论研究内容，增加理论研究深度，进而提升理论的实践指导性。

（3）为中国企业履行生态责任和声誉的管理实践提供有益启示，为中国政府推动生态文明建设和企业履行生态责任提供有效的决策参考建议。

（4）扩充现有研究内容的范畴，增加了对数字经济型企业生态责任履行与企业声誉的关系研究，填补了研究空白，探索出数字经济型企业生态责任的范畴与社会责任的关系，以案例分析法的方式探究数字经济型企业生态责任与企业声誉的关系，对加强我国数字经济产业发展和基于"互联网+"的供给侧改革推动我国经济提质增效有重大的实践意义和指导意义。

第二章
文献综述

一、企业声誉

随着市场竞争日趋激烈，寻找长久竞争优势和核心竞争力的关键性驱动因素，已成为企业领导者优先考虑的问题。消费者在面对众多品牌的同质化产品时，会更加关注产品之外的不同和差异。这个不同和差异，往往体现在企业的声誉方面。企业在经过产品价格、质量和服务方面的竞争之后，就进入了新的竞争——声誉竞争。企业声誉，是企业的无形资产，它具有稀有的、有价值的和可持续的，以及竞争对手难以模仿的属性。在企业竞争中，声誉扮演着至关重要的战略角色。

（一）企业声誉的概念及内涵

企业声誉，在西方的研究兴起于 20 世纪五六十年代。企业声誉的概念最早出现于 1972 年，当时迈克尔·斯彭斯提出信号理论时涉及了企业声誉的部分概念。但这之后，企业声誉却并未得到管理学界和商界的重视。直到 1983 年，美国《财富》杂志发表了 AMAC（最受尊敬的美国公司）调查，学者们才真正开始对企业声誉的定义、测量方法等内容进行探索性研究。Charles Fombrun 和 Ceesvan Riel 于 1997 年创立了声誉研究所（Reputation Institute），并于同年创办了企业声誉领域的权威期刊——《企业声誉评论》（*Corporate Reputation Review*）。此研究所于 1999 年与哈里斯互动（Harris Interactive）公司合作开发出新的企业声誉测量体系——声誉度（RQ）。随后，国内外学者对企业声誉的概念、内涵、作用以及测量方法等从各个不同视角进行了深入探讨。关于企业声誉概念及内涵的研究主要分为以下四个方面：

（1）企业声誉在组织理论领域，被看作是企业标识（Corporate Identity）的外在体现，或者说是企业品牌（Corporate Branding）在营销方面所产生的结果。Dutton 和 Dukerich（1994）认为企业形象是"一系列外部评价"，即企业形象源于外部利益相关者对企业的期望感知。但这两种理解不能完全体现企业声誉的内涵，对此，Byrne（2001）认为，企业声誉是源于内部与外部利益相关者的实际感知。

（2）企业声誉从认知角度分析，Weigelt 和 Camerer（1988）认为其是企业过去行为集中体现出来的一组品质指标和属性。这个定义强调企业声誉是企业在过去一系列活动所产生的一个结果。但却忽视了企业也可以让利益相关者对企业未来行为的认知引导，从而使企业能对当前声誉进行战略性管理和掌控。

（3）从声誉形成角度分析，企业声誉是利益相关者对企业组织的看法、认知、感受、态度的综合体。企业的利益相关者包括员工、顾客、供应商、投资者、政府、社会大众及媒体。利益相关者对企业声誉的认知主要体现在：不同知识结构的评价主体导致对企业认知的片面性，进而影响企业声誉；晕轮效应（Halo Effect）使评价主体从自身角度对企业进行认知从而推断企业的整体声誉。此外，评价主体的认知过滤作用使得该主体只保留符合与自己认知一致的主观认知。因而，企业应该注重与利益相关者保持沟通，减少信息阻滞给自身带来的影响，引导利益相关者客观评价企业声誉。

（4）从声誉评价角度分析，Hall（1992）把企业声誉看成是个人通过对企业的理性认知和情感判断所组成的二维结构。Fombrun（1996）指出，企业声誉是一个公司凭借过去的行为和未来的前景对所有关键利益相关者产生的吸引力在认知层面的总体评价。其界定了构成企业声誉的六个方面：财务业绩、产品质量、员工关系、社区参与、环境表现、组织事务。其主要从关键利益相关者来阐述对企业声誉的认知，但忽视了声誉的社会性。而 Barnett、Boyle 和 Gardberg（2000）则认为，企业声誉是一个社会的、集合的、关系的概念。

综合以上学者研究，本书将企业声誉定义为：企业声誉是企业利益相关者对企业以往行为和未来发展前景的主观情感判断和理性认知所形成的综合价值判断；企业声誉是该企业拥有的，区别于其他企业的一种整体性、排他性的无形资产，并能够以此获得所需的资源和发展机会，或能够抵御各种未来不确定因素的能力。

（二）企业声誉特征及作用

社会网络理论认为，在社会网络内，声誉形成的核心位置是由群体及个体与个体之间的关系组成，同时对声誉信息传播起着重要作用；社会网络内的成员通过交流相互之间的感想和认知，从而形成声誉。随着时间变化，企业的声誉面临着发展或者改变。当企业面临这些发展或者改变时，可以采取一定的实质性行动（如通过履行生态责任），采取象征性行动（如构建良好的文化氛围、对问题进行创造性重组），最终推动企业在产品和服务市场、观念上形成市场竞争优势。

由于信息渠道的阻滞导致的信息不对称，企业利益相关者所获得的企业信息具有片面性、选择性及时效性。不同的利益相关者通过相互沟通，使得信息不断的传播和交流，从而有助于其对企业过去行为的评估和当前行为的理解。Fombrun 和 Van Rile（1997）在对文献进行梳理的基础提出了企业声誉的六个属性：①在企业里具有突出地位；②是企业内部识别的外在反应；③源自企业历史及资源配置；④不同的人用不同标准对企业的能力和潜力进行的综合评价和反应；⑤声誉可以简化企业绩效的构造，帮助观察者应对市场的复杂性；⑥体现了评价企业效率的经济绩效和社会责任的履行情况这两个维度。

Sherman（1999）和 Haywood（2002）等认为当代企业竞争力的最终决定因素就是企业声誉。Mahon 和 Wartick（2003）所提出的动态模型也说明了良好的企业声誉有助于企业在产品服务市场和观念市场中获得比竞争对手更加持续性的竞争优势。Van Riel 和 Balmer（1997）认为通过较高的顾客保留率，企业能够获得品牌溢价和提高消费者购买频率。此外，Beatty 和 Ritter（1986）提出企业声誉能增强企业在资本市场上的竞争优势，从而降低资本成本并且减少资本费用。在面临同质性的竞争产品的选择时，顾客一般都倾向于选择企业声誉较好的产品，甚至还会主动向其他的顾客推荐该产品（Bennett & Gabriel，2001）。良好的声誉对于企业的发展和生存具有重大的意义。因为它不仅能够使企业长期持续地获得高于行业平均利润的盈利水平（Roberts & Dowling，2002），还能帮助企业建立独特的、可持续的核心竞争优势。

（三）企业声誉测量概况

企业声誉的测量指标选择存在多样性。因为企业声誉是利用利益相关者对企业过去的行为及未来的预期的综合评价，不同的利益相关者以及社会、经济、文化背景差异，会产生不同的预期，会对测量指标的划分产生不同的影响。此外，由于不同的研究视角，以及对声誉影响要素的理解不同，也导致了声誉测量指标的差异化。1997 年以前唯一可以获取企业声誉排名的途径就是《财富》杂志公布的全美最受欢迎的公司（AMAC）排名，但它仅限于美国本土公司。1997 年《财富》杂志开始公布世界 500 强企业的排名（GAMC），并将其划分为 24 个行业，这些企业覆盖了全球 13 个国家和地区。此后，又陆续出现了德国《管理者》

杂志推出的"综合声誉"、Fombrun 和 Harris 构建的声誉商数模型，以及由 Man-fred 提出的二维评估模型等几种影响较大的测量企业声誉的模型。

1. 《财富》的 AMAC 评选

自 1983 年起，《财富》每年都会评选"全美最受尊敬的企业"。通过电话或者邮件的方式，对高级职业经理人、独立董事、行业主管、金融分析师进行访问。《财富》杂志会提供给受访者八项指标，受访者依据指标列出自身所在行业内其认为最受尊敬的企业。这八项指标是：长期投资价值、创新能力、管理水平、对环境和社会的责任、产品和服务的质量、财务指标、人才的吸引开发和利用、公司资产的合理运用。这八项指标得分的算术平均数即为企业的总体声誉得分（Overall Reputation Score，ORS），以总体声誉得分对企业进行排名。

AMAC 评选在企业声誉测量方面做出了巨大贡献，受到了广泛的关注，但也存在不足：不同的利益相关者在评估企业时会采用不同的指标（Freeman，1984）；企业声誉不仅由经济标准决定，而且还由非经济标准所决定（Brown & Perry，1994）；其所测量的声誉结构缺乏理论基础（Fryxell & Wang，1994）；AMAC 判断指标多为财务指标，主要采用财务指标有可能会造成"光环"效应，并且 AMAC 测量中的"光环"效应已在 Fryxell 和 Wang（1994）的研究中得到证实。除"光环"效应外，AMAC 中各项指标中存在很强的相关性，还有其他决定性因素没有被涵盖，而且受访者多为公司内部高层管理者（Fombrun & Shanley，1990），没有涵盖各个利益相关者。因此，评估 ORS 应该关注外部利益相关者的观点；受访的内部高层管理者只是公司利益相关者中很小的一部分，在此基础上的反馈无法准确客观地度量企业声誉。

2. GMAC

从 1997 年起，《财富》杂志委托 Hay 咨询集团评选"全球最受尊敬的企业"。Hay 集团挑选出年收入超过 120 亿美元的 500 家企业，覆盖 24 个行业、13 个国家。

GAMC 评选的指标除增加了对企业国际化经营水平的考察这一项指标之外，其他指标与 AMAC 的评选指标是一致的。企业最终的"声誉总得分"依旧是各项指标得分的代数平均数。但这项指标并未改变前文中我们提到的 AMAC 测评的指标缺陷，所以 AMAC 测评的不足之处仍存在于 GMAC 测评中。在 GMAC 测评中，Hay 集团忽略了各国之间的差异，且有浓重的商业色彩。这些缺陷都在一定程度上影响了 GMAC 测评的科学性和合理性。

3. 德国《管理者》杂志评选体系

德国《管理者》杂志从 1987 年着手调查企业声誉。在 2000 年时，杂志社对 2500 位职业经理人进行了计算机辅助形式的电话访问，采用 7 级李克特（Likert）量表评价 100 个德国公司的企业声誉，并采用了有别于 AMAC 指标的 11 项测评指标。这 11 项指标是：国际化经营能力、管理水平、对经理人的吸引力、创新能力、增长比率、沟通能力、员工保留率、环境责任、产品质量、财务和经济稳定性、货币价值。但《管理者》杂志并未公开最终声誉排名的计算方法。其评价体系相较于 AMAC 和 GMAC 的进步，在于评价指标考虑了财务因素以外的因素。但由于并未完全公开声誉排名的计算方法，部分学者对其合理性和科学性仍存疑。

4. RQ

Fombrun 和 Van Riel 在 1999 年与 Harris Interactive 公司合作提出声誉度测量方法——企业声誉商数（Corporate Reputation Quotient，RQ）。誉商测评依据的是 Fombrun – Harris 框架，其有六大类共 20 个评估指标，综合各利益相关者对目标公司的评价，得出总分为 100 分的指数，也就是"声誉度"。该评测体系主要聚焦于捕捉企业业绩的"晕轮效应"。"誉商"的评测体系包含六大类指标（见表 2 – 1）。

表 2 – 1 "誉商"的评测六大类指标

情感吸引力	人们在多大程度上喜欢并尊敬该公司
产品和服务	人们对该公司的产品和服务的质量的感知、创新、价值和可信度
财务业绩	公司财务竞争力、营利性、增长潜力及存在的经营风险
远见和领导力	公司是否有明确的长远规划，是否具备了解并抓住市场机会的能力
工作环境	是否具备良好的管理水平、工作环境、员工工作能力
社会责任	公司是否以高标准处理员工关系，是否注重环境保护

"声誉度"测量方法的优势在于，基于利益相关者理论的测评方法适用于各类企业，"誉商"指数与公司市值具有较高的相关性，在一定程度上克服了《财富》"最受尊敬企业"评选指标与财务绩效高度相关的缺陷，所以应用范围广泛。最初 RQ 测评只用于美国公司，随着 RQ 测评的普及，欧美许多国家都开始采用 RQ 测评方法。"声誉度"不仅适用于同行业企业之间的比较，也同样适用于跨行业企业之间的比较。其调查的受访者不只局限于企业的高层管理人员，还包含更广泛的利益相关者群体，如代表性基层员工、非公司客户的公关人员等。

5. Manfred 二维模型

Manfred 等（2004）基于企业声誉的竞争力和感召力提出了一个测量企业声誉的二维评估模型。其认为企业声誉是一种态度结构，由认知（构成竞争力）和情感（构成感召力）两部分构成。Manfred 在企业声誉认知方面通过以下三个指标来评价企业的竞争能力：①公司业绩水平；②全球化经营能力；③在市场上作为竞争领先者的声誉。在企业声誉的情感部分，Manfred 选用"对企业的认同程度""对企业的喜爱程度""对企业倒闭所表示的遗憾程度"三个指标来了解利益相关者对公司的主观感情，以反映有关公司的号召力。

Manfred 测评的最大特点是将测评指标分为理性认知和情感判断两部分，缺陷在于仅对 Allianz、BMW、Lufthansa 三家知名大型企业进行实证研究，研究结果的适用范围有待商榷，无法有效指导更多企业的声誉管理实践。

综上所述，本书基于企业内部关系的视角，将企业声誉测评定义为四个维度，即认知、情感、前景、文化。其中，认知与情感维度涉及产品质量、企业责任感、吸引力及财务绩效；前景维度涉及企业当前发展及未来发展潜力和抵御风险的能力；文化维度涉及企业创新及培养人才的意愿和能力。

（四）企业声誉与企业形象、组织认同辨析

在研究企业声誉的过程中，有些概念易与企业声誉混淆。各类研究企业声誉的文献均涉及定义的辨析。主流观点对于企业形象、组织认同和企业声誉三者的辨析体现在两点：①定义针对于内部还是外部利益相关群体；②定义针对于利益相关群体的实际感知还是期望感知。被运用最广泛的组织认同（Organizational Identity）的定义是由 Whetten 和 Mackey 提出的，组织认同被定义为"一个组织最核心、持续、与众不同的部分"。组织认同经常被看作是员工视角中最核心、最基本的企业特性。这个定义中另一个值得讨论的点在于组织认同是内部利益相关者实际了解的企业特性还是想要实现的企业特性。并未有文献专门对此进行研究，但通过阅读大量的文献和根据前人的理解，组织认同指的是利益相关者的实际感知。大部分定义企业形象（Corporate Image）的学者都会提到外部利益相关者，并有意识地在定义时排除内部利益相关者。同样地，定义形象（Image）时，Dutton 和 Dukerich（1994）把形象定义为"一系列外部评价"，通过语意和语言学我们可以确定，企业形象是从外部利益相关者的角度来定义的。由于外部利益相关者缺乏对企业的实际感知，所以企业形象是指期望感知（见表 2 - 2）。

表 2 - 2 易混淆定义辨析

	利益相关者群体	感知类型
企业形象（Organizational Image）	外部利益相关群体	期望感知
组织认同（Corporate Identity）	内部利益相关群体	实际感知
企业声誉（Corporate Reputation）	内部利益相关群体 + 外部利益相关群体	实际感知

二、企业生态责任

　　企业的任何生产经营活动不能独立于大自然而单独存在。企业生产经营过程中的任何活动都会对自然环境产生直接或者间接的影响。20 世纪 60～70 年代西方国家出现了环境和社会运动，社会公众逐渐意识到企业对生态环境的危害和影响，也要求企业在获得商业利益的同时不能忽视生态责任的履行。

（一）企业生态责任的提出

　　企业生态责任是什么？企业如何履行生态责任？企业履行生态责任会给利益相关者带来什么影响？带着这样的疑问，我们首先回到企业的本质——"企业是什么"？现代管理学之父彼得·德鲁克（Peter F. Drucker）对这一问题的解释是：企业的本质和目标是人与人之间的关系，包括企业成员之间的关系和企业与企业外部公民之间的关系，而不在于它的经济业绩，也不在于形式上的准则。事实上，企业作为社会机构的组成部分，它所承担的社会责任以及价值目标，应该符合它所处社会的功能性要求。企业的可持续发展仅靠企业的物质动力是无法保证的。因此，企业价值目标的提出应该符合市场经济发展的规律和市场的需求。企业活动其本身就具有社会性，因此企业希望良性的发展，就应该保证企业与社会的发展目标相一致。仅靠企业的物质动力是无法解释清楚经济为何持续发展的，企业价值目标的提出应该依据市场经济的发展规律、市场需求状况的调查以及该企业的实际发展情况而定。

　　既然如此，那么我们继续追问一个问题，企业是否应该履行社会责任？企业社会责任的概念最早由英国学者欧利文·谢尔顿于 1924 年提出。企业社会责任是指企业在其商业运作里对其利益相关者应负的责任。除了财务和经营状况外，企业还要考虑自身对社会和自然环境所造成的影响问题。企业社会责任要求企业坚持"三重底线"原则，即考虑经济利益，对社会负责，对环境友好。企业社会责任的内涵和外延不断得到发展扩大，可以归结为三个方面：经济责任、政治和文化责任与生态责任。企业生态责任的概念最早可追溯到托马斯·林德丘斯特提出的"生产者责任延伸"。生产者责任延伸是指一种环境保护原则。在 20 世纪初期，企业迫于外界压力履行生态责任，外界压力是指社会、经济、法律的驱使。

　　从有关可持续性企业的对象—主体—过程研究模型来看，企业的社会责任主要涵盖三个方面：企业的经济影响、社会影响、环境影响，它们也是企业社会责任领域重要的"三重底线"（TBL）。企业不应该把获取利润作为最终目的，也不应该只是一个制造和出售产品的系统，而应该是通过服务、富有创造性的发明和高尚的道德伦理来为人类创造福祉（James Lovelock & Gaia，2000）。

企业生态责任源于企业社会责任，在可持续发展背景下，企业面临可持续发展的压力越来越大。由于资源的稀缺性以及环境恶化的瓶颈制约，企业也需要确定自己在产业生态链中的位置以从产业生态系统中获利（Dunn & Steinemann，1998），产业生态化是实现企业可持续发展的一种重要途径（Niutanen & Korhonen，2003）。这为企业实施清洁生产技术、生态友好性生产模式奠定了内在基础。与此同时，研究表明，相关生态环境保护法规的存在、公众对生态保护意识的提高（Henriques & Sadorsky，1996）以及来自生态消费市场的激励，构成了企业生态友好行为的外在动力。因而，生态因素逐渐成为影响企业绩效的关键业绩指标（Searcy & Karapetrovic，2008）。

现有的研究表明，企业的所有生产经营活动都必须对利益相关者负有责任和义务。这个责任，就是社会责任，其中包含生态责任。企业生态责任是企业社会责任不可或缺的一部分。接下来，我们将结合本书研究关注的对象——"企业生态责任"来对本节开始所提出的三个问题进行探索性回答。

（二）企业生态责任的内涵

目前关于企业生态责任研究的相关研究文献相对较少，这一概念最早源于Thomas Lindquist（1990）提出的生产者责任延伸（Extended Producer Responsibility），其本意是生产者（企业）的责任应该延伸至整个产品的生命周期，包括产品对环境的影响等，特别强调对产品的回收、再循环利用与处置，实际上要求企业在产品的整个生命周期过程中承担生态环境责任。欧盟将生产者责任扩展定义为生产者必须负责产品使用完毕后的回收、再生利用及弃置；世界经济合作与发展组织（OECD）的定义是，产品生产者的责任延伸至产品消费后的阶段，包括将废弃物回收及处理责任由地方政府转移至生产者，并鼓励生产者将环境因素纳入产品设计中。而美国学者认为企业生态责任是"产品责任的延伸"（Extended Product Responsibility），并认为它来源于生产者责任延伸。无论是基于生产者责任延伸，还是产品责任延伸观点，其本质是将产品的管理责任以"产品"为中心转移到整个上下游供应链体系上来：原料的选择、产品制造使用及废弃物的回收、再利用、处理；其责任由企业拓展到原料供应商、产品设计生产者、经销者、消费者及政府部门等；其实质上是要求企业对自己的经营生产行为履行更多的应负的生态责任。

企业生态责任的主要内容包括三个方面：即企业对自然的生态责任，对市场的生态责任，对公众的生态责任。对自然而言，企业应该超越商业概念，自觉保护自然环境；对市场而言，企业要以市场为导向，严格遵守环保法律法规，生产制造采用清洁工艺，走高效能、低污染、低能耗的可持续发展之路；对公众而言，企业要强调利益均等机会，维护"代际公平"，不能以牺牲后代人的利益来满足当代人的利益。环境作为典型的"公共物品"，企业和公民保护环境是应尽的责任。对全球经济中的公共物品资源造成损害的任何污染环境、不承担环境保护责任的行为，都会影响社会和个人生活。从外部补偿理论角度来看，企业作为市场的替代产物，降低了交易成本，推动了经济社会的发展，其行为对社会是有利的，具有"正外部性"；但如果企业从逐利的角度出发，由于过度利用自然资源及侵害劳动者合法权益等行为产生了不利的影响就是"负外部性"。企业自己承担的成本费用却转嫁给社会公众，造成社会成本增加。这也是企业应该承担生态责任的基础。

（三）企业生态责任的作用

实践表明，在20世纪70年代之前，企业承担生态环境保护责任，主要是来自经济社会和法律等方面的外界压力。因此，可以说在早期外界压力是迫使企业履行生态责任的一个重要的驱动因素（Keinert，2008）。20世纪70年代，采矿行业的公司开始履行企业生态责任是迫于环境保护压力，是为了进入开矿工地（Hilson，2011）。

新古典微观经济理论认为，企业承担伦理的道德责任并不与企业利润相矛盾。因为企业如果积极承担社会责任可以使企业降低外部成本，因而对企业财务绩效有积极影响。如果政府界定了产权不存在外部性，那么纯粹的利润最大化行为是股东的企业生态责任行为和社会行为。通过承担企业社会责任能够减少企业和利益相关者（如政府、公众、非政府组织、竞争对手、雇员或客户等）之间的矛盾。从企业长期发展角度来看，矛盾的减少可以增加企业利润或企业的财务绩效，从而会吸引更多的投资者（McWilliams，2006）。因此，承担社会责任较多的企业，能获得较高信用等级，其财务绩效也较好（Russo & Fouts，1997）。

环境经济学观点认为，有严格环境规制的国家的企业更容易比相对宽松的环境规制的国家企业获得竞争优势（Porter & Vander Linde，1995）。严格的环境规制，可以促使企业对先进环保技术的需求，触发新的环境技术的创新，使企业可以减少生产产品带来的环境污染问题和提高服务效率。设计合理的环境规制可以激发企业创新，改善效率机会，提高国际竞争优势。企业积极承担生态责任更有利于突破"绿色壁垒"，提高创新水平，取得竞争优势。

从战略管理视角来看，King（1995）通过对 8 家印刷制版企业的环境职能进行研究，发现专业化的环境部门比单一的环境部门能更好地获得环境信息和创意，并能更好地推动产生绩效改进。Nehrt（1996）基于时机和强度两维度，通过先发优势来分析生态环境管理的环境投资，对 8 个国家的 50 家纸浆和造纸企业进行实证研究，发现企业资源和其经营活动管制背景之间存在环境投资的先发优势：污染预防的先动者与利润增长呈正相关关系。Shrivastava（1995）认为"环境技术"是企业获得竞争优势的驱动因素，不仅能够使生产活动的生态影响最小化，而且能同时增强企业的竞争力。企业生态治理成本的高低也可以作为产业进入的壁垒，企业积极履行生态责任，其治理成本虽高，但企业会从严格的环境规制中获得收益，因为这可以阻止新竞争者的进入，从而增强了企业的竞争优势（Dean & Brown，1995）。

自 20 世纪以来，随着经济高速发展，生态问题已不仅是一个区域性问题，而且是一个全球性问题。人类的生存和发展离不开自然环境的支持（卞娜、苗泽华，2013）。当今的生态问题也是人们反思的机会，让人们意识到传统的生产模式所带来的危机与后果，企业应为此承担责任。生态责任是每一个企业从事生产经营活动所应承担的义务。履行企业生态责任不仅减轻了环境压力，同时也会促进企业自身的生存和发展。从短期来看，企业承担生态责任可能会造成企业成本的增加，股东的利益受损；但从长远发展角度来看，生态责任与企业的财务绩效还存在着正相关协同（Positive Synergy）效应，推动着企业的长远发展。

1. 有利于企业的长远发展

现代企业想要获得最优化的经济效益，就要尊重生态原理，把经济效益和生态效益结合起来。企业内部生产经营活动的各个环节对于履行生态责任都是十分重要的。在生产投入时，企业应该减少对资源的消耗；在生产进行时应采用新技术、新工艺，减少污染物的排放，提高生产效率；在生产成品后，企业生态责任要求企业满足市场对于绿色产品、有益健康产品的需求。承担生态责任的企业在进行经营活动时能够有效地利用原材料和能源，减少浪费，提高生产率。在当今 21 世纪，企业的经济业绩不是唯一的衡量企业的指标，更多的是从企业的综合水平上加以考量。企业直接或间接地逃避生态责任或者消极对待生态问题，都会给企业造成难以估量的巨大负面影响。在我国强调可持续发展及科学发展观的大背景下，不承担生态责任的企业甚至无法攫取短期的利润回报。例如，由于被质疑会导致污染，中石化在全国多地展开的 PX 项目无法进行，当地社区和群众通过各种渠道扩大影响，阻止项目的开展。

2. 有利于打造企业品牌形象

进入 21 世纪后，沙尘暴、雾霾等恶劣环境问题引起人们越来越关注和重视企业可能会影响环境的行为。企业承担生态责任不仅可以改变所处环境，亦可以改变企业形象，使企业与社会各界和谐互动。

树立绿色生态形象，是企业一笔无法估价的财富，有利于打造企业良好品牌形象。随着环保产业的壮大，环保形象在国际竞争中越来越重要。各国政府在制定投资计划或者吸引国际项目时，会把环保项目列为优先考虑的项目。表面上看，企业承担生态责任是付出大量成本的。但从长远及无形资产带来的收益角度来看，重视环保的企业可以得到政府和各种组织的优惠政策和支持，为企业节约成本或创造收益。已有很多企业通过生产绿色产品、带动绿色生态消费来提高企业的品牌效益。比如，"无印良品"所倡导的自然、质朴的品牌形象，大受全球消费者的好评。其承诺绝不使用 PVC、特氟隆、甜菊、山梨酸等原料，包装采取极简设计并注重再生材料的运用，在承担生态责任的同时也树立了绿色生态企业的良好形象，被《福布斯》杂志评选为全球最佳中型企业。

3. 有利于提高企业的国际竞争能力

随着经济全球化趋势的加快，中国企业有了更多机会走向国际市场。但是这并不意味着中国企业就能够顺利地进入国际市场，分享国际市场的一杯羹。因为国际社会对于环境保护意识的觉醒较早，其对于企业环保的标准也在不断地提高、规则也越来越严格。企业只有从根本上重视环保，进行绿色经营和生产，才能够通过由国际标准化组织发布的 ISO14000 环境管理体系国际标准，得到国际市场的认可。但是我国企业在绿色生产和经营上还存在很大的问题，而这也成为发达国家通过设置绿色壁垒抵制中国商品进口的理由。在经济全球化发展的趋势下、在全球范围内绿色浪潮的挑战下，中国的企业最终将不得不面对跨国企业发起的竞争。因此，针对这种形式，中国企业必须强化环境意识，进行绿色经营与生产，才能够打破国际绿色壁垒，加强产品的绿色竞争力，顺利打入国际市场。

（四）企业生态责任的理论基础

1. 可持续发展观

可持续发展的概念是世界环境与发展委员会在 1987 年首次提出来的，是源于人类对环境问题认识的深化。该委员会在报告《我们共同的未来》中，把可持续发展定义为"既能满足当代人的需要，又不对后代人满足其需要的能力构成危害的发展"。2000 年出版的《中国 21 世纪人口、环境与发展白皮书》一书第一次把可持续发展战略纳入中国经济和社会发展的长远规划。可持续发展，不仅包括经济可持续发展、社会可持续发展，还包括生态可持续发展。可持续发展概念综合起来有如下三大原则：

公平性原则：认为人类各代对这一空间中的自然资源和社会财富拥有同等享

用权，他们应该拥有同等的生存权。公平指的是本代人之间的公平、代际间的公平，以及资源分配与利用的公平。在同代之间，不仅区际间的发展要体现均衡，而且一个地区的发展也不应以损害其他地区的发展为代价。代际间也要求均衡发展，不但要满足当代人的需要，而且又要不损害后代的发展能力。

持续性原则：认为人类必须在拥有的资源和环境承载能力之内发展，即在发展中要有制约的观念。主要制约因素有人口数量、环境、资源，以及现有技术和社会组织对环境承载能力所施加的限制。其中最主要的制约因素是人类赖以生存的物质基础——自然资源与环境。因此，持续性原则的核心是人类的经济和社会发展，必须将当前利益与长远利益有机结合起来考虑，不能超越资源与环境的承载能力。

共同性原则：可持续发展观念所讨论的问题是关系到全人类的问题，所要达到的目标是全人类的共同目标。虽然国情不同，具体实施可持续发展的方式无法统一，但共同的是各国都需要为可持续发展做出努力，从全球可持续发展这个共同目标的战略高度，调整好国内国际发展政策。

2. 利益相关者理论

国内外许多学者在研究企业生态责任时引入了利益相关者理论，利益相关者理论可以帮助明确企业生态责任的来源和对象。"利益相关者"一词最早出现于战略管理鼻祖伊戈尔·安索夫（Igor Ansoff）1965 年出版的《公司战略》一书中，他提出要全面制定企业目标，就要综合考虑企业众多利益相关者之间相互冲突的权利。企业的利益相关者包括供应商、工人、股东、管理者及顾客。Freeman（1984）扩充了利益相关者的范围，使其包括竞争对手、政治团体、行为群体、当地社区居民、媒体、非政府组织（NGO）等。

从与企业联系的紧密性角度来说，Clarkson（1994）提出了一种有代表性的分类企业利益相关者的方法。他认为，利益相关者可以分成首要利益相关者和次要利益相关者。如果没有首要利益相关者的连续性参与，企业就不可能持续生存。可见，首要利益相关者包括员工、股东、顾客、供应商和管理人员。次要利益相关者指的是"并不与企业直接交易，间接地影响企业运行或受到企业运行影响"的利益相关者。这一类利益相关者包括学者、媒体、当地居民、环境主义者等。

按照利益相关者理论，企业生态责任的利益相关者包括政府、消费者、当地居民、企业内部员工、媒体及 NGO 等。企业要建立稳定的、适合持续发展的环境就必须满足这些利益相关者的诉求，或者得到利益相关者的支持。当地居民、政府、媒体和 NGO 这些利益相关者会主要关注并督促企业履行生态责任。所以，对于企业生态责任的理论分析，利益相关者理论（如图 2-1 所示）是至关重要的。

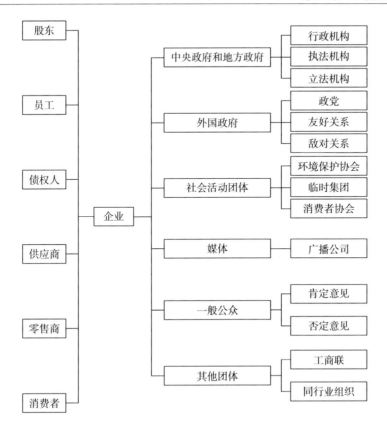

图 2－1　利益相关者理论

3. 其他相关理论

在研究企业生态责任时，不得不提到外部性问题。正是由于企业在生产经营活动中对生态环境造成的负外部性，才有了生态责任问题的提出。1890 年，马歇尔在其著作《经济学原理》中首次提到外部性问题。萨缪尔森和诺德豪斯对外部性的定义是："外部性是指那些生产或消费对其他团体强征了不可补偿的成本或给予了无需补偿的收益的情形。"正外部性使所处环境增加收益或减少成本，负外部性使所处环境减少收益或增加成本。

循环经济理论将地球上的物质流动看作一个闭环系统。循环经济就是经济的发展要在物质的循环、再生、利用的基础之上。这种经济发展模式是建立在资源回收和循环再利用基础上的。循环经济理论最早的提出者肯尼斯·博尔丁将地球比喻成一艘封闭的"太空船"，在这个封闭环境中，生产能力和净化能力都有限度。人类为了不走向毁灭，就应该将资源开发、环境影响控制在限度内（郑秀杰、赵署林，2009）。循环经济理论要求人类的经济活动遵循"3R"原则，即减量化（Reduce）、再利用（Reuse）、再回收（Recycle），可解释为用最少的投入实现既定的生产目标，产品在完成其使用功能后要尽可能地变为一种资源而非垃圾，避免产品和包装的一次性消费。循环经济要求把清洁生产和废弃物综合利用融为一体。循环经济的运行过程和"3R"原则体现了丰富的生态责任理念，是企业生态责任研究的基石。

三、企业生态责任与企业声誉

在商业和社会领域，企业社会责任能直接或间接地影响企业声誉。直接影响体现在企业良好的社会责任行为记录会提高企业声誉；间接影响体现在企业社会责任通过对企业财务绩效产生积极影响，进而影响企业声誉。因此，企业社会责任被认为是企业声誉和企业财务绩效之间的调节变量，企业社会责任通过影响企业声誉而对企业财务绩效产生影响。

企业声誉源于其信誉、诚信、可靠和责任（Fombrun，1996）。而责任则是环境、金融和社会行为的共同作用结果（Miles & Covin，2000）。Sen 和 Bhatta-charya（2003）的研究表明，企业社会责任信息能直接或者间接影响消费者购买意愿。对具有良好声誉的企业的产品质量、员工能力和服务水平，消费者会做出较高的评价，而且具有良好声誉的企业的广告消费者也会予以更多的信任（Goldberg & Hartwick，1990）。Lafferty 和 Goldsmith（1999）认为在产品市场以及服务市场上，企业声誉与顾客对产品和服务的购买信心成正比，同时企业声誉会影响消费者对企业市场行为结果的道德判断。消费者对声誉良好的企业产品保持积极乐观的态度，而对不良的企业恰好相反。此外，消费者对声誉良好的企业所提供的产品以及信息会保持认同和信任的倾向，受到该企业的营销信息影响的可能性也就越大。

由此可见，企业是否承担生态责任会对消费者的消费行为以及消费心理产生重大的影响，而反过来消费者的消费行为以及消费心理又对企业的效益产生影响。企业履行生态责任不仅可以获得声誉优势，而且还可以帮助企业解决和避免社会问题，改善自身形象，提高利益相关者的忠实度（Giulio，Migliavacca & Ten-cati，2007）；机构投资者普遍认为，履行社会责任较差的企业，其风险较高（Spicer，1978），而好的企业声誉可以帮助公司降低商业风险，获得监管机构的支持以及资本市场的青睐，从而帮助企业获得竞争优势（Shrivastava，1995），还可以有效地防止企业因受到利益相关者的负面影响而造成的成本损失，并最终提高公司财务绩效（Cornell & Shapiro，1987）。如今无论是企业的财务信息还是关于企业生态责任履行等的非财务信息都会受到投资者的关注。注重生态责任的公司会获得较好的声誉，而好的声誉又可以帮助公司赢得投资者进而提高资本市场的市场利率（Milgrom & Roberts，1986）。Angel 和 Rivoli（1997）通过企业社会责任政策对公司权益资本成本进行研究发现，环境政策不佳的公司来自于具有社会责任感投资者的投资较少。企业社会绩效和资本加权平均成本间存在着负相关关系（Giulio，Migliavacca & Tencati，2007）。因此，具有生态责任感的公司会以其良好的环境形象，获得利益相关者认同以及较好的声誉，从而赢得更多的发展机会。

四、数字经济型企业生态责任与企业声誉的关系研究

　　数字经济型企业主要有传统产业数字化的数字化企业，以互联网、电子商务为中心的数字化企业和从事智慧城市、数字治理的以信息技术为支撑的科技型数字公司。传统企业数字化则是传统业务流程或经营模式数字化，比如原本属于典型的手机制造产业的小米科技公司则完全采取了"从用户中来再回到用户"的逆向生产、制造、营销、服务模式，成为典型的电子商务新型公司；而传统的线下物流活动通过数字化则有了菜鸟智能平台和"沙师弟"货运云商的出现。在数字化产业中，几大主要业务形态是电子商务、网络媒体、互联网金融（IT-FIN）、搜索引擎、网络游戏五大类互联网企业。2020 年史无前例的"新冠肺炎疫情"不仅让我们看到了数字经济产业的潜在优势，更是让依赖于云计算、大数据技术和成熟的移动电商应用的疫情防控、云端作业、智慧城市和数字治理发挥了统筹管理、面面俱到的强大保障作用。

（一）数字经济型企业生态责任与社会责任的关系

　　其实正如前文理论综述中所阐述的那样，企业生态责任源于企业社会责任，在可持续发展背景下，企业面临可持续发展的压力越来越大。由于资源的稀缺性以及环境恶化的瓶颈制约，企业也需要确定自己在产业生态链中的位置以从产业生态系统中获利（Dunn & Steinemann，1998），产业生态化是实现企业可持续发展的一种重要途径（Niutanen & Korhonen，2003）。有关企业生态责任的认识到目前都未取得统一，但是对其内涵的理解基本一致。

企业生态责任包括对自然、对市场和对公众的生态责任。对全球经济中生态环境这一公共物品资源造成损害的任何污染环境、不承担环境保护责任的行为，都会影响整个社会的正常运行和个人生活。显然，企业生态责任属于企业社会责任的一部分，而且从传统生态责任的内涵看，数字经济型企业也是有企业生态责任的，对自然的责任、对市场的责任、对公众的责任，数字经济型企业均负有义务，这为本部分的研究提供了理论支持。但是，对生态责任的理解局限于自然生态的人们认为，数字经济型企业的运作虚拟性不太涉及实体产品生产制造，其生态责任不明显，但是恰好相反，作为信息传播的互联网，其信息与观点容易直接在用户意识形态上形成导向，故社会责任更强烈。而已有文献和学者也基本上都是笼统地以社会责任为中心对其展开研究的。本部分认为，对数字经济型企业而言，企业生态责任弱于社会责任，又由于生态责任包含在社会责任里，所以对数字经济型企业的生态责任研究等同于对社会责任的研究。因此，后文所称的社会责任均已包含生态责任。

（二）数字经济型企业社会责任履行与企业声誉的关系研究

数字经济的三大产业类型中，传统企业进行数字化转型后兼具传统企业的特性又具有虚拟数字化企业的特性，其企业社会责任的履行与声誉的研究正好兼具传统企业社会责任履行与声誉的关系性质，也具备纯粹数字化企业的社会责任履行与声誉关系的性质；而从事数字治理的科技型企业也本来就是数字经济型企业，对其社会责任履行与声誉关系的研究已包含在数字型企业中，故也无须单独研究。因而，学者对数字经济型企业的社会责任与声誉的研究几乎更关注以互联网、电子商务为中心的数字经济型企业。

数字经济型企业的生态责任更多地包含在社会责任里，因此现有文献基本都是对互联网企业的社会责任进行研究，并集中在互联网企业社会责任的内涵、履行现状与对策建议上，而对互联网企业履行社会责任与企业声誉的关系研究较少。刘晓晴对《互联网企业履行社会责任与财务绩效的关系》研究中，通过提取 53 家互联网企业（其中包含众多电子商务企业）2010～2016 年的数据，对其相关社会责任的履行情况和企业财务绩效的关系进行研究，该研究以利益相关者理论为基础，采用和讯网企业社会责任评级分数量化互联网企业履行社会责任的情况，设计检验的模型。最终，通过对研究的数据进行相关性、回归性以及描述性统计分析，验证了互联网企业履行社会责任与财务绩效互为正相关关系。

五、研究述评

　　不管是以实体产品制造为核心的传统企业还是以虚拟经济为核心的互联网企业，履行社会责任都有坚实的理论基础和实践基础，而且现有文献已经证实企业履行生态责任可以提高企业声誉，而企业声誉会对企业效益产生影响。鉴于此，建立后续的研究框架和理论模型。

　　生态责任作为社会责任中的重要组成部分，关系到企业的可持续发展和社会福祉，在数字经济时代背景下提质增效的结构升级发展中，企业的生态责任履行尤为迫切和重要。像如新集团、伊利集团一样，重视履行生态责任，不仅保障了企业甚至行业的可持续发展，也促使企业获得了良好的企业声誉和企业绩效。而以"互联网＋"拉动供给侧改革，支撑大数据、云计算、人工智能转向智能制造的数字经济时代背景下，数字经济型企业的生态责任（更确切地说是社会责任）履行与否也同样至关重要，但现有文献研究不足。所以本书拟从传统企业和数字经济型企业两个角度出发，研究企业生态责任履行与企业声誉的关系。

第二篇

研究内容——传统企业篇

　　本篇侧重对传统企业生态责任与企业声誉、企业绩效的关系研究，以 NU SKIN（如新集团）中国大陆地区员工（不包括港、澳、台）为研究样本，同时以公众为辅助调查对象，采用了文献回顾、深度访谈、问卷调查、数理统计等方法，分析企业生态责任与企业声誉的相互关系；对企业生态责任、企业声誉如何影响企业可持续发展进行实证研究，并探究各个维度之间的相互影响关系。探讨企业履行生态责任的内在动力和外部推进机制，构建政府、投资者、消费者、公众等有效的评价、监督、激励和约束机制，促进企业履行好生态责任，从而提升企业声誉，为企业保持竞争优势和实现可持续发展寻找新动力、新优势。

第三章
企业声誉与企业生态责任理论模型构建

　　随着经济社会及商业的日益发展，欧美国家的企业对声誉的管理已经成为他们进行各种沟通与公关活动最重要的行为之一。2000 年，美联储主席格林斯潘在哈佛大学演讲时提到：如果竞争是市场经济的引擎，那么声誉就是其运行的燃料（任运河，2004）。Dunbar 和 Schualbacb（2000）的调查表明，在德国基本上每个经理都把企业声誉看作是企业成功的可持续性的驱动力。Li Haiqin（2010）发现，许多研究机构以及学者们都会将企业社会责任作为一项关键的评价指标列入企业声誉的构建指标体系中。由此可知，企业社会责任对于企业声誉的作用得到了各界的认同。如"社区和环境责任"这一指标就包括在《财富》杂志的全球最受欢迎的公司（GMAC）评选的九大指标之中。上一章中，我们通过文献综述的方式对企业声誉、企业生态责任的概念、内涵以及两者之间可能存在的相互关系进行了探讨。本章我们将继续对企业声誉和企业生态责任两者之间的相互关系做更进一步的研究。

一、企业声誉理论模型

　　在现代市场经济中，良好的企业声誉能提升企业竞争力、提升企业整体价值。它是企业所拥有的独特资源，是企业的一种重要的无形资产（卞娜、苗泽华，2013）。企业声誉源于企业的商业伦理、危机管理、风险管理，对于企业而言，企业声誉涵盖了企业的特征、企业的形象以及声誉资本。从资产角度看，声誉是企业把自身的主要特征传递给其成员，以使其在社会中所处的位置尽量最高化。从认知的角度分析，公司声誉是一个企业依靠自己过去的行为和未来的发展前景，对其所有利益相关者产生吸引的综合体现。以此可以界定企业声誉由六个方面构成：产品质量、财务业绩、员工关系、组织事务、社区参与、环境表现（温炎，2012）。从评价的视角看，企业声誉是各种印象、信仰、感情、经验和知识相互关联的综合结果（Ponzi, Fombrun & Gardberg, 2011）。李颖雯等（2011）认为企业声誉是竞争对手难以模仿的无形资产，它在竞争中扮演着至关重要的战略角色。企业声誉被不同学科的学者所关注，他们从各自的角度阐述了对企业声誉的认知（见表3–1）。Fombrun 和 Rindova 将各方的观点进行整合，提出了一个得到广泛认可的定义："企业声誉，一是过去行为结果的综合体现；二是企业给有关相关利益者创造价值的能力；三是衡量一个企业在与内部员工、利益相关者的关系中所处的相对位置。"

表3–1　企业声誉的认知

学者	对企业声誉的认知
Spence（1974）	企业经营过程中对相关者产生的自身关键特征，这种特征可以提高企业社会地位的层级，这种层级最终结果表现为企业声誉
Weigelt（1988）	企业过去行为产生的一系列特征总和，这种特征总和能创造溢价
Fombrun（1990）	是一种感性和理性的认知，反映企业过去的行为和将来前景的总体吸引力
Rindova（1997）	企业以往经营活动及非经营活动的过程及结果综合体现，这些过程及结果反映了企业为利益相关者提供有价值的产出的能力
Gray（1998）	利益相关者群体对企业属性所作的评价
Gotsi（2001）	利益相关者在时间维度上对企业做出的全面评价，评价标准主要源自于自身的经验、企业行为信息以及与竞争对手的对比信息
Mahon（2002）	企业中没有直接角色任务或对企业没有直接投入的利益相关者之间的相互作用，并以动态形式形成、发展的一种关于一个企业实体的印象
Tucker（2005）	利益相关者基于对企业的过去、现在及未来活动以及对这些活动沟通方式的立即反应而持有的对组织的感知方式

（一）企业声誉与企业绩效的关系

大量学者对企业声誉与绩效的关系进行了研究，Zheng Xiujie（2008）认为，企业声誉与企业绩效之间的关系具体体现在：企业声誉促进公司未来财务业绩的提高是声誉租金的一个重要体现。西方学者利用多国有关公司的声誉排名的相关数据进行了实证研究，大都认为：公司声誉对公司的财务业绩具有促进作用，两者是正相关关系（Barney, 1991; Grant, 1991; Roberts & Dowling, 2002），而且他们认为正是这种正相关关系促使公司建立良好声誉。

1. 财务绩效

关于企业的声誉与财务绩效的关系研究有多种结论，并且不同的理论之间的差异很大。有些学者认为财务绩效对企业的声誉有着重要的影响，但是正如《财富》杂志的 AMAC 评选所存在的缺陷一样，有很多学者质疑声誉的评选在财务方面具有"光环"效应，会扭曲评估的结果，所以他们认为企业声誉与财务绩效之间并没有明显的关系。其中，两种观点分别为：

（1）影响微弱。

Koch（1994）对《财富》杂志 1987 年的声誉调查的数据进行了分析研究，指出财务因素只体现了声誉等级大约 30% 的变化。Fombrun（2001）从美国数据分析结果中得出的统计模型（见图 3 - 1）表明，对企业产品服务的认知，是情感吸引力和声誉最关键的驱动因素。利益相关者对声誉有大的影响，但财务业绩和领导层的差别对声誉的影响却十分弱小。财务业绩对企业声誉的影响系数仅为 0.09。

图 3 - 1 影响企业声誉的因素

（2）影响重大。

Martire（1993）对《财富》的 AMAC 的数据进行多元回归分析后发现：声誉对前期财务业绩有很大的正向影响。Graves 和 Waddock（1994）以 COMPUS-TAT 数据库的相关数据为基础进行了研究，其结果表明企业前期的财务业绩与企业声誉呈正相关关系。Roberts 和 Dowling（2002）以《财富》的 AMAC 数据库中 15 年（1984～1998 年）的声誉数据为基础建立自回归利润模型进行了研究，发现企业前期良好的持续性的财务业绩对于形成良好的企业声誉具有积极的正向作用。

2. 非财务绩效

与企业声誉与财务绩效关系的研究相比，在声誉与非财务绩效上的研究相对较少，但是也已经有了一些比较重要的结论。Fombrun 和 Van Riel（1997）的研究表明，消费者在购买决策过程中会因企业有良好声誉而增加对产品、服务的信任程度。Brown（1998）的研究也表明，在无法获得产品特性的充分评估信息之前，消费者会通过对生产该产品的企业的印象作出评估，进而做出是否购买该产品的决定。另外，Gray 和 Ballmer（2003）的研究表明，企业在发展过程中总会遇到这样与那样的问题，并不是一帆风顺的，而当声誉良好的企业做出了错误的行为，在危机发生的时候，只要企业能够在危机处理中及时解决问题，取得公众的信任和支持，公众会更容易对声誉良好的企业谅解。由此表明，公众对于企业的信任能够帮助企业在危机处理之后迅速地取得原有的市场竞争优势。Fombrun 和 Riel（2003）在研究中发现，人们通常对于受到公众尊敬的企业怀有良好的感情，会愿意给予更多的关注。利益相关者对有良好声誉的企业更愿意做出支持性行为，投资者会因为与良好声誉的企业合作而自豪，因为这样的合作不仅能够为企业带来物质利益，还能够借助该企业的良好声誉而获得社会更多的关注，从而提升企业的声誉。

以上研究表明，一个具有良好声誉的企业能给消费者带来积极正面的影响（Deshpande & Hitchon，2002；Lafferty et al.，2004），为企业的可持续发展提供新的动力；而不道德或不负责的企业行为会使消费者对其产生强烈的负面影响（Mohr et al.，2001）。Morgan（1994）研究发现消费者选择购买哪一个企业的产品或服务都与企业声誉有一定的关系。Bennett 和 Gabriel（2001）研究发现，企业声誉是买卖关系紧密程度、消费者投入和基于关系的企业适应系统的前置因素。在面临竞争产品的选择时，顾客一般都倾向于企业声誉较好的产品甚至会主动向其他顾客推荐。

综上所述，良好的企业声誉能够帮助企业在公众和所有的利益相关者心中取得良好的印象，使得其在市场竞争中能够取得较为有利的竞争地位，有利于企业绩效长期的增长。

由此，本书提出以下假设：

H_1：声誉良好的企业更容易获取消费者的青睐。

H_{1a}：良好的声誉对企业绩效的提高具有正面影响。

H_{1b}：良好的声誉能有效推动企业的可持续发展。

（二）企业声誉理论模型

Fombrum 等是最早倾向于把企业声誉定义为态度的学者，他们认为情感因素是影响企业声誉的自变量，企业声誉是情感诉求外在量化的表现。Hall 认为认知和情感是组成企业声誉的两个部分。Manfred 则在 Hall 的基础上进一步丰富了声誉的构成，认为声誉是一种态度结构，对企业声誉进行评估时要从两方面考虑：一是评估对企业特征的主观理解；二是评估企业特征对人的内在影响。Manfred 总结出 44 个反映性指标，并判断各个指标对企业声誉内部认知因素和情感因素的影响。剑桥大学的 Arlo Brady 指出：企业声誉构成有知识与技能、情感联系、质量、财务信誉、社会信誉、环境信誉，以及领导力和愿景与需求等要素（查少刚，2003）。

在研究企业声誉时，Manfred Schwaiger（2004）提出了企业声誉测量及解释模型。Gfk 市场调研公司协助 Manfred Schwaiger 完成调研计划，在德国、英国、美国分别有超过 300 名受访者接受了计算机辅助电话访问。统计分析表明，企业声誉包括两个维度，即情感判断维度和认知思维维度。张杨（2009）探寻了该模型在中国文化环境下的适用性。在中国背景下，仍存在企业声誉情感判断与认知思维的二维结构。情感维度解释了 38.9% 的数据方差，认知维度解释了 34.8% 的数据方差，说明两者有很强的区别力度。认知思维经常被描述为一种信息处理的过程，例如，一个人通过了解的信息来认识自己和周围环境。认知思维指的是信息的选择、感受、评价、学习、记忆和建立偏好、做出决策的过程。企业声誉中的认知思维维度可以解释为利益相关者了解的公司客观信息或感知，以及对公司绩效或贡献的理性评价。除了产品质量、公司绩效等客观可估的方面，个人情感也会影响对企业声誉的评价。人们对于企业行为方式或企业的感情，会影响对企业的评价，这就是情感判断维度。与认知思维相反的是，情感判断维度在有关企业品牌管理或品牌资产的研究文章中经常出现。中国人民大学的刘彧彧等（2009）在 Schwaiger 教授的二维模型基础上，结合消费者行为学中的"态度—行为"模型提出了企业声誉的三维模型，增加的维度是行为倾向维度。行为倾向因素指的是对态度对象做出采取行动之前的准备状态的意向。Lafferty 和 Goldsmith（1999）研究发现，消费者对具有良好声誉的企业的产品和服务表现出极大的信心，并且这种声誉会影响消费者对于企业某些市场行为的道德判断。消费者对于具有良好声誉的企业所提供的信息比不具有良好声誉的企业提供的信息具有更大的信赖度和认同感，因此受到声誉良好的企业广告的影响从而改变对其产品的态度的可能性相对而言也比较大（Goldberg & Hartwick，1990）。因此，我们认为，企业的良好声誉，直接或间接、有形或无形地向消费者传递着"优质而安全的产品和服务、低风险交易成本"的信号。因此，具有良好声誉的企业更容易获得消费者与之长期合作的意愿。

综合前人的研究结果以及研究现状，本书将从态度结构出发将企业声誉划分为三个维度，即认知思维、情感判断、行为倾向，这三者共同作用于企业声誉（见图 3-2）。认知与情感维度涉及产品质量、企业责任感、吸引力及财务绩效，而行为倾向则是基于认知和情感综合的思维判断以后所形成的综合体现。此外，企业要获得持续发展的最好途径是：重视和考虑所有重要利益相关者，并尽力满足他们的需求。企业在规划自己的绩效目标时，应着重考虑到那些对自己来说十分重要的不同利益相关群体的需要。因此，认知思维、情感判断、行为倾向三者相互对企业绩效产生一定的影响。然而，这种影响是单向的，还是双向的？或者，反过来说，企业绩效的好坏是否也会影响利益相关者的认知和情感，以及影响他们的行为倾向？三者是否与企业绩效形成了一种双向的影响机制？

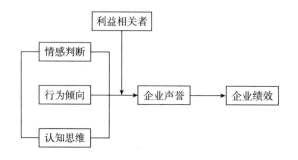

图3-2　企业声誉模型

因此，本书提出以下假设：

H_2：消费者的态度会对企业声誉产生影响。

H_{2a}：认知思维会对企业声誉产生影响。

H_{2b}：情感判断会对企业声誉产生影响。

H_{2c}：行为倾向会对企业声誉产生影响。

二、企业生态责任理论模型

（一）企业生态责任与企业绩效的关系

中国社会科学院经济学部企业社会责任研究中心编制的《中国100强企业社会责任指数》将企业社会责任分为：市场、社会和环境三种责任。由此可以推断：企业的生态责任源于企业社会责任，主要内涵是企业的行为不以环境的恶化和生态破坏为代价，企业对环境和生态问题承担应有的治理责任、环境保护与安全责任（Carroll，2014；Gallo，2004；Isabelle & David，2002）。当前国内外单独对企业生态责任进行研究的较少，而更多关注于企业社会责任的研究。因此，本书在研究企业生态责任与企业绩效的关系之前，先对企业社会责任与企业绩效之间的关系进行分析。

国外学者们对企业社会责任与企业绩效的关系研究大多集中在对企业经济责

任的研究，主要的结论有：企业社会责任与企业绩效具有正相关关系，企业承担社会责任会促使企业绩效的增长。从利益相关者角度分析，消费者是企业利益相关者中最为重要的一个（Mitchell et al.，1997；Schuler & Cording，2006）。因为企业的绩效主要来自于消费者购买行为的结果。因此，消费者对企业社会责任（Corporate Social Responsibility，CSR）的态度，对企业是否积极履行社会责任具有非常大的影响。Folkes 和 Kamins（1999）研究发现，即使企业的产品质量很好，但如果该企业采用了不道德的雇佣政策，也会导致消费者对企业进行负面评价。Mohr 和 Webb（2005）把公益事业、环境保护作为社会责任所包含的两个主要方面来研究社会责任履行情况对消费者购买意向的影响。结果表明，较好履行企业社会责任的企业能更多地获得消费者的购买意向，反之则会降低消费者的购买意向。

综上所述，企业生态责任作为企业社会责任中重要的组成部分，特别是在当今生态环境日益恶化和社会公众环保、安全、健康意识日渐增强的情势下，生态责任在企业社会责任中的地位和作用更加凸显。由此，我们提出以下假设：

H_3：企业积极履行生态责任对企业声誉有正向影响。

H_4：企业积极履行生态责任对企业可持续发展有正向影响。

（二）企业生态责任理论模型

企业可以通过慈善捐款、生产绿色产品、提供公平就业机会等方式来承担社会责任。企业社会责任的重点在不同时期有所转移。在当前经济社会背景下，企业生态责任无疑是企业社会责任的重中之重。如今在中国无可避免的严峻事实是一些企业为了短期利润采取粗放发展战略，甚至是掠夺发展战略。这种竭泽而渔的行为致使生态环境恶化，造成了严重的环境问题。例如，向大气中排放废气物污染空气，向河流中排放工业废水恶化水质，超标排放二氧化碳等温室气体造成全球气温变暖；过度开采煤矿、石油等资源改变地质结构，造成地质灾害。甚至可以说，当今世界绝大多数的生态环境问题都与企业的生产经营活动直接或间接相关。自 20 世纪 90 年代以来，国内外对企业生态责任问题逐渐重视起来，要求企业不仅要考虑经济利润，同时要兼顾生态责任。这就要求企业在寻求自身发展的同时不能以牺牲环境为代价，相反，要维护所处环境的平衡。

关于企业生态责任的概念，最早应追溯到生产者责任延伸（Extended Producer Reponsibility）一词，美国采用了"产品责任延伸"（Extended Product Responsibility）概念，并认为它来源于生产者责任延伸。无论是生产者责任延伸还是产品责任延伸，其基本理念是将产品管理的责任从以"产品"为中心转移到原材料的选择、产品制造和使用以及产品废物的回收、再生、处置全过程，其责任主体由原材料供应者、产品设计者、生产者、分销商、零售商、消费者、回收者、再生者和处置者以及政府共同组成，都是对传统经济理论中企业行为责任范围的扩大，其实质是要求企业应当对自己的行为承担更多的应负的生态责任。

1963 年，斯坦福研究所（Stanford Institute）从"利益相关者"（Stakeholder）角度，对企业社会责任的研究形成了一套系统的理论体系。该理论认为，任何企业的发展都与各种利益相关者的投入或参与分不开。这些利益相关者不仅包括企业股东、债权人、雇员、消费者、供应商等交易伙伴，也包括政府部门、本地居民和社区、媒体及环保主义者等外部组织，甚至还包括自然环境、人类后代等受到企业经营活动直接或间接影响的客体（Freeman，1984；Mitchell，1997）。至此，企业对于自然环境的责任开始有了雏形，并且伴随着工业时代的发展，越来越多的学者重视对于企业生态责任的研究。

在利益相关者理论看来，企业对其利益相关者的利益诉求的回应质量，决定了企业的发展前景。企业作为一个信息链接点，它连接了诸多利益相关者。对一个现实中的企业来说，从利益相关者的角度考虑企业的决策等价于企业利益最大化的决策。所以利益相关者各方的行为选择，将直接影响企业的现实利益和长远的发展战略选择。

从可持续发展的理论角度来说，任运河（2004）认为，企业要可持续发展，必须承担相应的生态责任。企业生态责任可分为三个方面：企业对自然的生态责任、对市场的生态责任、对公众的生态责任。对自然的生态责任，我们可以理解为企业应当突破原有的只强调人类对自然的权利而忽视对自然的义务的缺陷，应自觉地保护自然；对市场的生态责任，则要求企业以市场为导向，严格遵守环保措施和制度，为市场提供绿色产品、健康产品，在生产中注重高效能、低污染、低能耗；对公众的生态责任，则是强调机会和利益均等，企业不能以牺牲后代人的利益来满足当代人的利益。这样的划分与企业社会责任的"利益相关者"理论的划分极为相似，即无论是市场、公众还是自然环境对于企业来说都是其利益相关者。

综上所述，本书将企业生态责任（见图 3-3）划分为：对自然的生态责任、对市场的生态责任和对公众的生态责任。

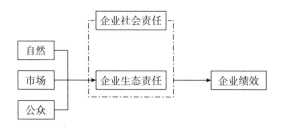

图 3-3　企业生态责任模型

1. 企业对自然的生态责任

人类的生存发展离不开从自然中获得资源，但传统的发展观念只重视人类从自然中索取，而忽视了人类对自然也有保护和回报的义务。随着生态文明建设的提出，这种价值观已广遭诟病。越来越多的企业认识到人类与自然既有权利关系，也有义务关系。人类在向自然索取时，也不能忘记对自然奉献。企业在进行生产活动时，应有意识地给自然留有补偿，不能因一时私欲而给自然留下不可挽回的创伤。可持续发展的思想要求企业充分考虑生态环境的承受能力，寻求高技术、高效率、低耗能的发展路线，限制企业过度开发资源以维护生态平衡。在可持续发展观的引导下，想要长久发展的企业应秉持为全人类负责的精神，怀有爱护自然、回报自然的责任感。

2. 企业对市场的生态责任

企业在市场经济的条件下面临着日趋激烈的竞争，有的企业不断开拓市场，成为市场的领导者；有的企业则逐步被市场淘汰。究其原因，现如今，随着人们环保意识的不断增强，以及生态消费意识越来越深入人心，企业仅依靠可靠的产品质量已经不能满足人们新的需求。为了满足生态消费意识，生态消费市场要求企业生产绿色生态产品、采用绿色生态包装、通过绿色生态认证，并遵守环保措施和制度，从而满足消费者对于生态健康产品的需求。绿色产品的一个显著特点是注重再生资源的开发和利用，在生产过程中节约原材料，减少公害，注重产品的生态内涵。也就是说，即使企业因生产绿色产品的成本较高导致产品价格较高，也能得到目标市场的认同。企业应当抓住市场机遇，通过生产生态产品获得商机，从而为企业可持续发展打下坚实基础。

3. 企业对公众的生态责任

人类所处地球的空间、资源、能源都是有限的。生态环境的恶化影响着人类自身的生存与发展。企业与自然、市场的关系都可以转化为企业与人类自身的关系。先进的企业并不能因其自身的技术优势而肆意消耗资源，落后的企业也不能以牺牲环境为代价去换取利益，避免走"先污染再治理"的道路。企业要以自然为中介，实现同代人之间相互促进、相互尊重、共同发展。部分企业会在未察觉时破坏生态环境，当发觉时为时已晚。现代工业对自然资源的过分开采和利用，已经不仅威胁到后代人发展，甚至威胁到了当代人的生存。为了解决这个问题，企业必须用理性约束自己。树立"代际公平"的观念，给子孙后代留下发展的机会。当企业牺牲后代人的利益来满足自己的利益时，已是一种对公众不负责任的行为。

三、企业生态责任与企业声誉模型

从本书企业声誉文献综述部分可以看到：不管是 AMAC 指标中的"环境和社会的责任"指标、GMAC 指标中的"社区和环境"指标，还是 RQ 指数中的"社会责任类"指标，都是在衡量企业所承担的社会责任。在研究企业声誉和企业社会责任的关系时，引入企业财务绩效作为辅助。最为流行的观点有三：一是承担社会责任的企业其财务绩效和企业声誉都会表现良好；二是财务绩效好能促进企业承担社会责任，进而获得良好声誉；三是企业社会责任、企业声誉、企业财务绩效三者互相影响。毫无疑问，上述三种观点都承认了企业社会责任对企业声誉的正面影响作用。美国权威研究组织沃克资讯在研究企业声誉和企业社会责任时发现，按照伦理规范和法律行事的企业在承担企业社会责任时会得到回报，企业声誉会提升；而那些经营活动不符合伦理或者不遵守法律的企业，即没有承担社会责任的企业，企业声誉普遍欠佳。

企业社会责任作为评价企业声誉的一个重要指标，其作用已经得到了社会各界的认可。2004 年 Brammer 等根据公开的数据对英国 227 家上市公司的企业声誉和社会责任的相关关系进行了研究，研究发现企业社会责任与企业声誉有明显的正相关关系。生态责任作为企业社会责任的重要组成部分，企业是否承担生态责任会对消费者的消费行为及消费心理产生重大影响。企业履行生态责任可以提高企业声誉，提高利益相关者的忠实度（Giulio, Migliavacca & Tencati, 2007），并最终提高公司财务绩效，推动企业可持续发展。

由于本书研究更多的是关注企业生态责任与企业声誉之间的关系，因而在理论文献研究的基础上，综合上述企业声誉和企业生态责任的结构模型，归纳出企业生态责任与企业声誉的理论模型（见图 3-4）及假设如下：

H_5：利益相关者可以有效调节企业生态责任与企业声誉。

H_6：利益相关者可以有效推动企业的环境信息公开。

H_7：环境信息公开对企业声誉的提高起到了推动作用。

H_8：环境信息公开对企业生态责任的履行起到了推动作用。

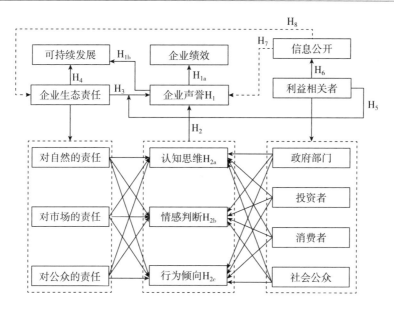

图 3 - 4　基于企业利益相关者的企业生态责任与企业声誉影响机制的理论模型

第四章
实证研究方法与实施过程

由上一章的理论基础分析可知，本书拟研究企业生态责任与企业声誉的关系，并假设如图3-4的理论框架模型成立。为验证该理论框架模型是否成立，拟采取定性的案例分析和定量的实证分析法。案例分析法是个案分析法，其结论可能不具有普遍性，因此本部分以定量的实证分析为主，案例分析法作为实证分析的辅助手段，在样本对象的确立过程中发挥作用。

一、明确数据分析的目标

明确数据分析目标是数据分析的出发点。明确数据分析目标就是要明确本次数据分析要研究的主要问题和预期的分析目标等。明确了数据分析的目标，才能正确地制定数据收集方案，即收集哪些数据，采用怎样的方式收集等，进而为数据分析做好准备。对于本书研究而言，数据分析的目标就是要解决企业生态责任与企业声誉的关系问题。

(一) 问题提出

通过文献回顾了解到目前国内外关于企业责任的研究更多集中于企业社会责任方面，而就企业生态责任方面深入研究较少。同时，在中国大部分区域经济发展是以牺牲环境为代价的，为了企业的可持续发展，企业有责任为改善环境问题做出贡献。此外，企业是否履行生态责任对企业声誉也会产生影响。而企业声誉作为企业无形资产，对企业的可持续发展具有重要作用。由此，"企业生态责任与企业声誉"之间的关系及机制是本书的研究重点。因此，本书提出最初的研究问题：企业生态责任、企业声誉的特征内涵是什么？企业生态责任与企业声誉直接的关系及作用机制是什么？声誉对企业履行生态责任发挥作用的条件是什么？本书基于样本数据对企业生态责任与企业声誉之间的关系机制进行研究分析，并对以上几个问题进行探索性研究。

（二）模型假设

根据前文的文献总结和企业实践所得，本书提出以下假设：

H_1：声誉良好的企业更容易获取消费者的青睐。

H_{1a}：良好的声誉对企业绩效的提高具有正面影响。

H_{1b}：良好的声誉能有效推动企业的可持续发展。

H_2：消费者的态度会对企业声誉产生影响。

H_{2a}：认知思维会对企业声誉产生影响。

H_{2b}：情感判断会对企业声誉产生影响。

H_{2c}：行为倾向会对企业声誉产生影响。

H_3：企业积极履行生态责任对企业声誉有正向影响。

H_4：企业积极履行生态责任对企业可持续发展有正向影响。

H_5：利益相关者可以有效调节企业生态责任与企业声誉。

H_6：利益相关者可以有效推动企业的环境信息公开。

H_7：环境信息公开对企业声誉的提高起到了推动作用。

H_8：环境信息公开对企业生态责任的履行起到了推动作用。

（三）指标体系的建立

按照模型假设的要求，自变量、因变量指标体系的建立尤为关键。

企业生态责任与企业声誉的测量指标选择存在多样性，由于企业声誉是不同的群体或组织对企业过去的行为及未来的预期的综合评价，不同的利益相关者以及社会、经济、文化背景差异等会对企业关注的焦点产生不同的预期，会对测量指标的划分产生影响。此外，不同的研究视角以及对其影响要素的理解不同，也导致了测量指标的差异化。例如，《财富》杂志声誉测量（GMAC）主要测量指标包括：长期投资价值、创新能力、管理水平、对环境和社会的责任、产品和服务的质量、财务指标、人才的吸引开发和利用、公司资产的合理运用、企业全球业务效应。德国《管理者》杂志的"综合声誉"测评指标涵盖：国际化经营能力、管理水平、对经理人的吸引力、创新能力、增长比率、沟通能力、员工保留率、环境责任、产品质量、财务和经济稳定性、货币价值。RQ（Harris - Fombrun）"誉商"的评测体系包含六大类指标：情感吸引力、产品和服务、财务业绩、远见和领导力、工作环境、社会责任。Manfred 二维声誉测评模型从企业声誉的竞争力和感召力两个维度来进行评估。

结合学者的研究成果以及本书所研究内容，本书选择五个维度来对企业生态责任与企业声誉之间的关系进行测量，主要包括：企业声誉、企业生态责任、利益相关者、环境信息公开、可持续发展。企业声誉测量指标主要涵盖对该企业有良好的感觉、该企业具有很好的知名度、相信企业/信任企业、优先购买声誉良好企业的产品等题项。企业生态责任测量指标包括该企业重视环保、制定关于生态责任的战略规划、对破坏生态行为的问题坚决予以制止等题项。利益相关者测量指标分为企业相关者（消费者、政府、社会组织、股东等）重视企业生态责任、企业相关者对企业声誉正向影响、企业相关者能有效推动企业信息公开等题项。环境信息公开主要指标有企业定期公开生态业绩信息（生态治理、投资等）、企业环境信息公开提高自己对企业认知、企业定期环境信息公开提升了企业声誉等题项。可持续发展指标涵盖未来有巨大发展潜力、财务绩效良好、在行业中具有良好的竞争优势等题项。

二、做好数据准备

第一步明确实证分析的目的以及模型假设的要求和指标体系，为第二步的数据准备指明了方向。正确收集数据是指从分析目标出发，排除干扰因素，正确收集服务于既定分析目标的数据。正确的数据对于实现数据分析目的将起到关键性的作用。排除数据中那些与目标不关联的干扰因素是数据收集中的重要环节。数据分析并不仅是对数据进行数学建模，收集的数据是否真正符合数据分析的目标、其中是否包含了其他因素的影响、影响程度怎样、应如何剔除这些影响等问题都是数据分析过程中必须注意的重要问题。

（一）数据来源的确立

为保证本书结论的可靠性与普适性，根据本书命题，确定选择最具代表性的日用保健品行业中的佼佼者——NU SKIN（如新）企业集团中国内地员工（不包括港、澳、台）（以下简称"如新集团"）为本书的样本调查对象。原因如下：

1. 如新集团符合本书的样本选择

本书将美国 NU SKIN 如新集团在中国投资设立的子公司——NU SKIN 如新（中国）日用保健品有限公司作为实证分析公司。如新集团于 1984 年在美国成立，1996 年在美国纽约证券交易所上市。如新集团拥有世界一流的抗衰老科研顾问团，主要生产和销售保健品，包括抗衰老保健食品等，业务遍及全球 53 个国家或地区，在全球拥有 90 多万销售人员，年销售额超过 15 亿美元。NU SKIN 集团的使命是"不断创新优质产品和充实积极的优良文化，赋予人们提高生活品质的力量"。2003 年 NU SKIN 如新在中国成立子公司，正式进入中国市场，子公司总部设在上海，截至目前在华投资总额已逾 30 亿元人民币。自 2008 年起，NU SKIN 在大中华区的业务增长态势非常强劲，已保持 18 个季度的持续增长，而中国内地市场增长更是接近 70%。目前已在中国建成五大生产基地和上海、北京两大研发中心，并在上海奉贤区建设 NU SKIN 大中华创新总部园区，将世界级的抗衰老科研中心、生产基地与体验中心带到了中国。

如新集团以"善的力量"核心价值观作为行事准则，以持续盈利与永续经营为企业生存前提，恪守社会法规，为打造和谐健康的社会环境而努力。如新在大中华区域持续耕耘，一直以来坚守合法合规经营，坚持有利社会的价值观，实现健康稳定的业绩增长。在"善的力量"下，坚持"授之以渔""人人参与""持续行善"三个理念，不断服务社区，开展数以百计的公益项目。近年来，如新凭借在产品创新、社会责任、环境保护等方面的不懈努力，四度荣膺美国企业大奖。截至 2017 年 8 月底，共获得 55 项国际企业大奖。同时，NU SKIN 如新集团凭借其在慈善事业中的突出贡献，分别在 2008 年、2011 年、2012 年、2016 年四度获得由中华人民共和国民政部颁发的"中华慈善奖"，同时自 2010～2017 年连续八度荣膺"中国慈善排行榜十大慈善企业奖"。

（1）企业使命与本书命题密切相关。

如新集团的使命是：要在世界各地凝聚一股善的力量，凭借酬报优渥的事业机会、不断创新的优质产品和充实积极的优良文化，赋予人们提高生活品质的力量。

如新集团的愿景是：成为全球商机平台的领导者。

如新集团的核心价值是：诚实、正直、创新、乐观、体贴、善的力量。

如新集团的承诺：激发今天的信心和明天的期待。

从如新集团的使命与企业理念来看，追踪善的力量，力求"荟萃优质，纯然无瑕"的优质产品，保证员工和消费者享受高品质生活，这与本书想研究的企业生态责任密切相关，一个追求"荟萃优质，纯然无瑕"产品的企业必然会在生产工艺、生产设备、原材料质量、产品售后、外部环境保护等方面履行生态责任，对市场负责、对客户负责、对环境负责。所以，选择如新集团作为样本调查对象和研究对象，数据质量可得以保障，进而可保证后续研究结论的可靠性和普适性。

（2）产品品质保证的实践与本书命题高度重合。

如新集团主要经营的产品有三大类：个人保养品、Pharmanex（华茂）营养补充品和大行星科技产品。

1）个人保养品。

如新的个人保养品部门拥有十个系列上百种产品，给人们提供从头到脚高品质的呵护。如果个人保养品的产品质量不好，久而久之，这些成分的副作用便伤害到用户的皮肤，甚至进一步影响身体健康。如新的创业者们本着对消费者负责的严肃认真的精神，首先在业界提出"荟萃优质，纯然无瑕"的理念，保证在产品中绝不掺入任何无益或有害的成分。这样一句话在西方国家是要负法律责任的。如新以实际行动，证实了自己的理念。其结合科技使用最优质的天然成分，又采用直销方式，让更多的人享用上了高品质的产品。如新以高品质、合理的价位，在每一个开放的国家，创造着奇迹。1993年，如新第一年打入日本市场就创造了13800万美元的年营业额，而且其中没有任何广告费用。至今这仍然是业界的最高纪录。2000年12月开放新加坡，6个月内，出了14位蓝钻，600多位主任。如新的产品随着时代节拍在发展，荟萃善秀（Nutricentials）保养系列，180系列和Spa沙龙舒活组合等新时代产品，所追求的是纯净、有效、简单。现今的如新把美容院的服务简化到家庭，将高新科技普及，并结合Pharmanex（华茂）营养补充品内外调理，给人们带来简单方便和健康美丽。

2）Pharmanex（华茂）营养补充品。

Pharmanex（华茂）营养补充品以最优质的品质成为保健食品中一颗璀璨的明珠。它本着"天然萃炼，科学验证"的精神，以西方科学的制药标准"6S品质"来制作天然营养保健品，其产品以"有效，安全，品质划一"，在行业里开创先河。Pharmanex的核心产品是综合营养素Life Pak（如沛）家族，它是为现代亚健康的人按年龄性别设计的，含每日所需的体质综合维生素、矿物质和植物营养素。另有自我保健功能性系列、饮品食品系列和减重系列三大类，其中自我保健类的针对性很强，有强化保护骨骼、肝功能、肠胃功能、心脏、眼睛、性功能等。Pharmanex从成立就拥有不凡的气势，在千年来对人类最有影响力的30位名人士之一的翟若士博士和世界级的草本植物华裔专家张念慈博士领导的科研团体中，拥有60位来自不同领域的专家和科学家，在全世界各地与Pharmanex合作的科学家多达150位实力强大的科研队伍研发生产出优秀的产品。Pharmanex是1996年、1998年、2000年、2002年、2004年美国奥运会运动员唯一指定的营养补充品，并且是唯一一家营养品登录Physician's Desk Reference（《医师桌上手册》），这标志着Pharmanex的产品得到了行业最高学术机构的认可，开创了行业奇迹。

3）大行星科技产品。

如新科技产品部门的任务是利用现代科技力量，为用户提供个性化、智能化、专属的"基因+智能"科技产品,改善用户的生活品质。得益于"ageLOC基因抗衰老科技"产品的重大突破,如新研发出的"基因+智能"科技新产品,成为智能护肤时代的创新代表作。作为一直以科技引领创新为企业发展理念的如新,成立30多年以来,强大的科研团队将不断的自我要求转化为产品科研的原始动力。ageLOC创新性抗衰老科技的诞生,更是实现了人类对于肌肤基因深入研究的又一个跨越:找到影响人体老化的青春基因群组,并透过基因芯片和基因表达热谱图甄选出能够针对并调整这一基因群组表达的成分,最终再通过科学组方研发的ageLOC产品系列,给肌肤健康青春注入了更多的生命力。值得一提的是,如新的创新举措不只在基于生物基因技术的精准抗衰老领域的突破。据悉,如新自主研发的新产品ageLOCMe,就是一台集先进科学技术、庞大基因数据库以及专业抗衰老方案为一体的智能私人护肤仪,其无论在产品形式、使用方法上还是在商业模式的运作上都实现了迄今为止强有力的创新。据如新科研团队人员透露,该产品的研发经过了270亿次的精密演算、8500次配方测试,并获得了多项专利技术申请。正如NU SKIN如新大中华区总裁范家辉所说:"我们要用心做好产品,用产品去赢得机会,靠先进的抗衰老科技去竞争。"在大健康产业的初创阶段,NU SKIN如新正不断发挥自身科研创新的优势,强化"内外兼修,科技驱动"的大健康战略,未来也将研发出更多的像ageLOCMe一样致力于打造完美人生的突破性产品成果,在助力大健康产业发展的同时,不断践行企业的社会责任,为全方位实现企业"赋予人们提高生活品质力量"的终极目标做出更大的贡献。

4)6S品质管理。

如新集团订立了独家的发展及生产管理标准,在每一个步骤及生产过程中进行产品品质、效益及安全的控制,以确保公司所生产的产品均为优质、最佳标准的产品,且符合所有相关政府部门的要求。此6S品质管理也是让如新产品拥有固定品质的关键过程。此管理过程包括一系列多层科学验证及专注于各项细节的严格、高密度检验步骤。它必备了固定的协助关系及一致性的品质承诺。

①精选。如新产品内所有的成分必须通过产品效益、产品配方的适应度及消费者的安全之标准。如新密切地与全球的专员及原料供应商合作,以集齐用于产品内独特成分的原创研制。

②来源。一旦选定了原料后,如新科学家将对潜质商业来源进行调查,以确保该原料的供应、品质,以及主要成分元件的浓缩度得以保证。如新对这些原料资源进行评估,以确保产品配方的品质及适应度,并在必要时针对活跃成分的浓缩度进行监察。

③规格。如新精选出安全的复合物及优质的成分,才加入配方中。如新为活

跃复合物、成分及成品组别拟定了一套基本的规格。这些组别有助于设定成分的标准，以及提供指定的特点，作为固定生产的指标。在必要时，如新将针对活跃复合物的浓缩度、固定产品生产及产品品质进行谨慎的分析检验。

④标准化。如新所使用的原料必须符合公司的规格。当有许多不同的天然或植物成分的活跃复合物之选择时，将精选那些足以提供此类指定活跃成分之原料。此外，科学家将继续努力于配制产品上，以配制蕴含有效浓缩成分及效益之成分。生产后，如新产品将接受测试，以确认成品在离开生产工厂前，均符合公司的所有规格。

⑤安全。如新以查阅科学文摘及进行标准化的安全研究来遵守高品质产品的安全标准。如新分别对保健营养品及个人保养品进行标准化的测试。此类的安全测试包括针对微生物、重金属、其他污染物的测试，以及确定刺激性及/和过敏性反应的测试。一般地，科学家将通过外来的测试组合来确认产品的安全性，以确定可信的结论。

⑥实证。如新以十二万分的谨慎度来确保产品和成分均为安全及有效。每一项的产品声名均备受科学文摘及/和科学研究认证。针对公司的主要产品，科学家更以个别的临床研究记录来确保产品及成分之效益，以及支持产品及成分之声名。

综上所述，如新集团三大产品系列的品质保证的实践做法，都充分证明如新在生态责任履行方面态度积极、行为规范，其履行生态责任也给了如新的产品以品质保证，进而提高了企业声誉和企业绩效。在企业声誉和企业绩效的保障下，如新才有更多的资源配置用于生态责任的履行，形成良性循环发展态势。这样的结果与实践，完全与本书命题的理论假设模型一致，故可以确定如新集团为本书的实证分析对象。

（3）"善的力量"托起社会责任是本书命题的意义所在。

2017年12月6日，由新华网和中国社科院企业社会责任研究中心等单位联合主办的2017中国社会责任公益盛典在北京举办。在本次盛典上，如新集团凭借其在慈善事业中的突出贡献荣膺2017年中国"社会责任杰出企业奖"，并被收入《2017中国企业社会责任年鉴》。

一路走来，如新秉持"善的力量"企业使命，积极践行企业社会责任：投身公益慈善事业；配合政府直销法规知识宣传与普及；采用"6S品质措施"（前文已述），保障产品安全性和有效性。在如新，"善的力量"的基因已经注入企业的血液当中，形成了可持续社会型企业慈善模式。

1）积极投身公益慈善事业。

①如新善的力量基金会。为了将"善的力量"精神传递给全世界，在创始

人罗百礼先生的感召下，NU SKIN 如新善的力量基金会于 1998 年正式成立，宗旨在于改善并解决儿童陷于疾病、文盲与贫困下的不幸生活状况，为儿童的未来带来希望；同时协助人们提高生活品质，并保护脆弱的地球生态环境，为下一代创造更美好的世界。目前，善的力量基金会已为全球近 50 个地区数以百计的公益慈善项目提供资助，并支持了多项研究计划。善的力量理念是授之以渔、人人参与和持续行善。授之以渔：帮助受助者自力更生，从根本上解决问题；人人参与：不要求一个人做到 100%，而是希望每个人都可以做 1%，人人参与，来创造行善的文化和氛围；持续行善：制定援助计划，长期承诺，不断援助。善的力量基金会来源于如新集团的员工、直销商、股东捐赠、募款活动以及销售产品的部分所得；每卖出一瓶 Epoch 产品，如新公司便捐出 0.25 美元给予基金会；如新集团负担基金会全部的行政人事支出，以确保所有的慈善捐款都能 100% 地被使用在各项计划当中。

②受饥儿滋养计划。NU SKIN 如新集团及事业经营伙伴对于世界各地儿童因营养不良而死亡深感忧虑，因此于 2002 年发起了"受饥儿滋养计划"（Nourish The Children），旨在凝聚遍布全球的事业经营伙伴、顾客及员工的力量，通过持续性的蜜儿餐捐助，滋养全球饥饿及营养不良的儿童，并拯救他们的生命。截至 2017 年 8 月，该计划每天都在向全球超过 50 个国家的 13 万名儿童提供食品捐赠，累计捐赠蜜儿餐量突破 5.5 亿份。

"受饥儿滋养计划"结合教育、生产，打破了贫困地区的恶性循环，形成了良性循环。NU SKIN 如新研发并生产蜜儿餐，如新的事业经营伙伴、顾客、员工从如新购买蜜儿餐并捐赠给专业的慈善机构，慈善机构再将蜜儿餐送到贫困地区的学校，而不是直接送给当地家庭——其目的是要通过蜜儿餐吸引贫困地区的儿童去学校接受教育，让受饥儿既吃得健康又学到知识，如此他们长大以后才会有机会改变贫困现状，获得自力更生的能力。该项目不仅为贫困地区的受饥儿童和弱势群体捐赠食物，还送去了改变贫困命运的机会。这也正是如新善的力量"授人以渔"理念的体现。

③NU SKIN 如新中华儿童心脏病基金。NU SKIN 如新中华儿童心脏病基金是由 NU SKIN 大中华区针对贫困先天性心脏病患儿所发起的慈善救助项目，所有筹集专用于贫困先天性心脏病患儿的医疗救治和前期筛查，以及专业医疗培训和研究。

自 2008 年 NU SKIN 如新中华儿童心脏病基金会成立以来，已发展成为大中华区完善的先天性心脏病救助项目。通过前期筛查、慈善救治、志愿服务及医疗培训这一完整的救助链条，帮助先天性心脏病患儿尽早发现病情，资助患儿及时进行手术，并组织志愿活动为患儿带来心灵关爱，同时还开展儿童心脏专科医生培训，不断提高先天性心脏病的防治水平。

目前，NU SKIN 如新中华儿童心脏病基金已携手中国青少年发展基金会、上海市慈善基金会、复旦大学附属儿科医院、台湾心脏病儿童基金会、台大医院附属儿童医院、香港儿童心脏基金会等合作伙伴，立足台湾地区、香港、上海、新疆、吉林、山东、广东、云南、黑龙江、广西、陕西、河北、四川、河南和北京，辐射整个大中华地区。为了促进这一慈善救助项目在大中华各地的深化和拓展，2015 年 4 月，NU SKIN 如新中华儿童心脏病基金与中国青少年发展基金会达成战略合作，在北京人民大会堂举办捐赠仪式，共同开展先天性心脏病救助项目，整合更多社会资源，进一步推动中国贫困先天性心脏病儿童慈善救助事业的发展。预计将有超过 1 万名贫困家庭患儿因此受益。

秉持每天有更多儿童因 NU SKIN 而开心欢笑的目标，NU SKIN 如新中华儿童心脏病基金将持续开拓与大中华地区更多慈善机构和医院的合作，不断拓展救助范围和目标，为救治更多贫困先天性心脏病患儿而努力。

④如新小学。目前，全国有 635 个贫困县，超过 1400 万农村孩子面临就学问题。NU SKIN 致力于创造更多微笑，坚持授人以鱼不如授人以渔，着眼于孩子们的教育问题，期待通过改善他们的教育环境使他们有能力去创造更好的未来。NU SKIN 外事团队从 2004 年开始推进如新小学项目，截至 2017 年底，资助了 24 所如新小学，目前这个数字还在不断增大。从黑龙江到贵州，从江苏到陕西，如新用善的力量贯穿南北，爱达东西，为孩子们璀璨的未来燃起星火。同时，NU SKIN 外事团队会对如新小学定期回访，持续关注受助学校受助儿童。

⑤乐善汇。乐善汇成立于 2014 年，旨在为 NU SKIN 的家人及事业经营伙伴提供一个身体力行践行和传递"善的力量"的平台，温暖他人，丰盛自己。乐于行善，积极以实际行动传递善的力量，把微笑带去更多有需要的地方，温暖他人、快乐行善，号召大家快乐行善，在奉献爱心的同时，也体验到助人的幸福与快乐，丰盛自我。

乐善汇大中华地区已累计超 42304 人次志愿者帮助陪伴了 100006 位受助人，贡献志愿时间 155347 个小时。在中国内地乐善汇足迹遍布 40 多个城市，累计 19774 人次志愿者帮助陪伴了 69548 位受助者，贡献志愿时间达 63860 个小时。[①]

2）配合政府直销法规知识宣传与普及。

作为跨国企业，如新在遵守当地法律、法规，规范行业发展、消费者权益保护、环境保护等方面勇于担当，为所在国家和地区的经济发展、就业等方面做出了积极贡献。

---

① 数据截至 2018 年 6 月底。

如新（中国）认为，作为一个具有社会责任感和使命感的直销企业，应该关注行业的健康发展，协助当地政府普及法律知识，这是直销行业健康发展的需要，也是履行社会责任的重要内容。

近年来如新（中国）以做社会公益事业的姿态，积极配合政府围绕《直销管理条例》和《禁止传销条例》等法律法规的普及、宣传活动。

在如新公司的倡导和组织下，2006 年开始，相关专家学者组成普及宣传相关法律、法规的直销法规知识解读编委会，先后与《经济参考报》《法制日报》联合开办了《直销法规知识解读》专栏。专栏邀请政府官员、专家学者、业内人士撰写文章，在全国引起了强烈反响，获得了高度评价。截至 2011 年底，专栏共刊载文章 80 多篇，共计 15 万余字。此外，与相关媒体联办"如新杯"《直销管理条例》《禁止传销条例》法规知识竞赛，协助相关部门出版了《直销法规知识解读第二辑》。

针对网上虚假宣传层出不穷的现象，如新集团携手腾讯集团，在公众微信群开展清理虚假宣传如新集团信息的行动，同时与淘宝网加强合作，打击网络侵权、售假行为，维护如新集团的品牌形象和消费者的合法权益，营造公平有序的网络市场环境。

可见，如新集团"善的力量"支撑着企业生态责任和社会责任的履行，回报社会的同时，这种"善的力量"也反馈给如新良好的企业声誉和绩效提高。如新"善的力量"不仅托起了如新企业的可持续性发展，更造福了人类，带动了广大企业积极投身企业生态责任履行的队伍中去，为我国经济社会的整体可持续性发展树立了标杆，成为了我国企业社会责任履行的榜样。本书希望借助企业生态责任履行与企业声誉关系的研究，为我国经济社会可持续发展提供理论支持，为我国企业落实企业生态责任和社会责任提供理论支撑和指导意见。从这个角度分析，选择如新集团作为本书的样本调查对象，使命一致，意义一致，进而可保证后续研究的合理性。

从如新企业使命、产品品质保证与"善的力量"慈善事业可以定性论证：企业生态责任履行能提高企业声誉，进而提高企业绩效；反馈的正循环是，良好的企业声誉又能促使企业继续积极进行生态责任的履行，较好的企业绩效才能从资源配置的角度保障企业生态责任履行的成本开支。

但是，定性研究的结论不够精确、不够科学，为了进一步验证本书的命题假设，在定性研究可得的基础上，拟对如新集团进行样本数据采集，为后续定量研究做好数据准备。

2. 如新集团样本数据采集的可得性与可操作性

即使从如新的企业性质分析，它履行生态责任并以此获得良好的企业声誉和企业绩效的经营模式也符合本书命题的理论思路，但如果数据采集不可得，或者数据质量不可靠，亦不能将其确立为本书的样本数据采集对象。

在我的团队与如新企业的互动交流中，就研究目的、研究意义和研究框架、研究方法、数据采集范围及数据采集要求与如新相关负责人进行了深入交谈，在取得如新认同并大力支持的信用保障下，我和我的研究团队才最终确立如新集团为本书的样本数据采集对象和案例分析对象。

（二） 数据采集方式的确立

依据模型假设和指标体系，以及和如新集团相关负责人的沟通协商，确立数据采集方式为深度访问和问卷调查两种。

深度访问的目的在于深入了解如新集团的业务类型、企业理念，以及在生态责任履行方面的具体做法、财务开支与企业效率等敏感问题。而这些问题又尤为重要，它是从利益相关者的角度去剖析企业生态责任履行问题与企业声誉的关系。深度访问所得的材料和结论为后续的实证分析、定量分析，验证模型假设是否成立提供必要的理论基础，并保证本书研究工作未偏移研究本意。

问卷调查是随机抽样以客观验证模型假设的常用方式之一，本书也不例外。本书通过有效的问卷设计，随机问卷发放，大样本数据采集和科学严谨的统计分析，以数据的全面性和客观真实性验证模型假设。

正如前文所述，如新的三大产品直指企业生态责任，如新的员工和其他人员既是如新产品的消费者，同时也是至关重要的利息相关者，这样的双重身份对本书命题的研究至关重要，为此专门对如新员工进行了一份独特的问卷调查，这里称之为问卷1。而如新的消费者是产品使用的直接受益人或受害人，但由于信息不对称以及信息传播机制的影响，消费者可能并不了解如新的生态责任履行情况，因而对消费者进行问卷调查更具有真实性和客观性，更能如实地反映出企业生态责任履行与企业声誉关系的认知、行为与情感结构。所以，除了对如新企业员工进行问卷调查外，还非常有必要对消费者进行问卷调查，这份问卷这里称之为问卷2。为进一步扩大研究的使用范围，保证研究结论的普适性，对消费者的调查中不会提及如新集团，所以问卷2是放之四海而皆准的，适合任何企业。

（三） 量表设计

1. 深度访谈题目设计

为深入掌握如新集团生态责任履行方面的具体做法以及企业声誉、企业绩效方面的真实数据，需详细掌握：①产品研制、原材料采购、生产工艺流程、产品包装、员工工作环境保护、产品营销、对社会公众生态意识的示范、引导等；

②公司研发、生产、销售等流程中的生态管理规则；③公司管理层、员工对企业生态责任的认识和了解这三方面的具体资料，所以确立深度访问题目内容如下：

（1）您好，请您介绍一下如新（中国）公司有关情况，如企业定位、产品特点、商业模式。

（2）对于如新而言，目前如新在产品研发、生产、销售等环节，是否会对生态环境产生影响，贵公司是否采取了相应的措施解决这一系列问题？

（3）我们通过参观，了解了大中华创新总部园区绿色环保的设计理念，请详细介绍一下对生态环境的影响以及设计的初衷。

（4）如新的产品生产制造过程中对品质保障有哪些标准？

（5）企业的口碑（声誉）会对顾客的购买行为产生影响，如新在这方面做了哪些努力呢？

（6）"NU SKIN 优异，你看得见"，体现在哪些方面？在企业生态责任与企业声誉方面是否也做到了优异？

（7）听说 NU SKIN 在人才管理方面有自己的一套理论，请介绍一下贵公司在人才方面的"优异"是怎么做到和企业生态以及企业声誉的平衡的？

（8）公司办公园区围墙上有很多小朋友笑脸，看得出贵公司是一家充满正能量的企业，这些正能量和贵公司在企业文化方面的优异表现一定有关联，可以跟我们具体分享一下吗？

（9）企业承担生态责任不可避免会增加企业成本，贵公司是如何看待和权衡企业生态责任与企业成本之间的问题的？

2. 调查问卷设计

国内外相关研究表明，不同行业的企业履行生态责任对企业声誉影响的程度是不同的。因此，本书在设计问卷时首先设定了行业背景，以避免对研究结论的可靠性产生较大偏差。同时，本次调研采用问卷对比分析以及企业实地调研两种方式进行。问卷1：针对如新公司员工——"企业生态责任与企业声誉"问卷调查；问卷2：针对公众和如新产品的消费者——"企业生态责任与企业声誉"问卷调查。

此外，采用李克特五分量表编制调查问卷。基于研究资料基础上，构建连接数据与假设的逻辑：描述企业生态责任与企业声誉对企业作用机制的可能模式。本书量表均来自国内外专业核心期刊文献，是将其结合本书研究加以修改，并邀请相关研究人员、企业研究专家进行讨论后确定的。同时，为了检验问卷初稿的适用性，还将设计好的问卷初稿请相关专家、研究者及少数被调查者阅读和分析，并提出修改意见，进行小范围样本测试；通过 Cronbach's α 系数对问卷内部一致性进行检验，通过验证性因子分析进行效度检验，完善问卷。在设计题项时，尽量使用浅显易懂的词句，如果出现专业词汇，则在题项后进行补充说明。问卷主体分两个部分：一是基本情况调查，包括性别、年龄、学历及职业，该部分采用李克特五分量表；二是调查部分，分为对企业声誉影响因素、企业生态责任的构成因素及利益相关者部分，该部分采用李克特五级量表，1 表示"完全不同意"，5 表示"完全同意"。

三、准确采集数据与数据预处理

在第二步完成数据准备后，就可以进行数据采集了，采集完后便可进行数据的预处理分析。

通过对 NU SKIN 如新集团进行实地调研（2014 年 6 月 25 ~ 28 日），访问如新公司高层领导、公关部总监、品牌部经理，参观了解如新总部建设的生态环保理念，结合访谈记录和收集的一手和二手数据资料，笔者通过研究团队的深入讨论确定下一步的研究目标和计划。

本书研究调查问卷 1：主要针对如新中国公司内部员工进行调研；问卷 2：随机进行问卷发放。项目调研团队从 2014 年 6 月起正式问卷大规模发放。本次问卷是通过专业问卷发放公司（http：//www. sojump. com/）进行网络问卷发放，我们选择的是具有专业资格的提供自助式在线设计问卷以及相关服务的网站，使得我们的问卷回收更具有效率，也便于后续的实证分析。同时，为了保证调查问卷的有效性，我们也对问卷调查的填写做了访问限制，如 IP 地址限制（同一 IP 地址只能填写一次问卷），电脑/手机限制（同一电脑/手机只能填写一次问卷）。

在明确数据分析目标基础上，对收集到的数据，尤其是问卷 1 和问卷 2 的收回问卷，进行数据录入与数据预处理，才能真正用于分析建模。数据的加工整理通常包括数据缺失值处理、数据的分组、基本描述统计量的计算、基本统计图形的绘制、数据取值的转换、数据的正态化处理等，它能够帮助人们掌握数据的分布特征，是进一步深入分析和建模的基础。由于问卷均在专业问卷发放公司（http：//www. sojump. com/）网站上进行，所以数据录入与数据预处理已由该问卷公司完成。

四、数据分析与结论解读

数据加工整理完成后一般就可以进行第四步的数据分析了。本书采用SPSS22.0、AMOS21 专业统计软件对调查的问卷数据进行处理和分析。用到的数理统计分析方法有：描述性统计分析、效度分析和信度分析，以及相关分析、因子分析和回归分析、结构方程模型。

后续第五章至第七章均为数据分析与结论解读的详细展开，第五章是针对问卷 1 的数据分析与结论解读，第六章是针对问卷 2 的数据分析与结论解读，第七章是问卷 1 和问卷 2 实证分析的比较研究，以期找出企业员工与消费者对企业生态责任与企业声誉认知的不同态度。

第五章
如新企业生态责任与企业声誉实证分析

本部分通过对 NU SKIN 进行实地调研（2014 年 6 月 25~28 日），访问如新公司管理层、员工，参观了解如新总部建设的生态环保理念，进而收集到的如新公司履行生态责任方面的数据和资料主要包括：①产品研制、原材料采购、生产工艺流程、产品包装、员工工作环境保护、产品营销、对社会公众生态意识的示范、引导等；②公司研发、生产、销售等流程中的生态管理规则；③公司管理层、员工对企业生态责任的认识和了解。本章重点分析和探讨企业生态责任与企业声誉的相互关系和影响机制。具体分析的问题为：企业生态责任与企业声誉的新内涵、特征和维度是什么？企业生态责任与企业声誉两者的关系是什么？

一、描述性统计分析

本章主要是对问卷 1：对如新员工——"企业生态责任与企业声誉"问卷调查进行分析，有效答卷数为 157 份。

本节主要是列出样本的一些统计学特征，其意义在于论证样本的广泛性和代表性，证明后面分析的结果可以通过样本来推断总体的特质。

如表 5-1 所示，从样本的年龄构成来看，21~25 岁的年轻人居多，但是几乎每个年龄段都有所涵盖，数据差别并不是太大（除了 51~60 岁的）；从学历和所在公司职务看，各个部分都有所涵盖，这基本上确保了问卷调查对于利益相关者的全面性。虽然调查对象中年轻人以及公司职员的比重相对较大，在对于所有利益相关者的涵盖上有所欠缺，但是对于本书的研究基本具有说服力。

样本利益相关者对企业生态责任和企业声誉的基本认知情况如表 5-2 所示，其中超过半数的人表示没有听说过也没有了解过，这表明目前对于如新公司而言不论是企业自身的员工还是消费者对于企业声誉和企业生态责任都还不够了解和重视。这正是本书研究的原因所在，现如今随着科技的发展生态面临严重的威胁，而企业对生态责任的了解和重视程度依然处在一个比较薄弱的阶段。

表5-1 样本基本构成情况

		样本数	百分比（%）
年龄	21~25 岁	67	42.7
	26~30 岁	48	30.6
	31~40 岁	32	20.4
	41~50 岁	9	5.7
	51~60 岁	1	0.6
学历	大专	6	3.8
	本科	109	69.4
	研究生及以上	42	26.8
职位	科技人员	6	3.8
	公司职员	129	82.2
	公司宣传/公关人员	12	7.6
	公司中高级管理人员	9	5.7
	其他	1	0.6

表5-2 利益相关者对社会责任/企业声誉认知情况

认知情况	样本数	百分比（%）
听说过	102	65.0
没听说过	55	35.0
了解过	49	31.2
没了解过	108	68.8

二、量表因子分析

本节主要针对问卷内容涉及的变量进行因素分析，以保证其在后面的分析中

表 5 - 3 相关矩阵

	Q14-1	Q14-2	Q14-3	Q14-4	Q14-5	Q14-7	Q14-8	Q14-9	Q14-10	Q14-11	Q15	Q16	Q17	Q18
Q14-1	1.000	0.351	0.695	0.571	0.466	0.289	0.220	0.354	0.456	0.217	0.274	0.191	0.276	0.422
Q14-2	0.351	1.000	0.469	0.534	0.375	0.530	0.709	0.346	0.440	0.302	0.337	0.262	0.319	0.286
Q14-3	0.695	0.469	1.000	0.792	0.667	0.388	0.328	0.440	0.629	0.330	0.277	0.303	0.446	0.492
Q14-4	0.571	0.534	0.792	1.000	0.586	0.424	0.378	0.466	0.622	0.350	0.332	0.182	0.427	0.492
Q14-5	0.466	0.375	0.667	0.586	1.000	0.398	0.309	0.435	0.509	0.292	0.164	0.185	0.248	0.330
Q14-7	0.289	0.530	0.388	0.424	0.398	1.000	0.526	0.497	0.531	0.538	0.404	0.218	0.226	0.243
Q14-8	0.220	0.709	0.328	0.378	0.309	0.526	1.000	0.437	0.472	0.356	0.373	0.228	0.307	0.285
Q14-9	0.354	0.346	0.440	0.466	0.435	0.497	0.437	1.000	0.556	0.412	0.331	0.119	0.285	0.344
Q14-10	0.456	0.440	0.629	0.622	0.509	0.531	0.472	0.556	1.000	0.403	0.352	0.240	0.444	0.500
Q14-11	0.217	0.302	0.330	0.350	0.292	0.538	0.356	0.412	0.403	1.000	0.309	0.130	0.310	0.235
Q15	0.274	0.337	0.277	0.332	0.164	0.404	0.373	0.331	0.352	0.309	1.000	0.326	0.340	0.254
Q16	0.191	0.262	0.303	0.182	0.185	0.218	0.228	0.119	0.240	0.130	0.326	1.000	0.361	0.258
Q17	0.276	0.319	0.446	0.427	0.248	0.226	0.307	0.285	0.444	0.310	0.340	0.361	1.000	0.650
Q18	0.422	0.286	0.492	0.492	0.330	0.243	0.285	0.344	0.500	0.235	0.254	0.258	0.650	1.000

的真实性和可行性，如表5－3所示。在设计问卷时根据企业声誉的态度结构将14、15、16、17、18题划分为三个方面，即认知、情感和行为倾向。为了验证这些变量与这三个方面的契合度即找出量表潜在的结构，使之变成了一组较小但是彼此之间相关度较大的变量。其中为保证问卷的有效性，在问卷设计时进行了相似变量的设置，这导致量表中出现了线性相关的变量，若放在一起无法进行因子分析。故将这些线性相关的变量进行删除后再进行进一步分析。

（一）生态产品及服务偏好因子分析

如表5－3所示，在删除线性相关题项后剩余题项所得出的相关矩阵的行列式为 0.001≠0，所以能够求出相关矩阵的反矩阵，表明在此情况下能够进行因素分析；没有出现某个变量与其他多数变量的相关系数均很低，表明各变量之间存在同质的特质；各变量之间没有出现高度相关，说明可以从中抽出多个共同因素。这与题项的设定基本符合，在下面的分析结果中有待进一步验证。

KMO 和 Bartlett 的检验结果如表5－4所示。其中，KMO 是指 Kaiser – Meyer – Olkin 的取样适当性的量数，其值介于 0 与 1 之间，KMO 的值越大表示各变量之间的共同因素越多，变量之间的净相关系数就越低，就越适合进行因素分析。这里的 KMO 值为 0.870，指标统计量大于 0.80，呈现出了指标"良好的"因素分析适切性。此处的显著性概率的值 P = 0.000 < 0.05，所以拒绝相关矩阵不是单元矩阵的假设，接受相关矩阵是单元矩阵的假设，说明总体的相关矩阵之间是存在共同因素的，即适合进行因素分析。

表 5 – 4　KMO 和 Bartlett 的检验

取样足够度的 Kaiser – Meyer – Olkin 度量		0.870
Bartlett 的球形检验	近似卡方	1084.630
	df	91
	Sig.	0.000

反映像的相关矩阵如表5－5所示，其对角线代表的是每一个变量的取样适当性量数，即 MSA。其中 MSA 的值与 KMO 类似，越接近 1 就越适合投入因素分析中。表中所有变量的 MSA 值都大于 0.80，很接近 1，所以适合进行因子分析。

表5-5　反映像相关矩阵

	Q14-1	Q14-2	Q14-3	Q14-4	Q14-5	Q14-7	Q14-8	Q14-9	Q14-10	Q14-11	Q15	Q16	Q17	Q18
Q14-1	0.874	-0.078	-0.439	0.016	0.006	0.012	0.088	-0.057	0.003	0.028	-0.143	0.041	0.157	-0.189
Q14-2	-0.078	0.816	-0.040	-0.256	0.008	-0.226	-0.593	0.118	0.099	0.087	0.026	-0.076	-0.065	0.081
Q14-3	-0.439	-0.040	0.841	-0.472	-0.334	0.049	0.061	0.015	-0.165	-0.039	0.104	-0.192	-0.132	0.036
Q14-4	0.016	-0.256	-0.472	0.890	-0.083	0.016	0.104	-0.066	-0.129	-0.034	-0.129	0.193	-0.013	-0.120
Q14-5	0.006	0.008	-0.334	-0.083	0.926	-0.104	-0.028	-0.129	-0.051	-0.005	0.119	-0.025	0.089	-0.006
Q14-7	0.012	-0.226	0.049	0.016	-0.104	0.882	-0.067	-0.147	-0.203	-0.353	-0.155	-0.064	0.138	0.012
Q14-8	0.088	-0.593	0.061	0.104	-0.028	-0.067	0.821	-0.173	-0.159	-0.064	-0.108	-0.007	-0.013	-0.054
Q14-9	-0.057	0.118	0.015	-0.066	-0.129	-0.147	-0.173	0.930	-0.191	-0.112	-0.086	0.085	0.015	-0.051
Q14-10	0.003	0.099	-0.165	-0.129	-0.051	-0.203	-0.159	-0.191	0.943	-0.011	-0.021	0.000	-0.072	-0.140
Q14-11	0.028	0.087	-0.039	-0.034	-0.005	-0.353	-0.064	-0.112	-0.011	0.885	-0.050	0.063	-0.169	0.064
Q15	-0.143	0.026	0.104	-0.129	0.119	-0.155	-0.108	-0.086	-0.021	-0.050	0.879	-0.219	-0.143	0.064
Q16	0.041	-0.076	-0.192	0.193	-0.025	-0.064	-0.007	0.085	0.000	0.063	-0.219	0.807	-0.185	-0.024
Q17	0.157	-0.065	-0.132	-0.013	0.089	0.138	-0.013	0.015	-0.072	-0.169	-0.143	-0.185	0.808	-0.516
Q18	-0.189	0.081	0.036	-0.120	-0.006	0.012	-0.054	-0.051	-0.140	0.064	0.064	-0.024	-0.516	0.846

如表 5 - 6 所示，提取的主成分能够联合解释的变异量为 62.563%，已经大于 60%，表明萃取后保留的因素相当的理想，这里表示保留三个因素是适切的。

表 5 - 6　解释的总方差

成分	初始特征值			提取平方和载入			旋转平方和载入		
	合计	方差的百分比（%）	累积百分比（%）	合计	方差的百分比（%）	累积百分比（%）	合计	方差的百分比（%）	累积百分比（%）
1	6.101	43.580	43.580	6.101	43.580	43.580	3.537	25.265	25.265
2	1.427	10.193	53.773	1.427	10.193	53.773	3.197	22.839	48.105
3	1.231	8.791	62.563	1.231	8.791	62.563	2.024	14.459	62.563
4	以下数据省略								

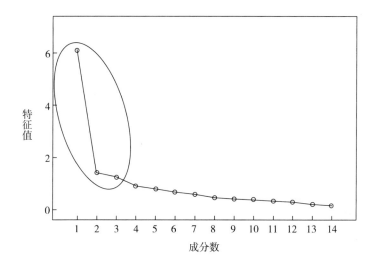

图 5 - 1　因素陡坡图

陡坡图检验的标准是取坡线突然上升的因素，删除坡线平坦的因素。结合表 5 - 6 的主成分提取的特征值结果和图 5 - 1 所示的结果以及综合分析因素的合理性可以得出保留三个因素是比较适合的。上述关于企业生态的产品和服务的量表进行因素分析时共萃取了三个因素，且三个因素都可以进行合理的命名，兹将因子分析的输出结果统整为表 5 - 7。

如表 5 - 7 所示，根据因素负荷量的大小排列将题项划分为了三个因素，即企业声誉的态度结构：认知思维、情感判断和行为倾向，分析的结果与问卷的设计一致。这样的因素分析结果可以更好地对量表进行进一步的分析，以论证企业履行生态责任对企业声誉的影响以及企业绩效的影响，并分析出对于社会大众即消费者来说企业声誉对企业绩效存在影响机制。

表5-7　企业生态产品和服务因子分析结果

题项变量与题目	最大变异法直交转轴后的因素负荷量		
	情感判断	行为倾向	认知思维
Q14-3. 信任生态责任好的企业的新产品或服务	0.852	0.220	0.252
Q14-4. 积极向他人推荐生态责任好的企业的产品或服务	0.775	0.325	0.205
Q14-1. 同等价格下优先选择生态责任好的企业的产品或服务	0.758	0.103	0.169
Q14-5. 赞同企业生态责任好的企业拥有更好的产品和服务的品质	0.749	0.278	-0.020
Q14-10. 优先购买那些参与环保生态事业的企业的产品	0.592	0.474	0.261
Q14-7. 对于生产过程不符合生态环保要求的产品不会购买	0.237	0.803	0.053
Q14-8. 如果生态责任好的企业产品价格上涨，我也愿意购买	0.117	0.780	0.207
Q14-2. 以略高的价格购买生态责任好的企业产品或者服务	0.282	0.673	0.202
Q14-11. 不购买一个违反环境生态保护法规的企业的产品	0.194	0.626	0.094
Q14-9. 避免使用那些会污染空气、水质、破坏生态环保的产品	0.443	0.565	0.041
Q15. 企业的生态责任表现会多大程度地影响您对其产品或者服务的选择	0.028	0.513	0.478
Q17. 企业履行生态责任对提升企业形象和声誉具有重要作用	0.299	0.139	0.778
Q16. 企业履行生态责任对企业短期的发展影响程度	0.017	0.163	0.700
Q18. 企业履行生态责任对于企业可持续发展的重要程度	0.500	0.061	0.633

注：①提取方法为主成分分析；②旋转法为具有 Kaiser 标准化的正交旋转法；③旋转在 6 次迭代后收敛。

（二）企业生态责任因子分析

如表5-8所示，题项的相关矩阵行列式为 1.84E-014 > 0，表明这些变量适合进行因素分析。同时，其 KMO 值为 0.954 > 0.90（见表5-9），说明其因素分析的适切性极佳即极适合进行因素分析。与上一项的分析结果类似，这里的显著性概率的值 P = 0.000 < 0.05，拒绝相关矩阵不是单元矩阵的假设，接受相关矩阵是单元矩阵的假设，表明总体的相关矩阵之间存在共同因素，即适合进行因素分析。此外，反映像矩阵的对角线（即 MSA 值）都大于 0.90，是十分接近 1 的结果。这些数据都表明该量表涉及的题项很适合进行因素分析。但是由于其

变量之间表现出了很高的相关性，只能从中抽取出一个共同因素，其所得的因素陡坡图如图 5 - 2 所示。

表 5 - 8　相关矩阵

	Q26 - 1	Q26 - 2	Q26 - 3	Q26 - 4	Q26 - 5	Q26 - 6	Q26 - 7	Q26 - 8	Q26 - 9	Q26 - 10	11 ~ 19
Q26 - 1	1. 000	0. 925	0. 798	0. 876	0. 815	0. 843	0. 721	0. 804	0. 840	0. 797	
Q26 - 2	0. 925	1. 000	0. 820	0. 838	0. 825	0. 853	0. 754	0. 874	0. 875	0. 820	
Q26 - 3	0. 798	0. 820	1. 000	0. 833	0. 786	0. 780	0. 766	0. 808	0. 766	0. 751	
Q26 - 4	0. 876	0. 838	0. 833	1. 000	0. 815	0. 887	0. 781	0. 828	0. 816	0. 823	
Q26 - 5	0. 815	0. 825	0. 786	0. 815	1. 000	0. 828	0. 790	0. 815	0. 793	0. 823	
Q26 - 6	0. 843	0. 853	0. 780	0. 887	0. 828	1. 000	0. 808	0. 853	0. 853	0. 848	
Q26 - 7	0. 721	0. 754	0. 766	0. 781	0. 790	0. 808	1. 000	0. 855	0. 795	0. 750	
Q26 - 8	0. 804	0. 874	0. 808	0. 828	0. 815	0. 853	0. 855	1. 000	0. 875	0. 862	
Q26 - 9	0. 840	0. 875	0. 766	0. 816	0. 793	0. 853	0. 795	0. 875	1. 000	0. 810	
Q26 - 10	0. 797	0. 820	0. 751	0. 823	0. 823	0. 848	0. 750	0. 862	0. 810	1. 000	此处数据略
Q26 - 11	0. 767	0. 814	0. 756	0. 817	0. 852	0. 796	0. 765	0. 807	0. 757	0. 857	
Q26 - 12	0. 800	0. 810	0. 762	0. 814	0. 849	0. 841	0. 792	0. 839	0. 778	0. 882	
Q26 - 13	0. 737	0. 769	0. 710	0. 750	0. 750	0. 809	0. 766	0. 827	0. 751	0. 828	
Q26 - 14	0. 774	0. 796	0. 756	0. 811	0. 742	0. 803	0. 824	0. 821	0. 755	0. 786	
Q26 - 15	0. 805	0. 828	0. 801	0. 830	0. 794	0. 832	0. 818	0. 854	0. 795	0. 823	
Q26 - 16	0. 818	0. 829	0. 800	0. 830	0. 783	0. 843	0. 803	0. 875	0. 830	0. 839	
Q26 - 17	0. 798	0. 821	0. 782	0. 812	0. 799	0. 803	0. 774	0. 823	0. 789	0. 819	
Q26 - 18	0. 744	0. 753	0. 762	0. 794	0. 736	0. 786	0. 797	0. 792	0. 737	0. 779	
Q26 - 19	0. 296	0. 300	0. 309	0. 330	0. 328	0. 335	0. 332	0. 298	0. 260	0. 241	

注：行列式为 1.84E - 014。

表 5 - 9　KMO 和 Bartlett 的检验

取样足够度的 Kaiser - Meyer - Olkin 度量		0. 954
Bartlett 的球形检验	近似卡方	4706. 996
	df	171
	Sig.	0. 000

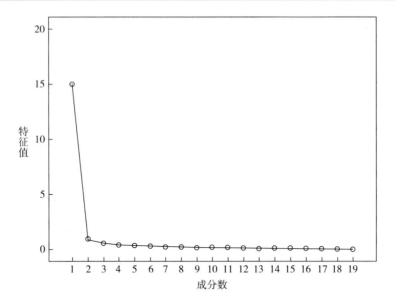

图 5-2　企业生态责任因素陡坡图

从图 5-2 可以看出主成分中从第二个成分开始就急剧下降，表明只能保留第一个主成分。也就是说这次的因素分析从众多的变量之间只提取了一个共同因素，其成分的因素负荷如表 5-10 所示。

表 5-10　成分表矩阵 a

	成分
	1
Q26-16	0.942
Q26-15	0.941
Q26-17	0.931
Q26-8	0.929
Q26-12	0.927
Q26-6	0.921
Q26-2	0.916
Q26-14	0.915
Q26-4	0.914
Q26-11	0.911
Q26-10	0.908

续表

	成分
	1
Q26 – 1	0.895
Q26 – 18	0.895
Q26 – 5	0.892
Q26 – 9	0.891
Q26 – 13	0.884
Q26 – 7	0.877
Q26 – 3	0.869
Q26 – 19	0.369

从表 5 - 10 中我们可以看出，除了 19 题的因素负荷很小之外，其他变量的因子负荷量都大于 0.80，19 题的负荷量与其他变量相比差距太大，接下来我们对成分提取的共同性进行分析后再考虑是否将其删除。如表 5 - 11 所示，显示了每个变量的初始共同性以及以主成分分析法抽取主要成分后的共同性（最后的共同性）。共同性越低，表示该成分越不适合投入主成分分析中。其中 19 题的最后的共同性为 0.136 < 0.20，因其因子负荷量较低，所以最终将该题项删除。

表 5 – 11　共同性

	初始	提取
Q26 – 1	1.000	0.801
Q26 – 2	1.000	0.839
Q26 – 3	1.000	0.756
Q26 – 4	1.000	0.835
Q26 – 5	1.000	0.795
Q26 – 6	1.000	0.848
Q26 – 7	1.000	0.770
Q26 – 8	1.000	0.862
Q26 – 9	1.000	0.795
Q26 – 10	1.000	0.825
Q26 – 11	1.000	0.829

续表

	初始	提取
Q26 – 12	1.000	0.859
Q26 – 13	1.000	0.782
Q26 – 14	1.000	0.837
Q26 – 15	1.000	0.886
Q26 – 16	1.000	0.888
Q26 – 17	1.000	0.866
Q26 – 18	1.000	0.800
Q26 – 19	1.000	0.136

其删除后的结果如表 5 – 12 所示，在 19 题删除后剩下的变量的共同性基本都有所提高，表现出了很高的共同性，表明这些变量很适合投入因素分析。根据上述分析结果，在进一步的分析中将不再考虑 19 题。

表 5 – 12 删除 19 题后的共同性

	初始	提取
Q26 – 1	1.000	0.803
Q26 – 2	1.000	0.841
Q26 – 3	1.000	0.756
Q26 – 4	1.000	0.835
Q26 – 5	1.000	0.795
Q26 – 6	1.000	0.848
Q26 – 7	1.000	0.769
Q26 – 8	1.000	0.864
Q26 – 9	1.000	0.797
Q26 – 10	1.000	0.829
Q26 – 11	1.000	0.831
Q26 – 12	1.000	0.862
Q26 – 13	1.000	0.783
Q26 – 14	1.000	0.834
Q26 – 15	1.000	0.886
Q26 – 16	1.000	0.888
Q26 – 17	1.000	0.867
Q26 – 18	1.000	0.796

三、量表信度检验

本节主要针对问卷涉及的量表变量进行信度检验，主要是检验题项涉及的量表工具所测量的结果的稳定性和一致性，若信度越大表明测量结果的标准误就越小，标准误越小就说明量表所测量的结果与总体之间的误差越小，其结果越发有说服力。以下将对数据分析所要涉及的量表进行信度检验。

（一）企业生态产品和服务的偏好量表信度检验

根据上述因素分析的结果，考虑到企业声誉的态度结构，这里将其所涉及的题项的量表进行分组信度检验。

1. "认知思维"层面的信度

"认知思维"层面构造的内部一致性 α 系数值为 0.663，信度指标尚可，标准化的内部一致性 α 系数值为 0.688，虽然有所增长，但信度指标依然只是尚可（见表 5 – 13）。

表 5 – 13　可靠性统计量

Cronbach's Alpha	基于标准化项的 Cronbachs Alpha	项数
0.663	0.688	3

如表 5 – 14 所示，在删除 16 题以后内部一致性提高到 0.780，表明 16 题与其他的题项的一致性比较差。但是考虑到认知思维的题项数目较小，所以不予删除，但是该题项的分析结果只是作为参考，若差异太大将不予考虑。

表 5 – 14　项总计统计量

	项目删除时的刻度均值	项目删除时的刻度方差	校正的项总相关	复相关性的平方	项目删除时的 Cronbach's Alpha 值
Q16	8.79	1.616	0.346	0.131	0.780
Q17	8.39	1.508	0.601	0.462	0.392
Q18	8.26	1.886	0.530	0.423	0.525

2. "情感判断"层面的信度

如表 5-15 所示，"情感判断"层面的内部一致性 α 系数值为 0.881，信度指标甚佳，标准化的内部一致性 α 系数值为 0.882，这表示变量内部的一致性很高。

表 5-15   可靠性统计量

Cronbach's Alpha	基于标准化项的 Cronbachs Alpha	项数
0.881	0.882	5

如表 5-16 所示，在删除其中一项后，α 系数值都有所减小，也就是说少了其中的一项，内部一致性都会随之减少，这表明各题项与其他题项之间的内部一致性比较高即整个"情感判断"层面的信度很好。

表 5-16   项总计统计量

	项目删除时的刻度均值	项目删除时的刻度方差	校正的项总相关	复相关性的平方	项目删除时的 Cronbach's Alpha 值
Q14-1	17.37	5.568	0.641	0.484	0.873
Q14-3	17.46	5.071	0.862	0.761	0.822
Q14-4	17.59	5.129	0.780	0.656	0.840
Q14-5	17.47	5.456	0.656	0.463	0.870
Q14-10	17.55	5.493	0.652	0.446	0.871

3. "行为倾向"层面的信度

如表 5-17 所示，"行为倾向"层面的内部一致性 α 系数值为 0.816，信度指标甚佳，标准化的内部一致性 α 系数值为 0.817，这表示这些变量之间的内部一致性很高。

表 5-17   可靠性统计量

Cronbach's Alpha	基于标准化项的 Cronbachs Alpha	项数
0.816	0.817	6

表 5-18 中的数据显示与"情感判断"层面的结果类似，即在删除其中任何一项以后内部一致性都有所减少，表明这些变量之间的内部一致性很高。综上所述，认知思维、情感判断和行为倾向三个部分的信度满足要求，除了认知思维的

结果稍微偏低和不理想，其他两个层面的信度结果都非常好。其中，三个部分的数据都高于 0.60，表明都能够通过信度检验。

表 5 – 18　项总计统计量

	项目删除时的刻度均值	项目删除时的刻度方差	校正的项总相关	复相关性的平方	项目删除时的 Cronbach's Alpha 值
Q14 – 2	19.68	9.118	0.611	0.540	0.780
Q14 – 7	19.64	8.246	0.699	0.500	0.758
Q14 – 8	19.82	8.728	0.661	0.563	0.768
Q14 – 9	19.32	9.924	0.549	0.321	0.795
Q14 – 11	19.78	8.931	0.514	0.325	0.805
Q15	19.83	9.921	0.463	0.218	0.810

4. 企业生态产品和服务的偏好量表的信度

如表 5 – 19、表 5 – 20 所示，整个偏好量表的 α 系数值为 0.890，并且除了 16 题与其他变量的一致性较差外，其他的变量都表现出了良好的一致性。这与前面三个部分分开检验的结果一致，结果都大于 0.60，说明偏好量表能够通过信度检验。

表 5 – 19　可靠性统计量

Cronbach's Alpha	基于标准化项的 Cronbachs Alpha	项数
0.890	0.896	14

表 5 – 20　项总计统计量

	项目删除时的刻度均值	项目删除时的刻度方差	校正的项总相关	复相关性的平方	项目删除时的 Cronbach's Alpha 值
Q14 – 1	53.70	42.314	0.544	0.519	0.884
Q14 – 2	54.25	40.601	0.628	0.624	0.880
Q14 – 3	53.80	40.933	0.732	0.782	0.877
Q14 – 5	53.92	40.679	0.719	0.704	0.877
Q14 – 7	53.80	41.916	0.573	0.498	0.883
Q14 – 7	54.22	39.684	0.625	0.539	0.880
Q14 – 8	54.39	40.638	0.589	0.593	0.882

续表

	项目删除时的刻度均值	项目删除时的刻度方差	校正的项总相关	复相关性的平方	项目删除时的Cronbach's Alpha 值
Q14 – 9	53.90	42.028	0.591	0.433	0.882
Q14 – 10	53.88	40.671	0.729	0.588	0.876
Q14 – 11	54.36	40.846	0.491	0.357	0.888
Q15	54.41	42.308	0.483	0.318	0.887
Q16	54.26	42.784	0.343	0.243	0.895
Q17	53.86	41.762	0.536	0.528	0.884
Q18	53.73	42.646	0.552	0.524	0.884

（二）企业生态责任信度检验

如表 5 – 21 所示，企业生态责任涉及的量表的 α 系数值为 0.988，表明量表的信度非常理想。删除任何其中一项后 α 值都有所变小，说明企业生态责任的量表通过了信度检验。

表 5 – 21　项总计统计量

	项目删除时的刻度均值	项目删除时的刻度方差	校正的项总相关	项目删除时的Cronbach's Alpha 值
Q26 – 1	75.58	131.655	0.883	0.987
Q26 – 2	75.58	131.476	0.906	0.987
Q26 – 3	75.62	131.326	0.854	0.987
Q26 – 4	75.57	130.785	0.903	0.987
Q26 – 5	75.58	130.848	0.878	0.987
Q26 – 6	75.56	130.466	0.911	0.987
Q26 – 7	75.68	131.026	0.863	0.987
Q26 – 8	75.60	130.537	0.921	0.987
Q26 – 9	75.56	131.145	0.880	0.987
Q26 – 10	75.52	131.559	0.899	0.987
Q26 – 11	75.54	131.352	0.900	0.987
Q26 – 12	75.57	131.273	0.918	0.987
Q26 – 13	75.61	130.843	0.870	0.987

	项目删除时的 刻度均值	项目删除时的 刻度方差	校正的项总相关	项目删除时的 Cronbach's Alpha 值
Q26－14	75.62	130.879	0.902	0.987
Q26－15	75.57	130.670	0.933	0.987
Q26－16	75.59	130.116	0.934	0.986
Q26－17	75.59	130.872	0.921	0.987
Q26－18	75.61	131.239	0.879	0.987

（三）企业绩效信度检验

如表 5－22、表 5－23 所示，企业绩效涉及的量表的 α 系数值为 0.872，表明量表的信度良好。删除其中任何一项后 α 值都有所变小，说明企业绩效的量表能够通过信度检验。

表 5－22　可靠性统计量

Cronbach's Alpha	基于标准化项的 Cronbachs Alpha	项数
0.872	0.878	4

表 5－23　项总计统计量

	项目删除时的 刻度均值	项目删除时的 刻度方差	校正的项总相关	复相关性的平方	项目删除时的 Cronbach's Alpha 值
Q27－1	12.74	4.604	0.707	0.554	0.843
Q27－21	12.67	4.428	0.800	0.662	0.808
Q27－3	12.71	4.350	0.806	0.674	0.805
Q27－49	12.94	4.349	0.619	0.403	0.887

四、描述性分析与结果讨论

本节主要通过简单的描述性分析来论证企业履行生态责任对企业员工的认

知、情感和行为的影响，从而简单论证企业履行生态责任对企业声誉与企业绩效的影响。

该部分的检验指标主要针对于量表结果的平均值，通过平均值进行标准差和标准误的检验。平均值能够反映样本的态度和偏好，简单地探索企业履行生态责任对企业声誉和企业绩效的影响，以及企业声誉对企业绩效的影响。标准差和标准误能够检验样本数据的真实性和样本与总体之间的误差大小。本节将根据数据结果以及前文总结出的模型得出相应的结论论证本书的相关研究。

（一）数据分析

根据前面因素分析的结果和问卷设计的思路将问卷中对于企业产品或服务的偏好的描述划分为消费者对其的认知思维、情感判断和行为倾向。量表均采用的是李克特量表，最小值为1，最大值为5（见表5-24）。

表5-24　企业声誉统计性描述

		极小值	极大值	均值		标准差
		统计量	统计量	统计量	标准误	统计量
认知思维	Q16. 生态责任对企业短期发展影响	2	5	3.93	0.072	0.900
	Q17. 生态责任对企业形象和声誉重要性	2	5	4.33	0.061	0.763
	Q18. 生态责任对企业持续发展重要性	3	5	4.46	0.051	0.635
情感判断	Q14-1. 同价格优先选择生态产品和服务	1	5	4.49	0.055	0.685
	Q14-3. 更信任生态好的企业的新产品和服务	1	5	4.39	0.053	0.668
	Q14-4. 积极向他人推荐生态企业产品和服务	2	5	4.27	0.056	0.704
	Q14-5. 赞同生态责任好的企业产品和服务更好	1	5	4.39	0.056	0.704
	Q14-10. 优先选择履行生态责任的企业的产品	2	5	4.31	0.056	0.697
行为倾向	Q14-2. 愿以高价购买生态好的产品和服务	2	5	3.94	0.064	0.798
	Q14-7. 不会购买破坏生态要求的产品	2	5	3.97	0.072	0.905
	Q14-8. 生态好的产品价格上涨也愿意购买	1	5	3.80	0.067	0.838
	Q14-9. 会避免使用破坏生态的产品	2	5	4.29	0.054	0.672
	Q14-11. 绝不购买违反生态法规的产品和服务	1	5	3.83	0.075	0.939
	Q15. 履行生态责任多大程度影响购买其产品	1	5	3.78	0.060	0.756
有效样本数 N				157		

如表 5 - 24 所示，根据样本算出的标准误均小于 0.1，说明样本的均值与总体均值间的相对误差较小；所有测量值的标准差都小于 1，表明数据的离散程度小，数据的真实性大。综合标准差和标准误的结果可以认为，问卷获得的样本能够反映出真实情况。

如表 5 - 25 所示，其中涉及的样本来自公司员工对自己公司的认知。表中的数据显示就员工而言 76.4% 的人认为履行生态责任对企业未来的绩效会带来有利的影响，98.1% 的人认为不会带来不利的影响，说明其中有一小部分人认为企业履行生态责任不会带来有利影响，也不会带来不利影响。与其他公司对比后，认为对绩效有有利影响的比例明显减少了，但还是超过了半数，另外认为不会有不利影响的比例不变。

表 5 - 25　履行生态责任对企业未来 5 年绩效的影响

		会	不会
有利影响	样本数	120	37
	百分比（%）	76.4	23.6
不利影响	样本数	3	154
	百分比（%）	1.9	98.1
与其他公司相比，有利影响	样本数	91	66
	百分比（%）	58	42
与其他公司相比，不利影响	样本数	3	154
	百分比（%）	1.90	98.10

（二）分析结果讨论

表 5 - 25 的分析结果显示：对于企业员工的认知而言生态责任好的产品和服务公众更加看好，并且认为其能够提高企业的声誉和形象。这表明履行生态责任在公众的眼中更有利于公司发展并且这个公司相比其他公司更好；就公众的情感判断而言对生态责任好的产品更加信任并愿意向他人推荐，且对于其的选择意愿更强，这表明履行企业生态责任能够奠定企业在公众心中良好的感情基础，使得其产品在与其他非生态产品的竞争中更有优势，能够表现出更优秀的盈利能力和用户黏度；对于公众的行为而言，即使是生态产品涨价也不会影响太多对其的购买行为，因为企业是否履行生态责任对公众消费的选择有非常大的影响，并且大部分的人不愿意购买非生态的产品。即 H_1：声誉良好的企业更容易获取消费者的青睐；H_{1a}：良好的声誉对企业绩效的提高具有正面影响；H_{1b}：良好的声誉能

有效推动企业的可继续发展。

由表5－24可知，"认知思维"层面的平均值都大于3.90，受试者总体对于有生态责任的企业的认可度为（3.90－1）÷（5－1）×100%＝72.5%，即H_{2a}：认知思维会对企业声誉产生影响假设得到证实；"情感判断"层面平均值大于4.30，受试者整体对于企业履行生态责任的好感度为（4.30－1）÷（5－1）×100%＝82.5%，表明公众对于履行生态责任企业的产品和服务的满意度颇高，即H_{2b}：情感判断会对企业声誉产生影响；"行为倾向"层面的平均值都大于3.70，受试者整体对履行生态责任企业的产品的选择倾向度为（3.70－1）÷（5－1）×100%＝67.5%，说明绝大部分的人都愿意选择履行生态责任的企业的产品以及符合生态规定的产品，即H_{2c}：行为倾向会对企业声誉产生影响。综上所述，我们可以得知，H_2：消费者的态度会对企业声誉产生影响。

公众（员工）对于履行生态责任好的企业的产品和服务不论是认知、情感还是行为都是积极的，这表明企业履行生态责任会给企业本身带来更大的认可，能够提高企业的形象和声誉及用户忠诚度，并且有效地提高企业的市场占有率和盈利能力。

表5－25的结果显示对于企业员工来说，大多数的人赞成企业履行生态责任能够给企业的发展和企业的绩效带来积极的影响，这种认知能够在员工心中构成企业良好的认知，可以增加员工对企业的信任即提高员工的忠诚度从而提高企业的声誉，即利益相关者在企业生态责任和企业声誉之间起着调节作用。表5－24和表5－25的分析结果与假设是一致的。

五、回归分析与结果讨论

本节将通过数据分析各变量之间的积差相关性，然后讨论他们之间存在的影响关系，主要包括数据分析和分析的结果讨论两个部分。

（一）企业生态责任、企业声誉与企业绩效回归分析

如表5－26所示，企业声誉、企业生态责任与企业绩效的相关系数显著性的概率值P均小于0.01，表明预测的变量之间均呈显著的正相关关系。并且其相关系数分别为0.596、0.616和0.812，表明各变量之间互相存在中高度的相关性。

表 5 - 26　相关性

		企业绩效	企业生态责任	企业声誉
Pearson 相关性	企业绩效	1.000	0.812	0.596
	企业生态责任	0.812	1.000	0.616
	企业声誉	0.596	0.616	1.000
Sig.（单侧）	企业绩效	0.000	0.000	0.000
	企业生态责任	0.000	0.000	0.000
	企业声誉	0.000	0.000	0.000
N	企业绩效	157	157	157
	企业生态责任	157	157	157
	企业声誉	157	157	157

因为采用的是强迫变量进入法（Enter 法），所以两个变量都进入模型中最终却只得出了一个整体的模型。它们之间相关系数表示企业声誉与企业绩效之间呈现中度的相关。R^2 改变量等于 R^2 统计量 0.675（见表 5 - 27），表明企业声誉和企业生态责任能够解释企业绩效的 67.5% 的变异量。Durbin - Watson 统计量为 2.089，根据 n = 157、k = 2 查询 DW 检验表得出其在 2 - 下限值 ~ 2 + 上限值（2 - 1.748 ~ 2 + 1.789），表明误差项间无自我相关，即任何一个观察值的变化不会影响其他的值。

表 5 - 27　模型汇总

模型	R	R^2	调整 R^2	标准估计的误差	更改统计量					Durbin - Watson
					R^2	F	df1	df2	Sig. F	
1	0.821	0.675	0.670	0.39056	0.675	159.683	2	154	0.000	2.089

回归模型的方差分析结果如表 5 - 28 所示。其中，变异量显著性检验的 F 值为 159.683，显著性检验的 P 值为 0.000 小于 0.05 的显著性水平，表明回归模型整体的解释变异量达到了显著水平。

表 5 - 28　方差分析

	模型	平方和	df	均方	F	Sig.
1	回归	48.716	2	24.358	159.683	0.000
	残差	23.491	154	0.153		
	总计	72.207	156			

回归模型的回归系数及回归系数的显著性检验如表5-29所示。其中，标准化的回归系数（Beta）的绝对值越大，表示该项预测变量对效标变量企业绩效的影响越大，其解释依变量的变异量也会越大。从表5-29中可以得出未标准化的回归方程如下：

企业绩效 = 0.195 + 0.727 × 企业生态责任 + 0.214 × 企业声誉

表5-29　系数 a

模型		非标准化系数		标准系数	t	Sig.	相关性			共线性统计量	
		B	标准误差	Beta 版			零阶	偏	部分	容差	VIF
1	（常量）	0.195	0.271		0.718	0.474					
	企业生态责任	0.727	0.059	0.717	12.287	0.000	0.812	0.704	0.565	0.620	1.612
	企业声誉	0.214	0.081	0.155	2.652	0.009	0.596	0.209	0.122	0.620	1.612

注：因变量为企业绩效。

未标准化的回归系数通常用于回归方程来估计样本的预测值，较偏重实际取向。但是其包括了常数项，无法比较预测值的相对重要性，所以通常将原始方程转化为标准化的回归方程，进而可得：

企业绩效 = 0.717 × 企业生态责任 + 0.155 × 企业声誉

如图5-3所示的标准化残差整体概率分布图可以检验样本的观察值是否符合正态性的基本假定，从图5-3中我们可以看出残差值的次数分布基本符合钟形曲线，样本符合正态分布。此外，图5-4的回归标准化残差的标准P-P图基本满足左下至右上呈45°角直线，样本符合正态性假定。所以综上样本是适合进行回归分析的。

（二）分析结果讨论

根据上述表格的数据分析结果可知，企业声誉、企业生态责任与企业绩效之间都存在着较高的正相关性，即更高的企业声誉和更积极地履行企业生态责任都能够提高企业绩效；积极地履行生态责任同样能够提高企业的声誉。我们提出的H_3：企业积极履行生态责任对企业声誉有正向影响和H_4：企业积极履行生态责任对企业可持续发展有正向影响也得到验证支持。同时，这与文献综述的结果是一致的，企业生态责任可以作为评估企业声誉的参考数据；更高的企业绩效同样会提高企业的声誉，这也与文献综述的结果一致，企业绩效可以作为评估企业声誉的一项指标，但是与企业生态责任相比它的影响力相对较低。

根据回归方程我们可以看出，企业履行生态责任对企业绩效的影响远远高于企业声誉对于企业绩效的影响，间接地验证了 H_5：利益相关者可以有效调节企业生态责任与企业声誉，企业履行生态责任已经占有更重要的地位，生态责任的履行对于企业的发展也变得更为重要。这与现今的环境恶化和大众对于生态平衡的重视有着密不可分的关系。

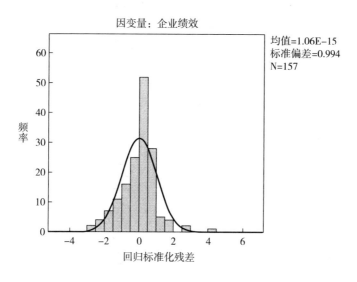

图 5 - 3 标准化残差整体概率分布图

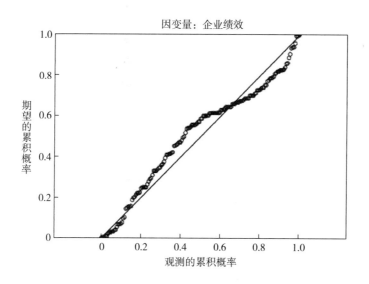

图 5 - 4 回归标准化残差的标准 P - P 图

第六章
公众企业生态责任与企业声誉
实证分析

为了更深入地对企业生态责任与企业声誉这两者之间的关系进行研究，我们在基于对如新公司进行单样本实证研究后，又对公众关于企业生态责任与企业声誉的认知进行了大样本的问卷调查。项目调研问卷通过（http：//www. sojump. com/）网站进行问卷发放。问卷采取电子邮件、手机等方式进行发放和收集。同时，为了保证调查问卷的有效性，也对问卷调查的填写做了访问限制，如IP地址限制（同一IP地址只能填写一次问卷）、电脑/手机限制（同一电脑，手机只能填写一次问卷）。本次问卷一共发放了682份，其中有效回收的问卷525份，有效回收率为76%。有效问卷中受访者的构成分布如表6-1所示。

表6-1　有效问卷中受访者的构成分布

指标分类		人数	比率（%）
年龄	21~25 岁	141	26.86
	26~30 岁	167	31.81
	31~40 岁	164	31.24
	41~50 岁	45	8.57
	51~60 岁	8	1.52
学历	初中及以下	1	0.19
	高中或中专	2	0.38
	大专	94	17.90
	本科	339	64.57
	研究生及以上	89	16.95

一、量表项目分析

　　量表项目分析的目的在于检验编制的量表或检测个别题项是否合适或可靠性程度，它与信度检验的差异在于信度检验是检验整份量表或包含数个题项或包含数个题项层面或构念的可靠程度。量表分析的检验就是探究高低分的受试者在每个题项的差异或进行题项间同质性检验，项目分析结果可以作为个别题项筛选或修改的依据。我们选取问卷 2 中，所有李克特五级量表题目进行分析，筛选出题项：14、15、16、17、18、19、20、22、23、24、26。同时，为了更好地分析，我们也对不同题项下的子项问题进行了编号分类（见表 6 - 2）。

表 6 - 2　描述性统计

	N	最小值	最大值	平均数	标准差
Q14a1	525	1	5	4.16	0.938
Q14a2	525	1	5	3.78	0.924
Q14a3	525	1	5	4.12	0.887
Q14a4	525	1	5	4.07	0.867
Q14a5	525	1	5	4.15	0.871
Q14a6	525	1	5	4.16	0.871
Q14a7	525	1	5	3.86	0.976
Q14a8	525	1	5	3.75	0.922
Q14a9	525	1	5	4.02	0.908
Q14a10	525	1	5	4.07	0.859
Q14a11	525	1	5	3.85	0.965
Q14a12	525	1	5	3.76	0.909
Q14a13	525	1	5	3.33	1.144
Q15b1	525	1	5	3.79	0.813
Q16c1	525	1	5	3.86	0.983
Q17d1	525	1	5	4.18	0.867
Q18e1	525	1	5	4.31	0.766
Q19f1	525	1	5	3.85	0.937
Q19f2	525	1	5	3.95	0.873

	N	最小值	最大值	平均数	标准差
Q19f3	525	1	5	3.99	0.847
Q19f4	525	1	5	4.07	0.851
Q19f5	525	1	5	4.15	0.810
Q19f6	525	1	5	4.07	0.819
Q20g1	525	1	5	2.63	1.413
Q20g2	525	1	5	2.74	1.321
Q20g3	525	1	5	2.88	1.283
Q20g4	525	1	5	2.84	1.356
Q20g5	525	1	5	2.60	1.378
Q22h1	525	1	5	3.99	0.949
Q22h2	525	1	5	4.14	0.859
Q22h3	525	1	5	4.23	0.843
Q22h4	525	1	5	4.05	0.887
Q22h5	525	1	5	4.15	0.848
Q23i1	525	1	5	2.46	1.010
Q24j1	525	1	5	4.02	0.913
Q26k1	525	1	5	4.28	0.859
Q26k2	525	1	5	4.10	0.968
Q26k3	525	1	5	4.10	0.944
Q26k4	525	1	5	4.26	0.875
Q26k5	525	1	5	3.85	1.122
Q26k6	525	1	5	3.86	1.096
Q26k7	525	1	5	4.25	0.855
Q26k8	525	1	5	4.27	0.806
Q26k9	525	1	5	3.96	0.967
Q26k10	525	1	5	3.99	0.927
有效的 N（Listwise）	525	—	—	—	—

依据量表加总后各受试者总得分排序结果进行高低分组，进行参与总分（高分组）。在高低分组中，选择 27% 处的分数进行分组。27% 分组法理念来自于测验编制的鉴别度分析法，在常模参照测验中，若检验分数值呈正态分布，以

27% 作为分组时所得到的鉴别度的可能性最大。基于27%比例进行高低分组，我们得到185分以上为高分组，159以下为低分组，以临界分数159、185把原始文件重新编码成不同变量，进行可视化聚集器区段分组（见表6-3）；新增加组别变量"参与组别"，159以下为低分组，变量水平为3；中间组为160～184，变量水平为2；185以上为高分组，变量水平为1。

表6-3　分组总分

		次数	百分比（%）	有效的百分比（%）	累计百分比（%）
有效	≤159	143	27.2	27.2	27.2
	160～184	232	44.2	44.2	71.4
	185+	150	28.6	28.6	100.0
	总计	525	100.0	100.0	

对高低分组进行独立样本t检验，两个比较的组别水平为1，3。以t检验检验高低分组在每个题项上的差异（见表6-4、表6-5），分组统计资料为：高低分组别统计量，每题包括高分组，低分组的个数、平均数、标准差及平均数的估计标准误。独立样本t检验，即检验高分组、低分组在每个题项上测量值的平均数的差异值是否达到显著（P<0.05），以了解样本在企业生态责任与企业声誉测量表各题项上平均数高低是否因组别的不同而有差异。高低分组的描述性统计量如表6-4所示，其中自变量水平数值3为低分组（≤159）、水平数值1为高分组（185+）。

以题项Q14a1为例，高分组标准差为4.73，平均数的标准误为0.530；低分组标准差为3.44，平均数的标准误为0.983，两组的平均值差异越大，其差值越有可能达到显著。高分组观测值为150，低分组观测值为143，在组别分组上，预试验样本人数的27%。高分组和低分组各占有效差异，由于分数分割存在差异，就会形成两组不同个数的情况，这种分组个数不相等的情况在临界比统计分析中普遍存在。如表6-5所示，独立样本t检验的统计量，在t统计量的判别上，首先判别两组的方差是否相等，若两个群体的方差相等，则看假设方差相等的t值数据；若是两个群体的方差不相等，则看不假设方差相等的t值数据。方差相等的Levene检验用于检验两组方差是否具有同质性，以Q14a1为例，通过Levene的F值检验，F=44.354，P=0.000<0.05，达到0.05的显著性水平，接受对立假设 $H_1: \sigma^2_{X1} \neq \sigma^2_{X2}$，表示两组方差不相等，t检验数据需要看第二栏中不假设方差相等中的数值，其中：t=13.845，P=0.000<0.05，达到0.05显著水平，表示此题项的临界比达到显著；然而，若P>0.05，则接受假设 $H_0: \sigma^2_{X1}=$

σ_{X2}^2，表示两组方差相等，查看第一栏中其 t 值对应的 P 值。在上述的 t 检验的统计量中，题项 Q20g2（P = 0.082 > 0.05）、Q20g3（P = 0.155 > 0.05）、Q20g5（P = 0.324 > 0.05）、Q23i1（P = 0.296 > 0.05），t 检验均未达到显著水平，故在后续的研究中将其剔除。此外，由于题项 Q19f3 问题（对公司生态责任的影响程度）设置不合理，未能明确表明对应的利益相关者对象，故也将其剔除。

表 6 - 4　组别统计量

分组总分	N	平均数	标准差	平均数的标准误
Q14a1	≤159	143	3.44	0.983	0.082
	185 +	150	4.73	0.530	0.043
Q14a2	≤159	143	3.15	0.830	0.069
	185 +	150	4.40	0.751	0.061
Q14a3	≤159	143	3.44	0.916	0.077
	185 +	150	4.73	0.501	0.041
Q14a4	≤159	143	3.35	0.850	0.071
	185 +	150	4.73	0.501	0.041
Q14a5	≤159	143	3.46	0.902	0.075
	185 +	150	4.75	0.477	0.039
Q14a6	≤159	143	3.45	0.845	0.071
	185 +	150	4.75	0.507	0.041
Q14a7	≤159	143	3.24	0.822	0.069
	185 +	150	4.60	0.733	0.060
Q14a8	≤159	143	3.09	0.786	0.066
	185 +	150	4.47	0.720	0.059
Q14a9	≤159	143	3.40	0.881	0.074
	185 +	150	4.61	0.683	0.056
Q14a10	≤159	143	3.38	0.778	0.065
	185 +	150	4.76	0.473	0.039
Q14a11	≤159	143	3.22	0.823	0.069
	185 +	150	4.52	0.792	0.065
Q14a12	≤159	143	3.10	0.735	0.061
	185 +	150	4.45	0.791	0.065
Q14a13	≤159	143	2.80	0.798	0.067
	185 +	150	2.41	1.434	0.117

续表

分组总分	N	平均数	标准差	平均数的标准误	
Q15b1	≤159	143	3.13	0.749	0.063
	185 +	150	4.41	0.615	0.050
Q16c1	≤159	143	3.36	0.922	0.077
	185 +	150	4.41	0.906	0.074
Q17d1	≤159	143	3.41	0.898	0.075
	185 +	150	4.77	0.455	0.037
Q18e1	≤159	143	3.65	0.807	0.067
	185 +	150	4.83	0.414	0.034
Q19f1	≤159	143	3.15	0.787	0.066
	185 +	150	4.59	0.667	0.054
Q19f2	≤159	143	3.28	0.764	0.064
	185 +	150	4.60	0.645	0.053
Q19f3	≤159	143	3.18	0.718	0.060
	185 +	150	4.66	0.611	0.050
Q19f4	≤159	143	3.36	0.834	0.070
	185 +	150	4.65	0.545	0.045
Q19f5	≤159	143	3.41	0.816	0.068
	185 +	150	4.74	0.470	0.038
Q19f6	≤159	143	3.35	0.715	0.060
	185 +	150	4.67	0.573	0.047
Q20g1	≤159	143	2.46	1.019	0.085
	185 +	150	2.93	1.742	0.142
Q20g2	≤159	143	2.71	0.853	0.071
	185 +	150	2.99	1.703	0.139
Q20g3	≤159	143	2.85	0.864	0.072
	185 +	150	3.07	1.671	0.136
Q20g4	≤159	143	2.76	0.911	0.076
	185 +	150	3.17	1.670	0.136
Q20g5	≤159	143	2.67	0.977	0.082
	185 +	150	2.83	1.739	0.142

分组总分	N	平均数	标准差	平均数的标准误	
Q22h1	≤159	143	3.24	0.864	0.072
	185 +	150	4.71	0.562	0.046
Q22h2	≤159	143	3.38	0.902	0.075
	185 +	150	4.77	0.455	0.037
Q22h3	≤159	143	3.47	0.918	0.077
	185 +	150	4.81	0.424	0.035
Q22h4	≤159	143	3.34	0.847	0.071
	185 +	150	4.67	0.629	0.051
Q22h5	≤159	143	3.42	0.834	0.070
	185 +	150	4.78	0.476	0.039
Q23i1	≤159	143	2.49	0.821	0.069
	185 +	150	2.61	1.180	0.096
Q24j1	≤159	143	3.31	0.791	0.066
	185 +	150	4.60	0.666	0.054
Q26k1	≤159	143	3.37	0.901	0.075
	185 +	150	4.91	0.314	0.026
Q26k2	≤159	143	3.22	0.899	0.075
	185 +	150	4.85	0.429	0.035
Q26k3	≤159	143	3.17	0.833	0.070
	185 +	150	4.86	0.385	0.031
Q26k4	≤159	143	3.40	0.905	0.076
	185 +	150	4.90	0.323	0.026
Q26k5	≤159	143	3.03	0.899	0.075
	185 +	150	4.73	0.793	0.065
Q26k6	≤159	143	3.03	0.839	0.070
	185 +	150	4.66	0.834	0.068
Q26k7	≤159	143	3.38	0.887	0.074
	185 +	150	4.88	0.326	0.027
Q26k8	≤159	143	3.45	0.784	0.066
	185 +	150	4.91	0.292	0.024

续表

分组总分	N	平均数	标准差	平均数的标准误
Q26k9	≤159	143	3.15	0.813	0.068
	185 +	150	4.75	0.546	0.045
Q26k10	≤159	143	3.20	0.774	0.065
	185 +	150	4.71	0.659	0.054

表 6 - 5 独立样本 t 检验

		方差相等的 Levene 检验		平均数相等的 T 检验						
		F	显著性	t	df	显著性（双尾）	平均差异	标准误差	95%差异数的置信区间	
									下限	上限
Q14a1	假设方差相等	44.354	0.000	14.029	291	0.000	1.286	0.092	1.106	1.467
	不假设方差相等			13.845	215.707	0.000	1.286	0.093	1.103	1.469
Q14a2	假设方差相等	0.226	0.635	13.561	291	0.000	1.253	0.092	1.071	1.435
	不假设方差相等			13.528	284.758	0.000	1.253	0.093	1.071	1.435
Q14a3	假设方差相等	47.619	0.000	15.079	291	0.000	1.293	0.086	1.124	1.462
	不假设方差相等			14.885	217.501	0.000	1.293	0.087	1.122	1.464
Q14a4	假设方差相等	29.564	0.000	17.078	291	0.000	1.384	0.081	1.224	1.543
	不假设方差相等			16.880	227.749	0.000	1.384	0.082	1.222	1.545
Q14a5	假设方差相等	51.144	0.000	15.425	291	0.000	1.292	0.084	1.127	1.457
	不假设方差相等			15.218	213.300	0.000	1.292	0.085	1.124	1.459
Q14a6	假设方差相等	37.751	0.000	16.041	291	0.000	1.299	0.081	1.140	1.459
	不假设方差相等			15.861	230.499	0.000	1.299	0.082	1.138	1.460
Q14a7	假设方差相等	0.881	0.349	14.991	291	0.000	1.362	0.091	1.183	1.541
	不假设方差相等			14.950	283.567	0.000	1.362	0.091	1.183	1.542
Q14a8	假设方差相等	2.599	0.108	15.625	291	0.000	1.376	0.088	1.202	1.549
	不假设方差相等			15.593	285.779	0.000	1.376	0.088	1.202	1.549
Q14a9	假设方差相等	8.904	0.003	13.220	291	0.000	1.215	0.092	1.034	1.396
	不假设方差相等			13.142	267.638	0.000	1.215	0.092	1.033	1.397
Q14a10	假设方差相等	35.598	0.000	18.387	291	0.000	1.375	0.075	1.228	1.523
	不假设方差相等			18.185	232.366	0.000	1.375	0.076	1.226	1.524

续表

		方差相等的 Levene 检验		平均数相等的 t 检验							
		F	显著性	t	df	显著性（双尾）	平均差异	标准误差	95% 差异数的置信区间		
									下限	上限	
Q14a11	假设方差相等	0.039	0.844	13.810	291	0.000	1.303	0.094	1.117	1.489	
	不假设方差相等			13.797	288.818	0.000	1.303	0.094	1.117	1.489	
Q14a12	假设方差相等	5.378	0.021	15.182	291	0.000	1.355	0.089	1.180	1.531	
	不假设方差相等			15.209	290.808	0.000	1.355	0.089	1.180	1.531	
Q14a13	假设方差相等	82.092	0.000	-2.913	291	0.004	-0.398	0.136	-0.666	-0.129	
	不假设方差相等			-2.950	235.568	0.003	-0.398	0.135	-0.663	-0.132	
Q15b1	假设方差相等	1.632	0.202	16.107	291	0.000	1.287	0.080	1.130	1.445	
	不假设方差相等			16.032	274.915	0.000	1.287	0.080	1.129	1.446	
Q16c1	假设方差相等	0.055	0.815	9.831	291	0.000	1.050	0.107	0.840	1.260	
	不假设方差相等			9.827	289.726	0.000	1.050	0.107	0.840	1.260	
Q17d1	假设方差相等	60.222	0.000	16.480	291	0.000	1.361	0.083	1.199	1.524	
	不假设方差相等			16.248	208.124	0.000	1.361	0.084	1.196	1.526	
Q18e1	假设方差相等	107.705	0.000	15.805	291	0.000	1.176	0.074	1.030	1.323	
	不假设方差相等			15.585	209.487	0.000	1.176	0.075	1.028	1.325	
Q19f1	假设方差相等	0.301	0.584	16.919	291	0.000	1.440	0.085	1.272	1.607	
	不假设方差相等			16.853	278.663	0.000	1.440	0.085	1.272	1.608	
Q19f2	假设方差相等	1.932	0.166	16.014	291	0.000	1.320	0.082	1.158	1.483	
	不假设方差相等			15.950	278.207	0.000	1.320	0.083	1.157	1.483	
Q19f3	假设方差相等	0.007	0.934	19.001	291	0.000	1.478	0.078	1.325	1.631	
	不假设方差相等			18.928	278.995	0.000	1.478	0.078	1.324	1.632	
Q19f4	假设方差相等	14.796	0.000	15.741	291	0.000	1.290	0.082	1.129	1.451	
	不假设方差相等			15.590	242.798	0.000	1.290	0.083	1.127	1.453	
Q19f5	假设方差相等	43.777	0.000	17.157	291	0.000	1.327	0.077	1.175	1.480	
	不假设方差相等			16.952	224.423	0.000	1.327	0.078	1.173	1.482	
Q19f6	假设方差相等	7.867	0.005	17.527	291	0.000	1.324	0.076	1.175	1.472	
	不假设方差相等			17.436	272.117	0.000	1.324	0.076	1.174	1.473	

续表

		方差相等的 Levene 检验		平均数相等的 t 检验						
		F	显著性	t	df	显著性（双尾）	平均差异	标准误差	95% 差异数的置信区间	
									下限	上限
Q20g1	假设方差相等	127.191	0.000	2.772	291	0.006	0.465	0.168	0.135	0.795
	不假设方差相等			2.805	242.427	0.005	0.465	0.166	0.138	0.792
Q20g2	假设方差相等	147.065	0.000	1.725	291	0.086	0.273	0.159	−0.039	0.585
	不假设方差相等			1.750	221.613	0.082	0.273	0.156	−0.035	0.581
Q20g3	假设方差相等	141.234	0.000	1.406	291	0.161	0.220	0.157	−0.088	0.528
	不假设方差相等			1.426	225.590	0.155	0.220	0.154	−0.084	0.524
Q20g4	假设方差相等	131.127	0.000	2.598	291	0.010	0.411	0.158	0.100	0.723
	不假设方差相等			2.632	232.790	0.009	0.411	0.156	0.103	0.719
Q20g5	假设方差相等	156.275	0.000	0.976	291	0.330	0.162	0.166	−0.165	0.489
	不假设方差相等			0.989	236.733	0.324	0.162	0.164	−0.161	0.485
Q22h1	假设方差相等	14.303	0.000	17.332	291	0.000	1.469	0.085	1.302	1.636
	不假设方差相等			17.165	242.227	0.000	1.469	0.086	1.300	1.637
Q22h2	假设方差相等	48.209	0.000	16.754	291	0.000	1.389	0.083	1.226	1.552
	不假设方差相等			16.516	207.541	0.000	1.389	0.084	1.223	1.555
Q22h3	假设方差相等	87.190	0.000	16.223	291	0.000	1.345	0.083	1.182	1.508
	不假设方差相等			15.973	197.832	0.000	1.345	0.084	1.179	1.511
Q22h4	假设方差相等	13.206	0.000	15.393	291	0.000	1.338	0.087	1.167	1.509
	不假设方差相等			15.287	261.681	0.000	1.338	0.088	1.165	1.510
Q22h5	假设方差相等	53.756	0.000	17.246	291	0.000	1.360	0.079	1.205	1.516
	不假设方差相等			17.037	223.282	0.000	1.360	0.080	1.203	1.518
Q23i1	假设方差相等	17.092	0.000	1.038	291	0.300	0.124	0.119	−0.111	0.359
	不假设方差相等			1.046	266.587	0.296	0.124	0.118	−0.109	0.357
Q24j1	假设方差相等	2.237	0.136	15.076	291	0.000	1.285	0.085	1.118	1.453
	不假设方差相等			15.015	277.779	0.000	1.285	0.086	1.117	1.454
Q26k1	假设方差相等	126.588	0.000	19.660	291	0.000	1.536	0.078	1.382	1.690
	不假设方差相等			19.294	174.540	0.000	1.536	0.080	1.379	1.693

续表

		方差相等的Levene 检验		平均数相等的 t 检验						
		F	显著性	t	df	显著性（双尾）	平均差异	标准误差	95% 差异数的置信区间	
									下限	上限
Q26k2	假设方差相等	46.356	0.000	19.856	291	0.000	1.623	0.082	1.462	1.784
	不假设方差相等			19.559	201.371	0.000	1.623	0.083	1.459	1.786
Q26k3	假设方差相等	44.328	0.000	22.389	291	0.000	1.685	0.075	1.537	1.833
	不假设方差相等			22.044	197.792	0.000	1.685	0.076	1.534	1.836
Q26k4	假设方差相等	130.570	0.000	19.090	291	0.000	1.501	0.079	1.347	1.656
	不假设方差相等			18.738	176.017	0.000	1.501	0.080	1.343	1.660
Q26k5	假设方差相等	2.325	0.128	17.095	291	0.000	1.692	0.099	1.497	1.886
	不假设方差相等			17.044	282.627	0.000	1.692	0.099	1.496	1.887
Q26k6	假设方差相等	0.024	0.878	16.696	291	0.000	1.632	0.098	1.440	1.824
	不假设方差相等			16.694	290.170	0.000	1.632	0.098	1.440	1.824
Q26k7	假设方差相等	108.346	0.000	19.424	291	0.000	1.502	0.077	1.350	1.655
	不假设方差相等			19.072	178.158	0.000	1.502	0.079	1.347	1.658
Q26k8	假设方差相等	150.285	0.000	21.292	291	0.000	1.459	0.069	1.324	1.594
	不假设方差相等			20.909	178.994	0.000	1.459	0.070	1.321	1.597
Q26k9	假设方差相等	7.828	0.005	19.856	291	0.000	1.600	0.081	1.441	1.758
	不假设方差相等			19.677	246.747	0.000	1.600	0.081	1.440	1.760
Q26k10	假设方差相等	4.065	0.045	18.014	291	0.000	1.511	0.084	1.346	1.676
	不假设方差相等			17.945	279.007	0.000	1.511	0.084	1.345	1.676

在剔除 t 检验不显著题项以及与不符合内容的题项之后，新编制的企业生态责任与企业声誉量表如表6-6所示。

表6-6　企业生态责任与企业声誉量表

题项	问题	完全不符合	多数不符合	符合	多数符合	完全符合
		1	2	3	4	5
Q26k2	企业对当地环境保护起到了积极作用					

续表

题项	问题	完全不符合	多数不符合	符合	多数符合	完全符合
		1	2	3	4	5
Q26k3	企业的经营并不只有单纯的牟利动机					
Q26k4	对破坏环境的活动企业坚决予以制止					
Q26k9	企业对环境问题的敏感度高					
Q26k7	企业应该制定有长远的生态责任战略规划					
Q17d1	企业履行生态责任对提升企业形象和声誉的重要性					
Q14a4	积极向他人推荐生态责任好的企业的产品或服务					
Q14a5	赞同企业生态责任好的企业拥有更好的产品和服务的品质					
Q14a6	对企业生态责任好的品牌更加信赖					
Q14a3	会更加信任生态责任好的企业推出的新产品或服务					
Q24j1	公司的企业声誉与他们是否履行生态责任有关系					
Q26k8	企业积极履行生态责任有利于提高企业的声誉					
Q19f1	普通消费者对公司生态责任的影响程度					
Q19f2	专门购买某类产品的消费者对公司生态责任的影响程度					
Q19f4	企业股东、债权人对公司生态责任的影响程度					
Q19f5	政府、媒体、社会组织对公司生态责任的影响程度					
Q19f6	企业客户对公司生态责任的影响程度					
Q20g1	企业追求经济利益就是对社会最大的负责					
Q20g4	社会对企业的期望值是追求效率和利润最大化					
Q22h1	企业的简介与环境方针					
Q22h2	环境标准指标和实际指标					
Q22h3	废弃物、产品包装、产品、污染排放、再循环使用等信息					

续表

题项	问题	完全不符合	多数不符合	符合	多数符合	完全符合
		1	2	3	4	5
Q22h4	财务信息（环境支出、环境负债、环境治理准备金、环境收入等）					
Q22h5	环境业绩信息（环境治理与投资、奖励等）					
Q26k5	公司生态环境保护信息公开程度和透明度较高					
Q26k6	公司是诚实的，对公众提供的信息真实可靠					
Q14a1	同等价格下优先选择生态责任好的企业的产品或服务					
Q14a2	以略高的价格购买生态责任好的企业的产品或者服务					
Q14a7	对于生产过程不符合生态环保要求的产品不会购买					
Q14a8	生态责任好的企业产品价格上涨，我也愿意购买					
Q14a9	会避免使用那些会污染空气、水质、破坏生态环保的产品					
Q14a10	会优先购买那些参与环保生态事业的企业的产品					
Q14a11	绝不购买一个违反环境生态保护法规的企业的产品					
Q14a12	会购买企业生态责任好，而价格高的产品					
Q14a13	不考虑企业生态责任，对同等质量产品优先考虑价格因素					
Q18e1	企业履行生态责任对于企业可持续发展的重要性					
Q15b1	企业的生态责任表现会多大程度地影响您对其产品或者服务的选择					
Q26k1	企业履行生态责任有利于长期发展					
Q26k10	环境问题影响企业的股票价格以及经营业绩					
Q16c1	企业履行生态责任对企业短期发展的影响程度					

二、因子分析

(一) 探索性因子分析

量表项目分析完后，为了检验量表的构建效度，需要对量表进行因子分析。因子分析的目的在于找出量表潜在的结构，减少题目数项，使之变为一组较少而彼此相关的较大变量，此种因素分析是一种探索性因子分析方法。

如表6－7所示，KMO 是 Kaiser－Meyer－Olkinde 取样适当性量数，当 KMO 越接近 1 时，表示变量之间的共同因素越多，变量间的净相关系数越低，越适合进行因素分析。Kaiser（1974）认为，进行因素分析的普通（Mediocre）准则至少在 0.6 以上。此处 KMO = 0.944，指标统计量大于 0.9，呈现的性质为"非常合适"标准；同时，Bartlett 的球形检验的 χ^2 = 18496.718，df = 780，显著性达到 0.5 显著水平，即变量间的净相关矩阵是单元矩阵；此外，反映像相关矩阵的对角线数据 MSA 全部都大于 0.5。这些表示变量之间具有共同的因素存在，可以进行因子分析。每个变量的初始共性以及主成分分析法抽取主成分后的共同性如表 6－8 所示，其中所有的题项共同性估计值都高于 0.20，即变量之间都相互存在共同性。

表 6－7　KMO 与 Bartlett 检验

Kaiser－Meyer－Olkin 取样适切性数量		0.944
Bartlett 的球形检验	近似卡方分布	18496.718
	df	780
	显著性	0.000

表 6－8　共同性

	初始	萃取
Q14a1	1.000	0.767
Q14a2	1.000	0.617
Q14a3	1.000	0.836
Q14a4	1.000	0.813

续表

	初始	萃取
Q14a5	1.000	0.834
Q14a6	1.000	0.835
Q14a7	1.000	0.697
Q14a8	1.000	0.688
Q14a9	1.000	0.662
Q14a10	1.000	0.795
Q14a11	1.000	0.699
Q14a12	1.000	0.646
Q14a13	1.000	0.246
Q15b1	1.000	0.567
Q16c1	1.000	0.399
Q17d1	1.000	0.617
Q18e1	1.000	0.607
Q19f1	1.000	0.660
Q19f2	1.000	0.690
Q19f4	1.000	0.642
Q19f5	1.000	0.704
Q19f6	1.000	0.670
Q20g1	1.000	0.753
Q20g4	1.000	0.775
Q22h1	1.000	0.707
Q22h2	1.000	0.849
Q22h3	1.000	0.829
Q22h4	1.000	0.807
Q22h5	1.000	0.849
Q24j1	1.000	0.483
Q26k1	1.000	0.766
Q26k2	1.000	0.697
Q26k3	1.000	0.737
Q26k4	1.000	0.709
Q26k5	1.000	0.758

续表

	初始	萃取
Q26k6	1.000	0.729
Q26k7	1.000	0.784
Q26k8	1.000	0.786
Q26k9	1.000	0.707
Q26k10	1.000	0.625

注：萃取方法为主成分分析。

接下来，采用主成分分析法抽取主成分结果，转轴方法采用直交转轴最大变异法（见表6-9）。其中，特征值大于1的共有6个，这也是因素分析时所抽出的共同因素个数。6个共同因素共可解释70.110%的变异量。因此，在企业生态责任与企业声誉量表中共抽取6个共同因素。

表6-9　解释总变异量

成分	初始特征值			平方和负荷量萃取			转轴平方和负荷量		
	总和	方差的百分比（%）	累积百分比（%）	总和	方差的百分比（%）	累积百分比（%）	总和	方差的百分比（%）	累积百分比（%）
1	15.865	39.662	39.662	15.865	39.662	39.662	8.430	21.074	21.074
2	5.031	12.578	52.240	5.031	12.578	52.240	6.653	16.631	37.706
3	2.606	6.515	58.755	2.606	6.515	58.755	4.928	12.321	50.027
4	1.946	4.866	63.621	1.946	4.866	63.621	4.548	11.369	61.396
5	1.492	3.731	67.351	1.492	3.731	67.351	2.116	5.290	66.686
6	1.104	2.759	70.110	1.104	2.759	70.110	1.370	3.424	70.110
7	0.967	2.417	72.527						
8	0.957	2.392	74.919						
9	0.812	2.030	76.949						
10	0.728	1.821	78.770						
11	0.659	1.648	80.419						
12	0.604	1.510	81.928						
13	0.542	1.355	83.283						
14	0.468	1.170	84.453						
15	0.439	1.098	85.551						
16	0.411	1.027	86.579						

续表

成分	初始特征值			平方和负荷量萃取			转轴平方和负荷量		
	总和	方差的百分比（%）	累积百分比（%）	总和	方差的百分比（%）	累积百分比（%）	总和	方差的百分比（%）	累积百分比（%）
17	0.406	1.014	87.593						
18	0.381	0.953	88.546						
19	0.361	0.903	89.449						
20	0.331	0.827	90.276						
21	0.319	0.798	91.074						
22	0.304	0.760	91.834						
23	0.285	0.712	92.546						
24	0.273	0.683	93.229						
25	0.260	0.651	93.880						
26	0.243	0.607	94.487						
27	0.233	0.582	95.069						
28	0.217	0.541	95.610						
29	0.212	0.531	96.141						
30	0.200	0.499	96.640						
31	0.185	0.462	97.103						
32	0.174	0.435	97.538						
33	0.161	0.402	97.940						
34	0.150	0.375	98.314						
35	0.140	0.350	98.664						
36	0.138	0.344	99.009						
37	0.114	0.286	99.295						
38	0.108	0.271	99.566						
39	0.089	0.222	99.788						
40	0.085	0.212	100.000						

注：萃取方法为主成分分析。

徒坡图检验如图 6-1 所示，从中可以看出第 6 个因素以后坡度线开始平缓，表示变量中无特殊因素值得抽取，因而保留前 5 个较为合适。

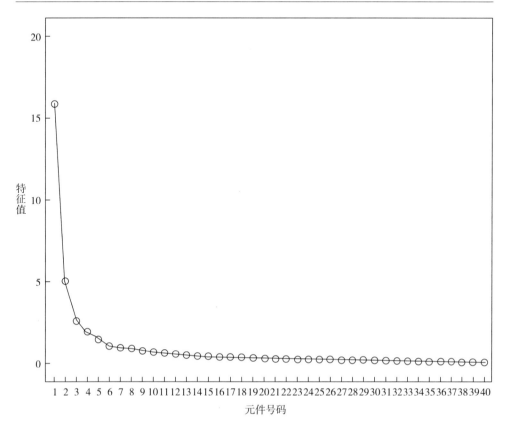

图 6-1 徒坡图检验

40 个变量在 6 个因素上的未转轴因素矩阵如表 6-10 所示，从成分矩阵中可以看出大部分题项变量均归属于成分 1。

表 6-10 成分矩阵（a）

	成 分					
	1	2	3	4	5	6
Q26k1	0.782	0.220	-0.031	-0.312	-0.024	0.086
Q26k8	0.781	0.282	-0.017	-0.283	0.070	0.108
Q26k7	0.774	0.259	-0.027	-0.317	0.051	0.124
Q26k3	0.737	0.287	0.133	-0.292	0.052	0.081
Q26k4	0.728	0.272	0.137	-0.264	0.071	0.103
Q19f5	0.711	0.168	-0.167	0.169	-0.240	0.236

续表

	成 分					
	1	2	3	4	5	6
Q22h2	0.710	0.276	-0.347	0.122	0.353	-0.090
Q14a4	0.706	-0.536	0.000	-0.058	0.073	0.139
Q22h3	0.704	0.278	-0.347	0.090	0.347	-0.092
Q17d1	0.699	0.184	-0.202	-0.008	-0.231	-0.013
Q22h5	0.699	0.288	-0.325	0.163	0.349	-0.154
Q18e1	0.691	0.172	-0.262	-0.035	-0.171	0.028
Q14a10	0.683	-0.567	0.021	0.041	0.034	0.053
Q26k2	0.682	0.331	0.227	-0.216	0.117	0.108
Q14a5	0.681	-0.569	-0.037	-0.102	0.093	0.163
Q14a6	0.681	-0.567	-0.051	-0.125	0.074	0.161
Q19f6	0.679	0.196	-0.150	0.239	-0.187	0.237
Q14a3	0.656	-0.586	-0.066	-0.109	0.105	0.186
Q22h4	0.650	0.286	-0.253	0.251	0.361	-0.215
Q19f4	0.647	0.204	-0.202	0.174	-0.232	0.237
Q22h1	0.641	0.319	-0.213	0.194	0.271	-0.195
Q14a1	0.635	-0.550	-0.094	-0.128	0.062	0.181
Q26k10	0.631	0.328	0.282	-0.138	-0.075	-0.125
Q15b1	0.630	0.143	0.140	0.170	-0.280	-0.149
Q14a12	0.620	-0.409	0.187	0.203	0.050	-0.125
Q26k9	0.615	0.299	0.450	-0.181	0.033	-0.050
Q19f2	0.613	0.176	-0.115	0.360	-0.343	0.150
Q14a9	0.605	-0.532	0.053	0.042	-0.051	-0.083
Q14a8	0.602	-0.505	0.173	0.149	0.025	-0.132
Q19f1	0.602	0.175	-0.038	0.379	-0.344	0.068
Q24j1	0.590	0.182	0.035	-0.025	-0.226	-0.223
Q14a2	0.568	-0.518	0.000	0.133	0.064	-0.069
Q14a7	0.557	-0.520	0.139	0.092	-0.086	-0.285
Q14a11	0.552	-0.471	0.219	0.132	-0.121	-0.305
Q16c1	0.431	0.207	-0.047	0.172	-0.252	-0.274
Q26k5	0.536	0.288	0.594	-0.166	-0.032	-0.077
Q26k6	0.532	0.286	0.571	-0.130	-0.037	-0.139
Q14a13	-0.189	0.123	-0.397	-0.121	-0.150	0.022
Q20g4	-0.055	0.212	0.532	0.547	0.253	0.284
Q20g1	-0.043	0.190	0.519	0.537	0.267	0.294

注：萃取方法为主成分分析。

转轴后的成分矩阵如表 6－11 所示，其采用最大变异法进行直交转轴，转轴时采用内定 Kaise 正态化方式处理，转轴时共需要进行 5 次迭代换算。因子负荷量选择标准为 0.400。在因子分析中因子负荷量的选择标准最好在 0.4 以上，此时的共同因素可以解释题项变量的百分比为 16%。前三个共同因素与模型假设时作者编制的构念及题项符合，共同因素构念一命名为：企业声誉；共同因素构念二命名为：企业生态责任；共同因素构念三命名为：利益相关者；共同因素构念四命名为：信息公开；由于构念五、构念六共同因素小于 3，未能达到最少 3个题项要求，故删除题项 Q20g4、Q20g1、Q14a13。企业生态责任与企业声誉，第一次进行因素分析，特征值大于 1 的因素共有 6 个，第五个、第六个因涵盖题项较少，故将其删除较为合适。由于这是一次探索性因子分析，题项删除后因素结构也会改变，因而需要再进行一次因素分析，以验证量表建构效度。第二次进行因素分析的为筛选后题目，不包括 Q20g4、Q20g1、Q14a13。

表 6－11 转轴后的成分矩阵 （a）

	成　　分					
	1	2	3	4	5	6
Q14a5	0.857	0.170	0.138	0.121	－ 0.085	－ 0.171
Q14a3	0.857	0.140	0.126	0.119	－ 0.098	－ 0.206
Q14a10	0.855	0.125	0.184	0.116	－ 0.007	0.000
Q14a6	0.853	0.176	0.144	0.111	－ 0.115	－ 0.174
Q14a4	0.845	0.193	0.170	0.126	－ 0.044	－ 0.120
Q14a1	0.809	0.137	0.150	0.104	－ 0.138	－ 0.203
Q14a9	0.773	0.111	0.158	0.061	－ 0.048	0.147
Q14a8	0.766	0.126	0.113	0.095	0.108	0.229
Q14a2	0.749	0.023	0.127	0.164	0.023	0.111
Q14a7	0.734	0.106	0.094	0.045	－ 0.030	0.367
Q14a12	0.701	0.154	0.150	0.151	0.170	0.237
Q14a11	0.694	0.143	0.114	0.012	0.033	0.427
Q26k5	0.103	0.798	0.096	－ 0.004	0.234	0.214
Q26k9	0.134	0.780	0.135	0.132	0.164	0.134
Q26k6	0.099	0.764	0.098	0.026	0.224	0.274
Q26k3	0.193	0.737	0.255	0.282	－ 0.064	－ 0.091
Q26k2	0.141	0.734	0.215	0.279	0.078	－ 0.091
Q26k4	0.204	0.714	0.253	0.284	－ 0.032	－ 0.108

	成 分					
	1	2	3	4	5	6
Q26k10	0.096	0.689	0.253	0.186	0.033	0.203
Q26k8	0.214	0.677	0.313	0.375	−0.138	−0.153
Q26k7	0.226	0.676	0.310	0.346	−0.170	−0.175
Q26k1	0.255	0.659	0.342	0.303	−0.209	−0.118
Q24j1	0.160	0.418	0.369	0.193	−0.135	0.302
Q19f2	0.172	0.150	0.767	0.183	0.089	0.093
Q19f1	0.171	0.172	0.723	0.166	0.125	0.188
Q19f5	0.240	0.275	0.709	0.249	−0.012	−0.077
Q19f4	0.172	0.235	0.695	0.255	−0.023	−0.092
Q19f6	0.205	0.241	0.693	0.284	0.065	−0.071
Q17d1	0.208	0.348	0.559	0.297	−0.214	0.073
Q18e1	0.215	0.323	0.533	0.340	−0.238	−0.005
Q15b1	0.222	0.375	0.489	0.137	0.054	0.341
Q16c1	0.043	0.196	0.403	0.213	−0.073	0.381
Q22h5	0.164	0.242	0.280	0.827	−0.018	0.037
Q22h2	0.180	0.254	0.290	0.816	−0.039	−0.037
Q22h4	0.143	0.206	0.247	0.814	0.072	0.128
Q22h3	0.174	0.269	0.276	0.803	−0.062	−0.043
Q22h1	0.107	0.264	0.280	0.727	0.039	0.131
Q20g4	−0.127	0.047	0.047	−0.005	0.868	−0.027
Q20g1	−0.101	0.043	0.042	0.003	0.859	−0.045
Q14a13	−0.251	−0.194	0.096	0.019	−0.349	−0.121

注：①萃取方法为主成分分析；②转轴方法为含有 Kaiser 正态化的 Varimax 法；③转轴收敛于 5 个迭代。

（二）第二次因子分析

表 6 - 12 采用直接斜交转轴法，因素抽取方法为主轴法。其中 Q14a3 共同性为 0.016 < 0.2，故在后续的因素分析中将其删除。

表6-12 共线性

	初始	萃取		初始	萃取
Q14a1	0.749	0.759	Q19f5	0.667	0.667
Q14a2	0.647	0.604	Q19f6	0.671	0.676
Q14a4	0.797	0.792	Q22h1	0.687	0.626
Q14a5	0.854	0.858	Q22h2	0.818	0.832
Q14a6	0.846	0.837	Q22h3	0.806	0.799
Q14a7	0.691	0.621	Q22h4	0.741	0.759
Q14a8	0.735	0.748	Q22h5	0.806	0.84
Q14a9	0.684	0.628	Q24j1	0.442	0.42
Q14a10	0.767	0.775	Q26k1	0.788	0.807
Q14a11	0.653	0.619	Q26k2	0.681	0.656
Q14a12	0.663	0.665	Q26k3	0.754	0.743
Q14a3	0.071	0.016	Q26k4	0.711	0.694
Q15b1	0.523	0.52	Q26k5	0.777	0.796
Q16c1	0.341	0.352	Q26k6	0.763	0.789
Q17d1	0.64	0.676	Q26k7	0.839	0.82
Q18e1	0.645	0.671	Q26k8	0.821	0.795
Q19f1	0.611	0.609	Q26k9	0.697	0.701
Q19f2	0.616	0.647	Q26k10	0.606	0.563
Q19f4	0.616	0.596			

注：萃取方法为主成分分析。

采用主轴法及斜交转轴法抽取的共同因素的解释总变异量如表6-13所示，可以看到前6项。累积解释总变异量为72.934%。

表6-13 解释总变异量

因子	初始特征值			平方和负荷量萃取			转轴平方和负荷量（a）
	总计	方差的百分比（%）	累积百分比（%）	总计	方差的百分比（%）	累积百分比（%）	总计
1	15.418	42.827	42.827	15.109	41.970	41.970	7.183
2	4.628	12.855	55.683	4.330	12.029	53.999	9.766
3	2.337	6.491	62.174	2.056	5.711	59.710	8.284

续表

因子	初始特征值			平方和负荷量萃取			转轴平方和负荷量（a）
	总计	方差的百分比（%）	累积百分比（%）	总计	方差的百分比（%）	累积百分比（%）	总计
4	1.592	4.421	66.595	1.254	3.482	63.193	10.244
5	1.269	3.525	70.120	0.985	2.737	65.929	10.219
6	1.013	2.814	72.934	0.568	1.577	67.507	1.208
7	0.849	2.359	75.292				
8	0.745	2.069	77.362				
9	0.656	1.821	79.183				
10	0.638	1.771	80.954				
11	0.539	1.498	82.452				
12	0.468	1.300	83.752				
13	0.440	1.223	84.975				
14	0.410	1.140	86.115				
15	0.399	1.110	87.224				
16	0.378	1.049	88.274				
17	0.357	0.991	89.264				
18	0.330	0.917	90.181				
19	0.313	0.869	91.050				
20	0.305	0.847	91.898				
21	0.285	0.792	92.689				
22	0.273	0.757	93.447				
23	0.255	0.709	94.156				
24	0.238	0.660	94.816				
25	0.217	0.603	95.419				
26	0.213	0.591	96.010				
27	0.201	0.558	96.568				
28	0.183	0.509	97.077				
29	0.173	0.479	97.556				
30	0.163	0.452	98.008				
31	0.156	0.432	98.440				
32	0.139	0.387	98.828				

续表

因子	初始特征值			平方和负荷量萃取			转轴平方和负荷量（a）
	总计	方差的百分比（%）	累积百分比（%）	总计	方差的百分比（%）	累积百分比（%）	总计
33	0.133	0.371	99.198				
34	0.109	0.303	99.502				
35	0.092	0.256	99.758				
36	0.087	0.242	100.000				

注：①萃取方法为主轴因子萃取法；②当因子产生相关时，无法加入平方和负荷量以取得总方差。

　　转轴后的样式矩阵如表6－14所示，从样式矩阵中可以看到，因素一包含：Q26k1、Q26k7、Q18e1、Q26k8、Q17d1，可命名为：可持续发展。因素二包含：Q14a10、Q14a5、Q14a6、Q14a4、Q14a8、Q14a1、Q14a7、Q14a9、Q14a2、Q14a11、Q14a12，可命名为：企业声誉。因素三包含：Q26k5、Q26k6、Q26k9、Q26k2、Q26k10、Q26k3、Q26k4，可命名为：企业生态责任。因素四包含：Q19f2、Q19f6、Q19f1、Q19f5、Q19f4，可命名为：利益相关者。因素五包含：Q22h5、Q22h4、Q22h2、Q22h3、Q22h1，可命名为：信息公开。此外，由于Q15b1、Q16c1因素六少于3项，Q24j1＜0.4，不满足要求，故在后续的分析中将其剔除。此外，前五项因素构念联合解释变异量为70.120%大于60%，表示保留的五个因素其建构效度良好。

表6－14　样式矩阵a

	因子					
	1	2	3	4	5	6
Q26k1	0.609	0.114	0.268	0.040	0.116	0.010
Q26k7	0.555	0.079	0.311	0.029	0.179	－0.087
Q18e1	0.476	0.082	－0.090	0.282	0.167	0.158
Q26k8	0.475	0.061	0.342	0.042	0.230	－0.088
Q17d1	0.457	0.080	－0.045	0.313	0.116	0.218
Q24j1	0.273	0.082	0.178	0.156	0.081	0.249
Q14a10	0.030	0.851	－0.029	0.061	0.016	－0.052
Q14a5	0.093	0.844	－0.010	0.046	0.004	－0.256
Q14a6	0.155	0.837	－0.035	0.045	－0.023	－0.238
Q14a4	0.026	0.817	0.044	0.088	0.016	－0.210

续表

	因 子					
	1	2	3	4	5	6
Q14a8	− 0. 095	0. 785	0. 083	− 0. 033	0. 045	0. 133
Q14a1	0. 188	0. 772	− 0. 089	0. 045	− 0. 018	− 0. 197
Q14a7	− 0. 009	0. 767	0. 025	− 0. 059	− 0. 011	0. 225
Q14a9	− 0. 020	0. 761	0. 005	0. 076	− 0. 024	0. 017
Q14a2	− 0. 042	0. 743	− 0. 074	− 0. 011	0. 114	0. 066
Q14a11	− 0. 050	0. 727	0. 096	− 0. 026	− 0. 046	0. 268
Q14a12	− 0. 128	0. 688	0. 116	0. 022	0. 099	0. 124
Q26k5	− 0. 047	0. 010	0. 897	0. 022	− 0. 085	0. 022
Q26k6	− 0. 098	0. 011	0. 871	0. 023	− 0. 033	0. 057
Q26k9	− 0. 014	0. 020	0. 796	0. 040	0. 060	− 0. 051
Q26k2	0. 187	− 0. 007	0. 578	0. 070	0. 173	− 0. 135
Q26k10	0. 171	− 0. 009	0. 548	0. 089	0. 086	0. 103
Q26k3	0. 388	0. 053	0. 477	0. 029	0. 140	− 0. 063
Q26k4	0. 332	0. 067	0. 475	0. 040	0. 156	− 0. 088
Q19f2	− 0. 058	0. 014	− 0. 004	0. 800	− 0. 008	0. 070
Q19f6	− 0. 065	0. 013	0. 062	0. 774	0. 090	− 0. 140
Q19f1	− 0. 122	0. 026	0. 068	0. 749	0. 001	0. 110
Q19f5	0. 127	0. 056	0. 008	0. 715	0. 022	− 0. 061
Q19f4	0. 100	− 0. 005	− 0. 011	0. 703	0. 050	− 0. 084
Q22h5	− 0. 041	0. 013	− 0. 013	0. 008	0. 931	− 0. 019
Q22h4	− 0. 131	0. 008	0. 018	0. 002	0. 911	0. 045
Q22h2	0. 044	0. 023	− 0. 041	0. 017	0. 889	− 0. 064
Q22h3	0. 120	0. 021	− 0. 053	− 0. 021	0. 860	− 0. 036
Q22h1	− 0. 021	− 0. 024	0. 068	0. 064	0. 725	0. 062
Q15b1	0. 153	0. 138	0. 206	0. 285	0. 014	0. 327
Q16c1	0. 173	− 0. 020	0. 023	0. 223	0. 116	0. 272

注：①萃取方法为主轴因子；②转轴方法为含 Kaiser 正态化的 Oblimin 法；③转轴收敛于 11 个迭代。

上述企业生态责任与企业声誉量表在第二次因素分析中共萃取了五个因素，五个因素均可以进行命名归类，因子分析结果如表 6 - 15 所示。

表 6 – 15　企业生态责任与企业声誉因子分析结果摘要

题项	最大变异法直交转轴后的因素负荷量					共同性
	可持续发展	企业声誉	生态责任	利益相关者	信息公开	
Q26k1	0.609	0.114	0.268	0.04	0.116	0.471
Q26k7	0.555	0.079	0.311	0.029	0.179	0.444
Q18e1	0.476	0.082	– 0.09	0.282	0.167	0.349
Q26k8	0.475	0.061	0.342	0.042	0.23	0.401
Q17d1	0.457	0.08	– 0.045	0.313	0.116	0.329
Q14a10	0.03	0.851	– 0.029	0.061	0.016	0.730
Q14a5	0.093	0.844	– 0.01	0.046	0.004	0.723
Q14a6	0.155	0.837	– 0.035	0.045	– 0.023	0.728
Q14a4	0.026	0.817	0.044	0.088	0.016	0.678
Q14a8	– 0.095	0.785	0.083	– 0.033	0.045	0.635
Q14a1	0.188	0.772	– 0.089	0.045	– 0.018	0.642
Q14a7	– 0.009	0.767	0.025	– 0.059	– 0.011	0.593
Q14a9	– 0.02	0.761	0.005	0.076	– 0.024	0.586
Q14a2	– 0.042	0.743	– 0.074	– 0.011	0.114	0.572
Q14a11	– 0.05	0.727	0.096	– 0.026	– 0.046	0.543
Q14a12	– 0.128	0.688	0.116	0.022	0.099	0.513
Q26k5	– 0.047	0.01	0.897	0.022	– 0.085	0.815
Q26k6	– 0.098	0.011	0.871	0.023	– 0.033	0.770
Q26k9	– 0.014	0.02	0.796	0.04	0.06	0.639
Q26k2	0.187	– 0.007	0.578	0.07	0.173	0.404
Q26k10	0.171	– 0.009	0.548	0.089	0.086	0.345
Q26k3	0.388	0.053	0.477	0.029	0.14	0.401
Q26k4	0.332	0.067	0.475	0.029	0.156	0.366
Q19f2	– 0.058	0.014	– 0.004	0.8	– 0.008	0.644
Q19f6	– 0.065	0.013	0.062	0.774	0.09	0.615
Q19f1	– 0.122	0.026	0.068	0.749	0.001	0.581
Q19f5	0.127	0.056	0.008	0.715	0.022	0.531
Q19f4	0.1	– 0.005	– 0.011	0.703	0.05	0.507
Q22h5	– 0.041	0.013	– 0.013	0.008	0.931	0.869

续表

题项	最大变异法直交转轴后的因素负荷量					共同性
	可持续发展	企业声誉	生态责任	利益相关者	信息公开	
Q22h4	- 0.131	0.008	0.018	0.002	0.911	0.847
Q22h2	0.044	0.023	- 0.041	0.017	0.889	0.795
Q22h3	0.12	0.021	- 0.053	- 0.021	0.86	0.758
Q22h1	- 0.021	- 0.024	0.068	0.064	0.725	0.535

三、量表信度

信度是指测验或量表工具所测得结果的稳定性及一致性，量表的信度越大，其测量指标标准误差越小。表6-16中有效观察值为525个，没有缺失值。

表 6 - 16   观察值处理摘要

		N	%
观察值	有效	525	100.0
	已排除	0	0.0
	总计	525	100.0

因素一包含：Q26k1、Q26k7、Q18e1、Q26k8、Q17d1，可命名为：可持续发展。因素二包含：Q14a10、Q14a5、Q14a6、Q14a4、Q14a8、Q14a1、Q14a7、Q14a9、Q14a2、Q14a11、Q14a12，可命名为：企业声誉。因素三包含：Q26k5、Q26k6、Q26k9、Q26k2、Q26k10、Q26k3、Q26k4，可命名为：企业生态责任。因素四包含：Q19f2、Q19f6、Q19f1、Q19f5、Q19f4，可命名为：利益相关者。因素五包括：Q22h5、Q22h4、Q22h2、Q22h3、Q22h1，可命名为：信息公开。各因素信度检验如表6-17所示，从中可以看到，各因素构念的内部一致性 Alpha 值都满足要求，信度指标非常理想。

本书采用系数来评估样本的信度。统计结果如表6-17所示，整个问卷的 Cronbach's α 系数为0.944，说明整个问卷的可靠性和稳定性很好。对各共同因子所组成的项目 Cronbach's α 系数均超过 0.8，说明这些因子内部一致性较好。

表 6 – 17　各因素信度检验

因素	名称	Cronbach 的 Alpha 值	以标准化项目为准的 Cronbach 的 Alpha 值	项目个数
一	可持续发展	0.909	0.91	5
二	企业声誉	0.951	0.951	11
三	企业生态责任	0.916	0.918	7
四	利益相关者	0.887	0.888	5
五	信息公开	0.938	0.939	5

四、回归分析

（一）相关分析

对可持续发展、企业声誉、企业生态责任、利益相关者、信息公开五个因素进行相关分析，分析结果如表 6 – 18、表 6 – 19 所示。其中，表 6 – 18 为描述性统计分析，表 6 – 19 为相关分析。从表 6 – 19 中可以看到五个因素之间 Pearson 相关系数都满足 $P < 0.01$，均达到显著水平，表示各个变量之间显著高相关，也证实了之前的假设。此外，从表 6 – 19 中还可以看到企业生态责任与可持续发展之间的相关系数为 0.723^{**}（$P = 0.000 < 0.001$），也说明 H_4：企业积极履行生态责任对企业可持续发展有正向影响。

表 6 – 18　描述性统计分析

	平均数	标准差	N
可持续发展	4.2594	0.71236	525
企业声誉	3.9674	0.74525	525
企业生态责任	4.0169	0.80698	525
利益相关者	4.0210	0.71234	525
信息公开	4.1124	0.78562	525

表 6 - 19　相关分析

		可持续发展	企业声誉	企业生态责任	利益相关者	信息公开
可持续发展	（Pearson）相关	1	0.477**	0.723**	0.673**	0.685**
	显著性（双尾）		0.000	0.000	0.000	0.000
	N	525	525	525	525	525
企业声誉	（Pearson）相关	0.477**	1	0.378**	0.442**	0.371**
	显著性（双尾）	0.000		0.000	0.000	0.000
	N	525	525	525	525	525
企业生态责任	（Pearson）相关	0.723**	0.378**	1	0.545**	0.535**
	显著性（双尾）	0.000	0.000		0.000	0.000
	N	525	525	525	525	525
利益相关者	（Pearson）相关	0.673**	0.442**	0.545**	1	0.629**
	显著性（双尾）	0.000	0.000	0.000		0.000
	N	525	525	525	525	525
信息公开	（Pearson）相关	0.685**	0.371**	0.535**	0.629**	1
	显著性（双尾）	0.000	0.000	0.000	0.000	
	N	525	525	525	525	525

注：** 表示相关性在 0.01 显著（双尾）。

（二）多元回归分析

为了进一步分析可持续发展、企业声誉、企业生态责任、利益相关者、信息公开五个因素之间的关系，了解企业声誉（x_1）、企业生态责任（x_2）、利益相关者（x_3）、信息公开（x_4）对企业可持续发展（y'）的影响，本节采用多元回归对五个因素进行分析。企业可持续发展的多元回归方程式如公式（6 - 1）所示。

$$y' = b_1 x_1 + b_2 x_2 + b_3 x_3 + b_4 x_4 \tag{6-1}$$

其中，回归分析如下：

由表 6 - 20 显示自变量对因变量的整体解释力。所有自变量可以解释因变量 69.4% 的变异。调整后的 R^2 为 69.2%，因样本量较大，同时自变量较多，因而采用调整之前的 R^2。Durbin - Watson 检验值为 1.840，因为检验预测残差是否具有自我相关，越接近 2 越理想，所以不存在序列自相关。回归模型方差分析摘要表 6 - 21 中变异量显著性检验 $F = 294.644$，$P = 0.000 < 0.001$，表示回归模型整体解释变异量达到显著水平。

表6－20 模型摘要

模型	R	R²	调整后 R²	估计的标准误	变更统计资料					Durbin–Watson
					R² 改变量	F 改变量	df1	df2	显著性 F 改变	
1	0.833	0.694	0.692	0.39566	0.694	294.644	4	520	0.000	1.840

表6－21 Anova a

模型		平方和	df	平均值平方	F	Anova a 检验
1	回归	184.502	4	46.125	294.644	0.000
	残差	81.404	520	0.157		
	总计	265.906	524			

回归模型的回归系数及回归系数的显著性检验如表6－22所示。标准化回归系数 Beta 的绝对值越大，表示该预测变量对可持续发展的影响越大，其解释因变量的变异量也会越大。

表6－22 系数 a

模型		非标准化系数		标准化系数	t	显著性	相关			共线性统计量	
		B	标准误	Beta			零阶	偏	部分	允差	VIF
1	（常数）	0.418	0.119		3.503	0.000					
	企业声誉	0.116	0.026	0.121	4.397	0.000	0.477	0.189	0.107	0.773	1.294
	企业生态责任	0.358	0.027	0.406	13.243	0.000	0.723	0.502	0.321	0.627	1.595
	利益相关者	0.220	0.034	0.220	6.484	0.000	0.673	0.273	0.157	0.514	1.947
	信息公开	0.258	0.030	0.284	8.668	0.000	0.685	0.355	0.210	0.548	1.826

注：因变量为可持续发展。

从表6－22中可以得到标准化的回归模型如下：

$$y' = 0.121x_1 + 0.406x_2 + 0.220x_3 + 0.284x_4 \qquad (6-2)$$

从标准化回归方程式中可以看到，4个预测量中，自变量企业生态责任对因变量可持续发展影响最大，说明了企业积极履行生态责任有利于企业的可持续发展。此次，利益相关者及信息公开也对企业的可持续发展影响较大。另外，4 个自变量回归系数显著性检验都满足 P = 0.000 < 0.001，均达到显著正相关。

用容忍度及方差膨胀系数（VIF）可检验多元回归模型是否具有多元共线性问题，容忍度越接近 0，表示变量间有线性重合问题；而方差膨胀系数如大于 10，则表示变量间有线性重合问题。如表 6 - 22 所示，4 个自变量容忍度在 0.514 ~ 0.773，方差膨胀系数均在 2.000 以下。预测变量共线性诊断的各种统计量如表 6 - 23 所示，表中共有 4 个预测变量，显示了 5 个特征值，5 个特征值均大于 0.01，相对应的条件指标值均都小于 30，这表示进入回归方程式的自变量间多元共线性问题不存在。

表 6 - 23　共线性诊断

模型	维度	特征值	条件指数	方差比例				
				（常数）	企业声誉	企业生态责任	利益相关者	信息公开
1	1	4.929	1.000	0.00	0.00	0.00	0.00	0.00
	2	0.025	14.029	0.07	0.55	0.21	0.02	0.12
	3	0.018	16.498	0.05	0.08	0.77	0.06	0.27
	4	0.016	17.486	0.87	0.34	0.02	0.03	0.10
	5	0.012	20.538	0.01	0.03	0.01	0.89	0.52

回归标准化残差值如表 6 - 24 所示，其直方图和样本标准化残差值的正太概率分布图如图 6 - 2、图 6 - 3 所示。由图我们可以看到样本基本符合正态分布，回归标准化残差值基本在三个标准差范围内，没有出现极端值。标准化差值的累积分布图累积概率点的大致分布在 45°的直线附近，因而样本观测值符合接近正态分布的假设。

表 6 - 24　残差统计量

	最小值	最大值	平均数	标准差	N
预测值	2.0327	5.1751	4.2594	0.59338	525
残差	- 1.31389	1.42895	0.00000	0.39415	525
标准预测值	- 3.753	1.543	0.000	1.000	525
标准残差	- 3.321	3.612	0.000	0.996	525

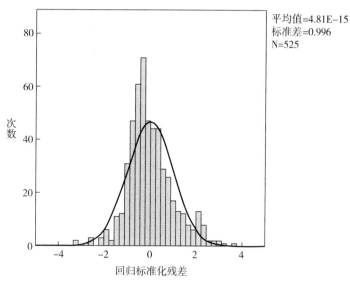

平均值=4.81E-15
标准差=0.996
N=525

次数

回归标准化残差

图6-2　直方图

注：因变量为可持续发展。

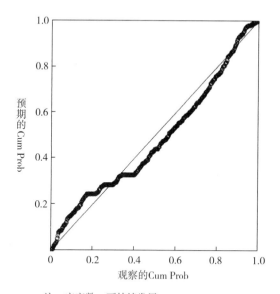

预期的Cum Prob

观察的Cum Prob

注：应变数：可持续发展

图6-3　样本标准化残差值的正态P-P图

注：因变量为可持续发展。

上述解释型回归分析输出报表可以统整为表6-25。

表6-25　企业声誉、企业生态责任、利益相关者、信息公开对可持续发展的回归分析摘要

	预测变量	B	标准误	Beta	t 值
截距		0.418	0.119		3.503
	企业声誉	0.116	0.026	0.121	4.397***
	企业生态责任	0.358	0.027	0.406	13.243***
	利益相关者	0.220	0.034	0.220	6.484***
	信息公开	0.258	0.030	0.284	8.668***
R = 0.833	R² = 0.694	调整 R² = 0.692		F = 294.644***	

注：*** 表示 P<0.001。

本书研究问卷数量为525，大于题目数量的5倍（33×5=115），满足数据分析对问卷数量的要求。使用 SPSS22.0 对问卷进行 KMO 与 Bartlett 检验，结果如表6-26所示。

表6-26　KMO 与 Bartlett 检验

取样足够度的 Kaiser – Meyer – Olkin 度量	0.944
Bartlett 的球形检验近似卡方分布	18496.718
df	780
显著性	0

当 KMO 越接近1时，表示变量之间的共同因素越多，变量间的净相关系数越低，越适合进行因素分析。Kaiser（1974）认为，进行因素分析的普通（Mediocre）准则至少在0.6以上。此处 KMO = 0.944 > 0.9，呈现的性质为"非常合适"标准，说明样本充足度高，适合进行因子分析。同时，Bartlett 的球形检验的 χ^2 = 18496.718，df = 780，显著性为0.000，小于显著水平0.05。因此，拒绝 Bartlett 球度检验的零假设，说明本问卷及其各因子组成项目的构建效度好。采用直接斜交转轴法以及主轴法（因子抽取方法）对量表进行主成分分析，抽取共同因子的解释总变异量前5项，其累积解释总变异量为70.120% > 60%，因子载荷大于0.4，表示五个因素的建构效度良好。

区别效度是指量表所测结果与对其他不同特征的测量不相关联的程度。本书对可持续发展、企业声誉、企业生态责任、利益相关者、环境信息公开五个因子进行了相关分析。从表6-25中可以看到尽管五个因子之间的相关系数较高，但

如果每个因子与其他因子的相关系数均低于其 Cronbach's α 值，则认为有较好的区别效度，即各构造变量之间具有显著的区别，区别效度达到要求。

从上述回归分析表 6 – 25 中可以发现"企业声誉""企业生态责任""利益相关者""信息公开"四个自变量与"可持续发展"效标变量的多元相关系数为 0.833，多元相关系数的平方为 0.694，这表示 4 个自变量共可以解释"可持续发展"变量 69.4% 的变异量。四个自变量的标准化回归系数均为正数，表示 4 个自变量对"可持续发展"效标变量的影响均为正向。这也进一步验证了我们之前的假设。

五、结构方程模型

在上一节中我们对企业声誉、企业生态责任、利益相关者、信息公开与可持续发展之间的关系进行了回归分析，分析结果也证实了我们之前的假设。在此节中我们将会使用 AMOS21 对这五个因素构建一个结构方程模型，进而根据之前的因子分析结果，运用结构方程模型对本书提出的假设进行更深入的研究，同时也从微观角度对五个因素进行了探讨。

标准化模型 M1 如图 6 – 4 所示，其中，CR = 企业声誉，CER = 企业生态责任，Stakeholder = 利益相关者，Information = 信息公开，Development = 可持续发展。单箭头起点为自变量，箭头所指的变量为因变量，两个变量间存在双箭头符号，表示两个变量间存在相关关系。此外，标准化模型 M1 检验结果如表 6 – 27 所示。

从表 6 – 27 中可以看到，检验统计量 χ^2/df、TLI、NFI、CFI、RMSEA 均没有通过检验，说明模型 M1 整体拟合情况还需要进一步进行。因此，根据 Modification Indices 中修正指标值对模型 M1 进行修正，修正后标准化模型 M2 如图 6 – 5 所示。同时，修正后标准化模型 M2 检验结果如表 6 – 28 所示。

一般认为，χ^2/df 的值应该在 2.0 ~ 5.0，本书的 χ^2/df 值为 2.707（见表 6 – 28），因而可以接受模型。Steiger 和 Lind（1980）提出了一个经调整后的均方根指数 RMSEA（近似误差均方根），Steiger（1990）认为，RMSEA 低于 0.1 表示好的拟合；低于 0.05 表示非常好的拟合；低于 0.01 表示出色的拟合。本书模型 M2 的 RMSEA 为 0.057，属于好的拟合。Bentler 和 Bonett（1980）提出非范拟合指数 NNFI，由于 NNFI 会因样本的波动而超出 0 ~ 1 的范围，不容易和行判别；因此，他们进一步提出赋范拟合指数 NFI，NFI 取值范围为 0 ~ 1，其中 NFI = 1 对应于最好的拟合，NFI=0 对应于最差的拟合。在模型 M2 中，NFI=0.923，说明是较好的拟合。Bentler（1990）提出了相对拟合指数 CFI，主要反映了要检验的模型和变量被完全约束的模型之间的相对适合度，当 CFI>0.9 时，表示模型可以接受。在模型 M2 中，CFI=0.950，说明是较好的拟合。

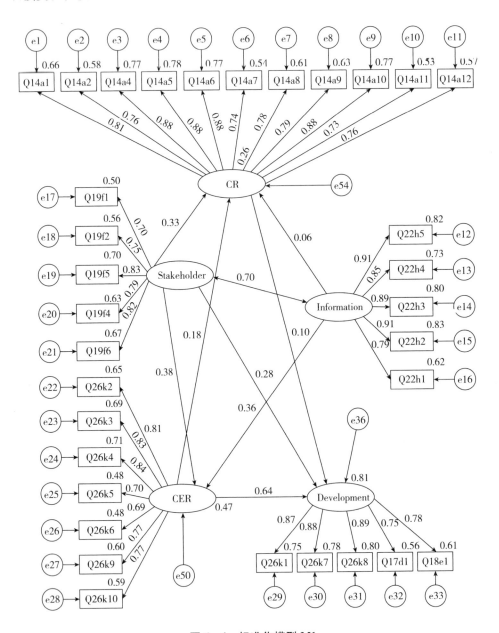

图 6-4　标准化模型 M1

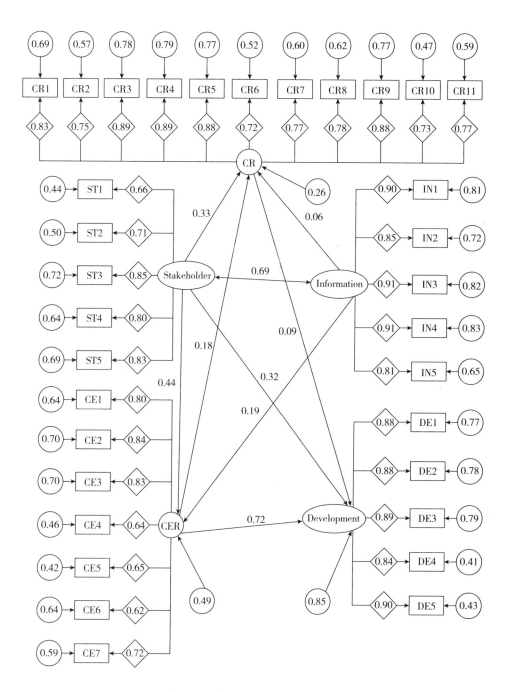

图6-5 修正后标准化模型 M2

数字经济时代企业生态责任与声誉

表6-27 标准化模型M1检验结果

拟合系数	统计值	适配的标准或临界值
χ^2	3040.582	n/a
df	505	n/a
χ^2/df	6.021	<3
TLI	0.834	>0.90
NFI	0.815	NFI 的取值范围是 0~1，其中 NFI=1 对应于最好的拟合，NFI=0 对应于最差的拟合
CFI	0.841	>0.90
RMSEA	0.098	<0.08

表6-28 修正后标准化模型M2检验结果

拟合系数	统计值	适配的标准或临界值
χ^2	1269.634	n/a
df	469	n/a
χ^2/df	2.707	<3
TLI	0.943	>0.90
NFI	0.923	0~1
CFI	0.950	>0.90
RMSEA	0.057	<0.08

通过对模型 M2 检验结果进行验证，充分表明模型 M2 对数据的解释程度较高，模型与数据之间存在的差异较小，模型的有效性得到充分验证，因而模型可以有效地衡量企业生态责任与企业声誉之间的相互关系。模型 M2 拟合系数如表6-29 所示。

表6-29 修正后标准化模型M2拟合系数

路径	Estimate	S. E.	C. R.	P
CER（企业生态责任）←Information（信息公开）	0.311	0.046	6.709	***
CER（企业生态责任）←Stakeholder（利益相关者）	0.477	0.054	8.784	***
CR（企业声誉）←CER（企业生态责任）	0.186	0.061	3.057	**
CR（企业声誉）←Information（信息公开）	0.057	0.061	0.945	0.345
CR（企业声誉）←Stakeholder（利益相关者）	0.354	0.075	4.701	***

续表

路径	Estimate	S. E.	C. R.	P
Development（可持续发展）←CR（企业声誉）	0.087	0.025	3.517	***
Development（可持续发展）←CER（企业生态责任）	0.707	0.038	18.529	***
Development（可持续发展）←Stakeholder（利益相关者）	0.201	0.039	5.1	***
Stakeholder（利益相关者）←Information（信息公开）	0.362	0.032	11.413	***
q19f4←Stakeholder（利益相关者）	0.992	0.047	21.247	***
q19f2←Stakeholder（利益相关者）	0.897	0.05	17.821	***
q19f1←Stakeholder（利益相关者）	0.901	0.055	16.302	***
q22h4←Information（信息公开）	0.988	0.035	28.153	***
q22h3←Information（信息公开）	0.999	0.031	32.294	***
q22h2←Information（信息公开）	1.025	0.031	33.121	***
q22h1←Information（信息公开）	1.002	0.04	24.862	***
q19f5←Stakeholder（利益相关者）	0.998	0.043	22.961	***

注：＊＊＊表示 P＜0.001；＊＊表示 P＜0.01。

　　由方程因子 CR、Information、Stakeholder、Development、CER 之间的路径系数及检验值可知：企业生态责任对企业声誉、企业声誉对企业可持续发展、企业生态责任对企业可持续发展分别为：0.186、0.087、0.707；利益相关者对企业声誉、利益相关者对企业生态责任、利益相关者对企业可持续发展分别为：0.354、0.477、0.201；环境信息公开对企业声誉、环境信息公开对企业生态责任分别为：0.057、0.311；利益相关者与环境信息公开之间为 0.362。因而，H_7：环境信息公开对企业声誉的提高起到了推动作用，这种假设没有得到支持（CR←Information）；H_6：利益相关者可以有效推动企业的环境信息公开（Information←Stakeholder）和 H_8：环境信息公开对企业生态责任的履行起到了推动作用（CER←Information），都得到了验证。

　　企业积极履行生态责任有利于推动企业声誉的提高，而企业声誉的提高可以进一步推动企业可持续发展。Fombrun 和 Shanley（1990）对企业声誉进行研究发现，企业前期和当期的行动会影响企业前期和当期的经济面和非经济面表现，然后通过当期的信号传递，直接影响当期的企业声誉，而当年的企业声誉评估又会影响企业未来的行动。由此，一个积极履行生态责任的企业能对企业的可持续发展产生正面的影响。

利益相关者对企业生态责任的履行具有直接的正向影响，可推动企业持续发展。利益相关者作为企业的生产经营的关注者，其能有效地参与企业治理，其行为能积极推动企业履行生态责任。企业承担社会责任是一种信号传递机制，通过这种信号机制的传递，可以赢得利益相关者的信赖和支持，与各利益相关者保持长久合作关系，这是任何一个企业有效实现可持续发展的一种基本模式。随着公众自我保护意识不断加强，全球化的企业社会责任活动不断发展。企业对股东的责任与企业对政府、消费者、债权人的责任以及企业对政府的责任与企业对消费者的责任之间都存在相关性，企业承担对各利益相关者的责任都会提升企业价值。

在一个信息不完美的市场环境中如果利益相关者需要对企业生态责任进行了解，就需要借助信息传递机制对企业生态责任行为进行信息披露。信息披露对企业积极履行生态责任起到了监督作用，可以推动公众对企业进行有效监督，能使企业更加积极地履行生态责任，迫使环境表现差的企业加强生态环保投入，改善环境行为。从表 6-29 可以看出，环境信息公开对企业声誉影响不显著。由于信息传递过程中可能存在"失真"或者"阻滞"的现象。此外，企业声誉、企业社会责任之间的联系与个人的价值偏好、企业行为及个人价值之间的联系密切相关，个人价值偏好会影响自我认知及对信息的解读，从而影响企业的声誉。虽然企业环境信息公开在一定程度上可以推动企业生态责任的履行，但是由于个人价值偏好的存在，信息传递机制存在一定的阻滞，个人的情感判断、行为倾向、认知思维对信息的判断可能产生感性或理性影响，而这些因素也会左右个人对企业声誉的认知。

第七章

如新企业和公众对企业生态责任与企业声誉实证研究的比较分析

一、分开研究的原因

　　企业员工是产品的消费者，也是公众之一，同时也是企业的利益相关者。员工是企业生态责任履行的主体，故员工的态度、情感和行为会影响着企业生态责任的履行效果，而生态责任的履行又会进一步影响企业声誉和企业绩效，企业声誉和企业绩效又会反过来影响员工生态责任履行的态度、情感和行为。员工既是企业生态责任履行的主体也是利益相关者之一，本应该比公众对企业生态责任与企业声誉的认知程度要高。为此，本书从两个角度进行实证研究，一个是对企业内部的员工进行企业生态责任与企业声誉的关系研究，另一个是对公众进行企业生态责任与企业声誉的关系研究，期望得到与公众对企业生态责任履行与企业声誉之间关系的实证研究不同的结论。

二、数据采集方式及其结果的比较

　　问卷1：针对如新公司员工——"企业生态责任与企业声誉"问卷调查，主要针对如新中国公司内部员工进行调研。为了保障问卷调查的随机性，对如新集团员工进行了随机调研。尽管最终的157份有效问卷中，年龄结构以21~25岁居多，但所有样本均涵盖了各个年龄层的员工，样本的普遍性与随机性得到了保障。从职位属性来看，82.2%的样本来源于公司职员，而其中来源于公司高级管理人员的样本太少，157份样本中只有9份是高级管理人员。高级管理人员是企业利益相关者中最重要的主体，其职业能力、职业素质和职业愿景都影响着整个企业的生态责任履行，相对于一般员工而言，是利益相关者的重要主体。显然，157份样本在高级管理者的采集上显得薄弱不足。

问卷2：针对公众和如新产品的消费者——"企业生态责任与企业声誉"问卷调查。问卷2面向社会上的广大公众和消费者，采取随机调查的方式，通过电子邮件、手机、专业网站等方式进行发放和收集。本次问卷一共发放了682份，其中有效回收的问卷525份，有效回收率为76%。样本的描述性统计结果表明，525份问卷在各量表上的数据分布更加随机和客观，没有出现集中于某个指标的现象。

两者相比，问卷2的发放更具随机性，更符合抽样调查的科学要求，保障了实证研究结论的可靠性。另外，问卷2的样本量更多，有效问卷525份，远远大于企业内部的问卷1的样本量，从数量上来说，问卷2的数据质量和全样本的客观性更加全面。从问卷1和问卷2的描述性统计结果对比可以看出，问卷1的样本在年龄数据结构、职位数据结构层面上过于集中在某个选项上，使得问卷的随机性效果不佳，相反，问卷2的描述性统计结果则好得多，各个指标选项的数据结构比较随机和客观。

三、调查问卷量表设计的比较

问卷1和问卷2都是为了实证研究企业生态责任履行与企业声誉之间的关系，所以在指标设计上都一样，涉及企业声誉、企业生态责任、利益相关者、环境信息公开、可持续发展5个维度。企业声誉测量指标主要涵盖对该企业有良好的感觉、该企业具有很好知名度、相信企业/信任企业、优先购买声誉良好企业的产品等题项。企业生态责任测量指标包括该企业重视环保、制定关于生态责任的战略规划、对破坏生态行为的问题坚决予以制止等题项。利益相关者测量指标包括企业相关者（消费者、政府、社会组织、股东等）重视企业生态责任、企业相关者对企业声誉正向影响、企业相关者能有效推动企业信息公开等题项。环境信息公开主要指标有企业定期公开生态业绩信息（生态治理、投资等）、企业环境信息公开提高自己对企业认知、企业定期环境信息公开提升了企业声誉等题项。可持续发展指标涵盖未来有巨大发展潜力、财务绩效良好、在行业中具有良好的竞争优势等题项。

问卷 1 由于是对如新集团内部员工进行调查取样，所以问卷题目及量表设计得较多，共 37 个题目。调查视角除了把员工当作消费者和公众外，还增加了利益相关者如何看待企业生态责任与企业声誉之间关系的研究。从题目 23 开始直到最后一个题目 37 都是在调查员工对如新集团（自己的工作单位）生态责任履行的了解程度，以及对如新生态责任履行后对企业声誉影响的认知程度。

问卷 2 是随机面向社会公众的，且问卷 2 的题目共 25 个，包含上述 5 个维度的指标采集。与问卷 1 相比，省略了对如新企业生态责任的履行对企业声誉的影响的数据采集部分。换句话说，对公众而言，这份问卷适合中国所有企业生态责任履行与企业声誉关系的实证研究，这在调查内容上进一步保障了数据采样的随机性、可靠性和普适性。

四、统计分析方法的比较

（一）描述性统计分析

对员工的问卷调查和对公众的问卷调查后，采取了常规的描述性统计分析，其意义在于论证样本的广泛性和代表性，证明后面分析的结果具备可以通过样本来推断总体的特质。从两部分的描述性统计分析结果来看，尽管有些指标的数据结构有缺陷，但是对于本书的研究基本具有说服力。

（二）因子分析与信度检验

在保证样本有效性的分析基础上，后续都采取了量表因子分析和信度分析，但是与因子分析的方法有些不同。

问卷 1 中，14、15、16、17、18 题涉及的声誉态度认知、情感和行为倾向出现了线性相关的变量，故对这些线性相关的变量进行删除后再进行进一步的分析。针对问卷涉及的量表变量进行信度检验，主要是检验题项所涉及的量表工具所测量的结果的稳定性和一致性。

问卷 2 中，对所有李克特五级量表题目进行分析，其中筛选出：14、15、16、17、18、19、20、22、23、24、26 题进行量表项目分析。但是，由于问卷 2 的样本量远远大于问卷 1，每一个指标项的数据结果不一样，问卷 2 的数据明显更复杂一些,故采取探索性因子分析方法和第二次因子分析方法来进行量表因子的确定。经过第二次因子分析,共萃取了五个因素,分别是可持续发展、企业声誉、生态责任、利益相关者、信息公开。为进一步验证这五个因素与所测结果的稳定性和一致性,又进行了信度检验。

两者的信度检验结果均表明量表的信度良好,删除各项后 α 值都有所变小,说明各量表均能够通过信度检验。

(三) 回归分析

为了进一步分析各变量之间的积差相关性,然后讨论它们之间存在的影响关系,对两部分都进行了回归分析。

问卷 1 中,对企业生态责任、企业声誉与企业绩效进行回归分析,分析结果表明企业声誉、企业生态责任与企业绩效的相关系数显著性的概率值 P 均小于 0.01,表明预测的变量之间均呈显著的正相关关系。其相关系数分别为 0.596、0.616 和 0.812 (见表 5 – 26),表明各变量之间互相存在着中高度的相关性。最终得到的标准化回归方程为:

企业绩效 = 0.717 × 企业生态责任 + 0.155 × 企业声誉

问卷 2 中,对因子分析所萃取的五个变量——可持续发展、企业声誉、企业生态责任、利益相关者、信息公开进行相关分析,分析结果表明五个因素之间 Pearson 相关系数都满足 P < 0.01,均达到显著水平,表示各个变量之间显著高相关,也证实了之前的假设。为了进一步分析可持续发展、企业声誉、企业生态责任、利益相关者、信息公开五个因素之间的关系,了解企业声誉 (x_1)、企业生态责任 (x_2)、利益相关者 (x_3)、信息公开 (x_4) 对企业可持续发展 (y') 的影响,问卷 2 还采取了多元回归分析方法。多元回归对五个因素进行分析,针对企业可持续发展的多元回归方程式为: $y' = b_1x_1 + b_2x_2 + b_3x_3 + b_4x_4$。回归分析结果为:

$y' = 0.121x_1 + 0.406x_2 + 0.220x_3 + 0.284x_4$

结果表明,四个预测量中,自变量企业生态责任对因变量可持续发展影响最大,说明了企业积极履行生态责任有利于企业的可持续发展。此外,利益相关者及信息公开也对企业的可持续发展影响较大。另外,四个自变量回归系数显著性检验都满足 P = 0.000 < 0.001,均达到显著正相关,且各自变量间多元共线性问题不存在。

(四) 结构方程模型分析

问卷 1 并没有进行结构方程模型分析,问卷 2 采取了结构方程模型研究。原因还是在于两部分问卷样本量及其问卷质量的不同。在问卷 2 中，使用 AMOS21 对这五个因素构建一个结构方程模型，根据之前因子分析结果，运用结构方程模型对本书提出的假设进行更深入的研究，同时也从微观角度对五个因素进行探讨。结构方程模型的具体分析过程及其结果在第六章中已经详述。

五、分析结论的比较

（一）问卷 1 的实证分析结果

问卷 1 的实证研究显示企业声誉、企业生态责任与企业绩效之间都存在着较高的正相关性，即更高的企业声誉和更积极的履行企业生态责任都能够提高企业绩效；积极的履行生态责任同样能够提高企业的声誉。同时，企业积极履行生态责任有利于企业绩效的提高，推动企业可持续发展，也得到验证支持。根据回归方程我们可以看出企业履行生态责任对企业绩效的影响远远高于企业声誉对于企业绩效的影响，也间接地验证了利益相关者在企业生态责任和企业声誉之间起着调节作用，企业履行生态责任已经占有更重要的地位，以及生态责任的履行对于企业的发展也变得更为重要。这与现今的环境恶化和大众对于生态平衡的重视有着密不可分的关系。

（二）问卷 2 的实证分析结果

由方程因子 CR、Information、Stakeholder、Developmint、CER 之间的路径系数及检验值可知：企业生态责任对企业声誉、企业声誉对企业可持续发展、企业生态责任对企业可持续发展分别为：0.186、0.087、0.707；利益相关者对企业声誉、利益相关者对企业生态责任、利益相关者对企业可持续发展分别为：0.354、0.477、0.201；环境信息公开对企业声誉、环境信息公开对企业生态责任分别为：0.057、0.311；利益相关者与环境信息公开之间为 0.362。环境信息公开对提高企业声誉的积极作用，这种假设没有得到支持。利益相关者能够有效地促进企业的环境信息公开，环境信息的公开对企业生态责任的履行起积极作用，都得到了验证。

（三）两者分析的结果一致

对比分析问卷 1 和问卷 2 的实证结果，可以发现其结论基本一致。不管从企业内部员工的角度进行研究，还是随机地从社会公众的角度进行研究，其实证数据都表明我们的假设：企业生态责任的履行会促进企业声誉的提高这一结论是显而易见的。这个结论给我们的启示是：履行好生态责任，必定能提升企业声誉和企业绩效，良好的企业声誉也会进一步提高企业绩效，而良好的企业声誉也会督促企业履行好生态责任，形成良性循环的可持续发展模式。

第三篇

研究内容——数字经济型企业篇

正如前文所述，数字经济的三大产业类型中，传统企业进行数字化转型后兼具传统企业的特性又具有虚拟数字化企业的特性，其企业社会责任的履行与声誉的研究正好兼具传统企业社会责任履行与声誉的关系性质，也具备纯粹数字化企业的社会责任履行与声誉关系的性质；而从事数字治理的科技型企业也本来就是数字经济型企业，对其社会责任履行与声誉关系的研究已包含在数字型企业中，故也无须更多研究。因而，本书数字经济型企业的社会责任与声誉的研究对象确定为以互联网、电子商务为中心的数字经济型企业，主要包括电子商务企业、网络媒体企业、互联网金融企业、搜索引擎企业、网络游戏企业五大类。

第八章

电子商务企业社会责任与企业
声誉的关系研究

一、我国电子商务的发展概况

2020年9月全球电子商务大会上，《中国电子商务发展报告2019－2020》对外发布。该报告指出，2019年中国电子商务交易总额34.81万亿元（人民币，下同），同比增长6.7%。随着电子商务规模持续扩大，中国电子商务2016年开始从超高速增长期进入到相对稳定的发展期，但中国跨境电子商务继续保持高质量发展的增长态势。海关总署统计数据显示，2019年中国跨境电商进出口商品总额达到1862.1亿元，同比增长38.3%，其中出口为944亿元，进口为918.1亿元，出口量首次超过进口量。

近年来，中国多地加快设立了跨境电子商务综合试验区。扩大跨境电商综合试验区规模，将进一步发挥跨境电商独特优势，以新业态助力外贸克难前行。2020年，针对新冠肺炎疫情的影响，电子商务在新冠肺炎疫情期间发挥了不可替代的作用，将继续成为经济发展的强大原动力。2020年上半年，中国实物商品网上零售额同比增长仍高达14.3%。当前正处于数字经济发展的黄金时代，在各种信息技术革命的驱动下，社会经济各个环节均产生深刻变革；电子商务作为数字经济的重要组成部分，以独有的优势助力中国外贸逆势发力，实现量的稳定增长和质的稳步提升。

（一）我国电子商务的发展特点

1. 拉动消费方面：跨境电商继续保持蓬勃发展态势

中国跨境电子商务继续保持蓬勃发展态势。通过海关跨境电商管理平台的进出口总额从 2015 年的 360.2 亿元增长到 2019 年的 1862.1 亿元，年均增速达 50.8%；2019 年跨境电商进出口总额为 1862.1 亿元，进出口增速为 38.3%，其中跨境电商零售进口总额呈逐年增长态势，年均增速为 27%，2019 年跨境电商零售进口总额为 918.1 亿元，同比增长 16.8%，近年来增速有所放缓。

2. 跨境电商方面：促进全面开放，拓展全球协作

进出口政策释放利好。国务院宣布监管过度期政策延长至 2018 年底，商务部等 14 部委联合推动跨境电子商务综合试验区"两平台、六体系"的建设经验向全国复制推广。国际合作方面，"丝路电商"稳步推进。2017 年我国与 7 个国家建立双边电子商务合作机制，推进十余个自贸协定电子商务议题谈判，积极参与亚太经合组织、上合组织、金砖国家、二十国集团、世贸组织等多边贸易机制和区域贸易安排框架下的电子商务议题磋商。2019 年，我国跨境电商零售出口总额呈逐年增长态势，从 2017 年的 336.5 亿元增长到 2019 年的 944 亿元，年均增速达 60.5%，2019 年出口总额同比增长 68.2%。

我国跨境电商零售进出口从规模来看，东部沿海地区处于领先地位。2019 年，中国跨境电商零售进出口总额排名前五的省市为：广东省、浙江省、河南省、上海市、天津市，其中广东省的总额远超过其他省市。从 59 个跨境电商综合试验区来看，2019 年跨境电商零售进出口总额排名前五的城市为：东莞市、广州市、深圳市、宁波市、郑州市。

3. 电商立法：推动深化改革，优化规制环境

《中华人民共和国电子商务法（草案）》通过全国人大二审。电子商务与物流快递协同发展取得新经验，试点城市在优化快递车辆管理制度、快递末端服务创新等方面取得突出成效。商务大数据建设取得重要进展，覆盖主要平台、主要领域的电子商务统计分析和运行监测体系初步形成。电子商务示范体系持续完善，商务部对 100 家电子商务示范基地开展综合评估，组织 238 家电子商务示范企业签署诚信经营承诺书。

4. 政府层面：助力乡村振兴，加快精准扶贫

商务部会同有关部门提出了一系列促进农村电商发展的政策措施。2014～2020 年，累计建设电子商务进农村综合示范县 756 个，其中，国家级贫困县 499 个，覆盖率达 60%。企业层面，阿里巴巴、京东、苏宁、一亩田、时行生鲜、乐村淘、云田等电子商务企业积极响应商务部号召，在解决部分地区鸡蛋、水果"销售难"上开展了大量工作，取得积极成效。20 多家电商企业开设了"扶贫频道"，贡献出宝贵的流量资源，帮扶贫困地区农产品销售。以京东为例，2020 年 10 月 17 日国家扶贫日，京东发布 2020 年扶贫报告。自 2016 年 1 月京东集团与国务院扶贫办签署《电商精准扶贫战略合作框架协议》以来，京东扶贫工作覆

盖产业扶贫、用工扶贫、创业扶贫、金融扶贫、健康扶贫、公益扶贫等诸多领域。截至 2020 年 9 月 30 日，京东已帮助全国贫困地区上线商品超 300 万种，实现扶贫销售额超 1000 亿元，直接带动超 100 万户建档立卡贫困户增收。打赢脱贫攻坚战、全面建成小康社会是全体人民的福祉，京东积极响应国家号召，几年来全面投入脱贫攻坚战，以实际行动践行了企业社会责任。

（二）我国电子商务的发展趋势

2020 年，中国电子商务仍将继续保持高速增长的态势，并将呈现以下四个方面的发展态势：一是大数据、人工智能、区块链等数字技术与电子商务加快融合，将构建更加丰富的交易场景。二是线上电子商务平台与线下传统产业、供应链配套资源加快融合，将构建更加协同的数字化生态。三是社交网络与电子商务运营加快融合，将构建更加稳定的用户关系。四是电子商务还将进一步促进内外贸市场融合，加快资源要素自由流动。

（三）我国电子商务发展的问题

2020 年，中国电子商务取得显著进展，但同时我们还应看到发展不平衡、不充分问题依然是制约电子商务高质量发展的主要因素。

一是发展不平衡问题值得关注。从区域看，东强西弱地区失衡。东部省市网络零售额在全国占比高达85.3%；中西部地区虽增速较快，但占比还较小。从城乡看，工强农弱品类失衡。农产品上行和工业品下行差距较大，农产品上行仍面临诸多困难和挑战。

二是发展不充分，企业生态责任履行问题亟待解决。政策法规环境有待改善。传统监管方式难以适应新业态新模式发展，制度改革和监管难度较大。公平竞争秩序和信息安全保护亟待加强。电子商务企业之间争夺数据、客户，很可能侵害到消费者权益、破坏公平竞争市场秩序；网络安全、个人信息保护面临很大挑战。

二、电子商务企业社会责任的界定

（一）电子商务企业社会责任研究综述

国内关于电子商务企业社会责任研究的文献非常少，已有文献主要集中在互联网企业对社会责任的表述上。互联网企业侧重于从事互联网行业的企业集合，而电子商务企业则强调运用互联网信息化平台从事网上贸易的企业。相关研究主要涉及互联网企业社会责任的内涵、构成要素以及社会责任对互联网企业的影响。其中阿里巴巴在《社会责任报告》中提出了互联网企业社会责任的分层，同时也做了电子商务企业社会责任的研究，认为互联网企业社会责任至少包含三个层次，分别为：社会公益层面、环境保护层面和普遍服务层面，强调电子商务企业对社会责任具有"放大效应"，这也是国内互联网企业率先涉及电子商务专题的社会责任方面的探索和研究。另外，腾讯在《社会责任报告》中将社会责任归纳为自主知识产权创新、推动互联网健康发展、创造社会价值、员工和用户关怀、社会公益事业五个重要领域。同时，又将互联网企业社会责任视作三个维度加以论证，分别为：用户维度、企业经营维度和社会维度。上述文献偏重于互联网企业的研究，而电子商务企业社会责任是构成互联网企业社会责任的一个子集。因此，上述文献对互联网企业社会责任的研究为把握电子商务企业的社会责任内涵提供了重要的参考。

自 20 世纪 20 年代企业社会责任概念被提出以来，关于其内容的研究随着社会实践的开展不断完善，被国内外学者普遍所认同的观点是 1979 年 Carroll 提出的企业社会责任金字塔观点，该观点将企业社会责任分级为经济责任、法律责任、伦理责任和企业自愿执行的责任。解砾（2011）分别从政府层面、企业层面和社会层面提出适合我国的电子商务企业社会责任的约束机制；田虹和姜雨峰（2014）基于利益相关者理论对网络媒体企业社会责任进行深入分析，构建了评价指标体系；余慧敏等（2015）运用实地调研、问卷调查及专家咨询等方法，从人力资源管理、信息资源管理、财务资源管理、商品服务管理、技术资源管理、制度规范管理及社会和环境管理七个方面构建了一套针对电子商务企业的企业社会责任评价体系。

（二）电子商务企业社会责任的内涵

通过对已有文献进行理论综述可知，电子商务企业社会责任的概念属于传统企业社会责任的子集，也属于互联网企业社会责任的子集，其主要内容有：

1. 经济责任方面：对消费者、员工、政府的经济权益保护责任

（1）对消费者的经济责任：电子商务是以网络为运行平台进行的商务活动，而网络的虚拟性和全球性使消费者的个人信息安全面临威胁；电商企业实施促销、广告策略，必须注意维护消费者的经济利益，杜绝价格忽上忽下、欺骗消费者；另外，自觉维护产品及服务的质量，是对消费者财产和人身安全的维护。

（2）对员工的经济责任：现代电商企业也必须保护员工的经济利益，保证

员工生命安全的同时按劳分配，按照公正公平原则根据社会同行业水平发放薪酬；同时，应建立健全合理的晋升机制、激励制度。

（3）对政府的经济责任：电商企业、C2C 平台的卖家，必须按照相关要求纳税，履行基本经济职责，维护市场的基本秩序。

2. 法律责任方面：对社会正常秩序、利益相关者基本权益的保护

（1）对社会的法律责任：自觉遵守社会及市场秩序，是企业保证自身顺利发展的根本；网上贸易的盛行促使个人开店形成热潮，而这其中混杂着违法乱纪的因素：假冒伪劣、窃取私人信息、逃税漏税、破坏环境及治安等都给社会及法律体系带来了威胁，企业只有将这些"红线"作为行商的底线，才能得到社会的尊重和保护。

（2）对利益相关者的法律责任：企业的利益相关者包括股东、供应商、消费者、员工、政府、环境等，而企业需要维护他们的合法权益。

3. 道德责任方面：对消费者、员工等利益相关者的伦理责任

（1）对消费者的伦理责任：消费者是决定企业生存及发展的根本利益相关者，企业应该在维护消费者经济责任的同时，不得泄露甚至出卖消费者的隐私信息。

（2）对员工的伦理责任：电商企业对公司自有或者外包的员工，都应该在保证员工生命安全的同时履行对员工的道德责任即争取为员工获得更好的工作环境和条件，为员工更能合理地平衡生活及工作而努力。

4. 环境责任方面：对自然和社会环境的保护责任

2016 年 3 月的北京，顺丰、EMS、百度外卖、京东等电商企业开始尝试使用零排放的电动物流车，至少有 200 多辆已经上路，这些物流车主要用于市内短距离、高频次的配送，如果大规模推广，将大大提升空气的质量。电商企业应致力于环保节能车辆的使用，同时努力支持研发可降解、可循环利用的包装材料，为环境保护奉献力量。

根据电子商务特点，在这些企业社会责任属性当中，道德责任是电子商务企业社会责任有别于一般企业社会责任更核心的价值体现。企业社会责任要求电子商务企业行为方式应合乎道德，这种"合乎道德"意味着企业应承担道德责任，做正确、正义和公平的事，以避免利益相关方的利益受到损害。研究电子商务企业利益相关方应当作为深入阐述电子商务企业社会责任的前提条件。电子商务利益相关方可以分为内部相关方和外部相关方。内部相关方包括企业行为涉及的整个内部角色，如企业员工、股东、债务人、债权人；外部相关方涉及企业经营交互对象，如政府组织、平台提供方、消费者、非政府组织、供应商、物流企业等。

三、我国电子商务企业社会责任的问题与对策

（一）存在的问题

1. 产品质量和服务水平问题突出，消费者权益受到损害

从利益相关者的视角来看，企业社会责任具体包括对员工的责任、对股东的责任、对商业伙伴（供应商、分销商、债权人）及竞争者的责任、对顾客的责任、对政府的责任、对社区的责任、对环境资源的责任及企业社会责任管理体系等方面。我国电子商务企业对消费者责任的缺失显得尤为突出，对消费者责任的缺失是我国电子商务企业社会责任的最大问题。我国电子商务企业普遍面临诚信危机，具体表现在产品质量不合格投诉高、虚假信息甚至是欺诈信息仍存在、个人隐私信息被泄露等方面。

2. 电子商务企业主动履行社会责任的积极性不高

目前来看，中国的很多电子商务企业主动履行社会责任的积极性不高。很多电子商务企业履行社会责任仅仅停留在法律层面，认为守法即履行了社会责任。一些电子商务企业较少考虑环境保护，将利润建立在破坏和污染环境的基础之上；缺乏提供公共产品的意识，对公益事业不管不问；一些企业惟利是图，自私自利，提供不合格的服务产品或虚假信息，与消费者争利或欺骗消费者，为富不仁；等等。虽然有些电子商务企业履行了一定的社会责任，但主要是迫于媒体的压力、政府的压力、公众社会监督的压力，或者出于提升品牌和公司的形象的考虑，甚至很多企业履行社会责任是为了沽名钓誉，拉动企业营销。

（二）问题的成因分析

当前我国电子商务企业社会责任的缺失原因是多样性的。总的来看，电子商务企业对社会责任的承担不足的原因主要包括经济、道德及制度三个因素。

1. 企业社会责任理论与实践在我国发展尚不成熟

从全球范围来看，积极承担社会责任已经成为企业发展的国际潮流。在很多西方国家，企业社会责任管理已经上升到企业发展战略性管理层面，政府以及一些非政府组织也对企业承担社会责任提供了相应的政策支持。而我国企业社会责任理论起步比较晚，由计划经济时代企业全揽政府责任到改革开放后企业逐步丢弃包袱、回归企业本质，企业社会责任的观念并没有形成完整的体系。而目前我

国国内企业建立社会责任机制或发表社会责任报告多流于形式，从战略角度对企业社会责任进行规划执行的企业很少。从宏观来看，企业社会责任理论与实践在我国发展尚不成熟，从而导致目前我国企业的社会责任履行的氛围不浓。

2. 政府监管不力，推动不足

我国电子商务企业承担社会责任大多依靠企业的道德自律来规范，企业社会责任立法严重滞后。我国至今没有一部专门的法律对电子商务企业的社会责任做出系统的规定，而仅仅是散见于《中华人民共和国劳动法》《中华人民共和国消费者权益保护法》《中华人民共和国产品质量法》《中华人民共和国环境保护法》等法律法规中，不可能全面体现企业社会责任的具体内容，这使得电子商务企业的社会责任缺乏系统的法律依据而没有办法监管。

早在20世纪90年代，美国国际社会责任组织就制定了社会责任SA8000认证，是第一个可用于第三方认证的社会责任国际标准。而在中国，目前企业履行社会责任分别由地方政府、环保部门、工商部门等多头分管，监督责任不具体、执行困难。此外，还有地方政府迫于GDP增长或地方财政压力，片面追求企业的利润和税收，对企业应承担的社会责任少有要求，甚至出现纵容等情况。很多电子商务企业大部分都是非支付型电子商务，即网上营销、网下支付，小部分属支付型电子商务，即网上营销、网上支付。因此，工商部门、税务部门等相关政府部门对电子商务企业的运作及社会责任的履行情况缺乏有效监督。

3. 电子商务企业责任意识淡薄，缺乏诚信

电子商务企业一般都是中小企业。中小电子商务企业的管理一般都是家族制管理。在创业之初，绝大多数电子商务企业的"老板"都非常强调"家"的观念，把企业看作是其发家致富的工具，对家之外的国家和社会却顾及较少，社会责任意识淡薄。而今很多电子商务企业的管理观念依然陈旧，没有意识到承担社会责任将给企业的成长和发展带来诸多收益，而仅把承担社会责任简单地认为是企业的一种成本支出。

企业经营管理者是推动中小企业承担社会责任的重要主导力量。调研数据显示，48.41%的企业经营管理者来自普通家族成员。其中，认为企业承担社会责任有利于企业提升竞争力的企业占所调查企业的比例还不到5%。可见许多企业经营者和管理人员对于社会责任的认识仅停留在"依法经营、依法纳税就是承担责任"，"企业公民"的意识淡薄。企业是社会的一个细胞，企业行为就是社会行为，企业应该像公民个人一样，成为对社会的发展负有社会责任与社会义务的公民。然而受传统小农思想的影响，目前电子商务企业的社会责任范围往往过于狭隘，只强调对企业所属地域和特定人群的责任。不仅如此，电子商务企业即使承担了社会责任，但是大多从自身需要出发，甚至有的带有很强的政治功利性，

而没有从整个社会和国家的广度与深度出发履行自己作为"企业公民"的义务。

目前电子商务企业及其网站缺乏诚信，其原因主要有两个方面：一是没有一套健全的经营法规对网上交易行为进行制约，使得不法经营者有漏洞可钻。在我国，目前市场法制建设还不健全，尤其是电子商务法律法规很不完善的情况下，缺乏明确的法律法规对电子商务进行规范，再加上受传统贸易制度的影响，国内企业的交易多限于面对面地进行，电子商务意识还比较淡薄，网上信用意识较差。二是部分经营者惟利是图的心态导致了网上交易缺乏诚信之风，导致了各种欺诈行为愈演愈烈。互联网为网站经营者提供了一个发展的机会，但由于一些经营者惟利是图的心态，再加上目前网上购物还没有健全的法律法规，网上交易诚信之风日下是可想而知的。

4. 电子商务企业生存环境艰难，经济承受能力相对不足

据有关部门统计，我国电子商务企业的平均寿命只有2.9年，能够生存3年以上的不足10%。履行社会责任对于许多中小电子商务企业而言，与其说是一种竞争理念不如说是一种经济负担。很多电子商务企业大多为中小型或微型企业，绝大多数都不是上市企业，并且都处于成长阶段。我国在相当长的时间里劳动力严重地供大于求，这就形成了我国在经济发展中的"强资本"和"弱劳动"的现象，即一方面，求职的普通工人没有什么学历，顾虑到求职难被迫接受企业提供的不平等的待遇；另一方面，企业因求职者过多，不担心招收不到员工，于是降低员工待遇，用低廉的价格、恶劣的条件招收工人，这就难以谈及员工保障了。目前很多中小电子商务企业的生存状况欠佳，尤其是融资难一直没有得到解决，考虑到企业的经营压力，不得不相对忽略一部分企业社会责任。

5. 电子商务企业的员工及消费者法律意识欠缺，维权意识淡薄

企业员工和消费者缺乏法律知识，维权意识不足。据了解，尽管信访部门要花费70%的口舌向他们介绍法律知识和法律程序，但仍收效甚微。此外，还有许多企业员工文化层次较低，认为打工的目的就是赚钱，不管怎么辛苦，他们大多数都愿意多加班、多赚钱，不懂维权。

目前我国处在经济转型期，市场还很不成熟。社会信用体系还很不健全，交易行为缺少必要的自律和严厉的社会监督。很多消费者在网上购物的过程中权益受到损害，但由于维权意识不够，或不懂得如何维权，或怕麻烦不愿意维权，或维权成本太高等原因，导致电子商务企业侵犯了消费者权益而没有受到应有的惩罚，从而导致电子商务企业社会责任缺失的现象越来越多，越来越严重。

6. 非政府组织影响力不足，道德监督力量有限

从西方发达国家的经验来看，行业协会在促进企业履行社会责任方面发挥了重要作用。要从根本上解决电子商务企业社会责任问题，企业、政府和社会必须

有机结合，特别是社会中的非政府组织在电子商务企业承担社会责任方面起着巨大的推动作用。然而我国的非政府组织的正常发展还不尽如人意，非政府组织的正常发展受到各种各样的限制，如合法性许可、资源动员渠道、运作方式、价值认同等方面都存在着很多问题。我国行业协会、NGO 组织等第三方组织发展缓慢，仅占 17% 的比例，影响力不大。对于推动电子商务企业承担责任方面显得力不从心。因此，企业追逐利润最大化的天性容易造成逃避社会责任的不良之风。"有什么样的世界观，就有什么样的方法论"，正是部分企业家的道德意识的淡薄导致了实践行为的疏忽，从而导致了种种问题。行会组织在此过程中没有起到带头的作用，致使电子商务企业总是处于被动地位，贻误了电子商务企业长远的发展机遇。

（三）对策建议

1. 政府层面推动电子商务企业社会责任的履行力度

在我国经济转型过程中，政府在经济发展方面发挥着重要作用。在目前缺乏推进电子商务企业社会责任的社会基础和各种社会力量的情况下，政府的引导和推进作用就显得尤为重要。在某种意义上，政府通过完善法律法规促进行业健康发展，是保障企业履行社会责任最重要的推动力量，比如，2018 年，《中华人民共和国电子商务法（草案）》通过全国人大二审。电子商务与物流快递协同发展取得新经验，试点城市在优化快递车辆管理制度、快递末端服务创新等方面取得突出成效。商务大数据建设取得重要进展，覆盖主要平台、主要领域的电子商务统计分析和运行监测体系初步形成。电子商务示范体系持续完善，商务部对 100 家电子商务示范基地开展综合评估，组织 238 家电子商务示范企业签署诚信经营承诺书。这些举措都会从政府层面提升电子商务企业社会责任的履行。

2. 企业层面提高电子商务企业履行社会责任的认知、水平与能力

（1）树立正确的企业责任理念，培育优良企业文化。

由于受众的广泛性，电子商务企业与社会有一个共荣的关系，所以，电子商务企业必须重视其社会责任。企业管理者对外部环境的变化能否及时地做出反应取决于他对外部环境的观察和认知。企业经营者和管理者应该正确处理好企业盈利与企业履行社会责任的关系，不能仅仅将企业社会责任视为企业的负担，应该把企业履行社会责任看作企业长期发展的需要，是提高企业竞争力的需要，认识到企业履行社会责任在企业生存环境、企业人力资源、企业形象和企业文化方面的重要作用。

（2）实施全面社会责任管理程序。

全面社会责任管理的实施程序应做好三个主要环节：制定企业社会责任活动

的愿景；将社会责任与公司战略、人力资源和管理系统相整合，形成行动；建立评价系统进一步改善和提高社会责任管理水平。

（3）提高企业履行社会责任的能力。

对于企业来说，要想具备较强的企业社会责任能力，最主要的就是促进企业成长与发展，提升企业的核心竞争力和自主创新能力。

核心竞争力是企业获取持久竞争优势的重要途径，是企业谋求持续成长或长久生存的法宝。提升企业核心竞争力的措施主要包括以下三个方面：第一，培育一支高水平的人才队伍。市场竞争的核心在于人才，谁拥有一支高素质的人才队伍，谁就能在激烈的市场竞争中占据一席之地。虽然核心能力并不存在于单个人中，但核心能力的形成归根结底是知识、技能的学习与积累，而人才是这些智力资源的载体，因此，企业核心竞争力对人才有高度的依赖性。第二，以信息化提升企业管理水平。在信息化时代，企业的开发、生产、经营、销售等环节都离不开信息技术的有力支持。所以，电子商务企业要尽快完成信息管理电子化、数字化和网络化。第三，提升品牌运营能力。在企业发展的过程中，品牌的作用正受到越来越多的重视，品牌的作用日益增强。电子商务企业应该根据企业发展每个时期的不同特点，来选择相应的品牌策略，不断提升自身的品牌价值。

企业要发展，必须走自主创新之路，通过管理创新、制度创新、技术创新激励员工，提高企业的经营管理水平。企业自主创新，既是企业生存与发展的重要条件，也是社会发展的必然要求。企业要想履行好社会责任，必须具备履行社会责任的实力，而增强这一实力的主要途径就是不断增强企业自主创新能力。

3. 社会层面的企业社会责任推进措施

（1）通过宣传教育提高消费者监督电子商务企业社会责任的意识。

消费者与企业是生产消费关系的两大主体，协调好这两类主体的关系需要有相关的法律法规来约束。有关消费者权益保护的法律法规有《中华人民共和国消费者权益保护法》《中华人民共和国产品质量法》《中华人民共和国反不正当竞争法》《中华人民共和国广告法》《中华人民共和国专利法》《中华人民共和国商品法》《中华人民共和国反垄断法》等。《中华人民共和国消费者权益保护法》的根本宗旨是保护消费者权益。尽管国家出台了一系列消费者权益保护的相关法律，但目前中国消费者维护自身权利的总体状况不容乐观。实现消费者权益的保障体系仍需进一步改进和完善，这就需要社会各方面力量形成一个合力机制，相互配合。

（2）通过非政府组织为企业社会责任履行提供便利。

行业协会、非政府组织在电子商务企业社会责任履行过程中同样扮演着相当重要的角色。他们通过各种形式，提高企业履行社会责任的意愿和能力。2005

年 4 月 18 日，我国第一部电子商务行业规范《网络交易平台服务规范》由中国电子商务商业协会发布，这部规范性文件明确指出电子商务企业在交易过程中应承担的责任和义务，对推进电子商务企业承担社会责任有较大的指导性作用。企业社会责任的多元性和渐进性决定了硬性的社会责任体制企业做不到，也做不好。企业社会责任的建设需要遵循社会发展规律和企业发展规律，应该应用灵活、循序渐进的软性推进机制。

（3）发挥新闻媒体的监督和宣传作用。

舆论的引导与监督对电子商务企业树立高度的社会责任意识和积极履行社会责任有很重要的影响作用。它既可以宣传有高度社会责任心的企业的良好形象，起到广告宣传所起不到的效果，以便树立榜样，引导消费；又可以鞭策缺乏社会责任的企业对社会负责，对消费者负责，对环境负责。鼓励电子商务企业服从宏观调控，增强环保意识，生产高质量产品，遵纪守法，文明经商，维护稳定的市场经济秩序，共同营造良好的经营环境和人类生存环境。

新闻媒体以监督组织身份存在，为推进企业社会责任提供重要力量，电子商务企业出现缺失社会责任的事件都会给予曝光，而积极履行企业社会责任也会得到宣传和褒奖。

新闻媒体通过报道、评论、调查等方式，能够极大推动企业和公众关注社会责任的履行。广播、电视、报纸、杂志、互联网等媒体，不但可以选择对一品牌做正面或负面报道，而且可以决定报道范围的大小和报道的深度，进而影响到顾客、投资人等其他相关利益人的行为。通过新闻媒体对事件的报道和评论，引起社会公众的关注和共鸣并督促政府部门和行业组织对不履行社会责任的企业加以处理。政府部门及行业组织通过媒体也可以更多地了解社会公众的呼声，从而加强行政执法部门的使命感和责任心。

四、案例分析——阿里巴巴社会责任履行分析

（一）阿里巴巴集团简介

阿里巴巴集团由以曾担任英语教师的马云为首的 18 人，于 1999 年在中国杭州创立。从一开始，所有创始人就深信互联网能够创造公平的竞争环境，让小企业通过创新与科技扩展业务，并在参与国内或全球市场竞争时处于更有利的位置。自推出让中国的小型出口商、制造商及创业者接触全球买家的首个网站以

来，阿里巴巴集团不断成长，成为网上及移动商务的全球领导者。

阿里巴巴集团经营多元化的互联网业务，包括促进 B2B 国际和中国国内贸易的网上交易市场、网上零售和支付平台、网上购物搜索引擎，以及分布式的云计算服务，致力为全球所有人创造便捷的网上交易渠道。集团旗下公司较多，主要有阿里巴巴 B2B、淘宝、天猫、支付宝、阿里软件、阿里妈妈、阿里云、蚂蚁金服、菜鸟物流、阿里研究院，以及以科技创新、人工智能研发为主的达摩院，主营业务涉及电商批发平台和零售平台，以及云计算、数字媒体和娱乐以及创新项目和其他业务。

目前，阿里巴巴集团为自己定下服务全球 1000 万盈利企业和 20 亿消费者的长期战略目标，确定了全球化、乡村、大数据云计算三大战略，并以此形成电商、金融、物流、云计算、全球化、物联网和消费者媒体七大核心业务板块。同时，还在影业、健康、体育、音乐、本地生活等方面进行布局。

（二）阿里巴巴的社会责任是其核心竞争力

阿里巴巴一直坚持和践行企业社会责任，并坚信社会责任是阿里巴巴商业模式的重要组成部分，社会责任是阿里巴巴的核心竞争力。自公司 1999 年创建至今，阿里巴巴一直大力支持及参与符合他们价值观和使命的公益和社会责任项目，并致力于建立一个包容的技术驱动的数字经济体，以科技最大化助力公益事业。董事会主席兼首席执行官张勇在报告中写道："从一个创业公司逐渐成长为一个数字商业的新经济体，阿里巴巴为社会担当的初心从未改变，这家企业始终保持温度，将自身发展融入社会发展，不断地通过技术和创新，解决社会问题、推动社会进步。"

报告中，张勇对股东的致信中写道：阿里巴巴肩负着中国企业走向世界、为人类可持续发展做贡献的世界担当。过去的这一年（2020 年），我们迎来了阿里巴巴 20 周年。阿里巴巴的 20 年，得益于中国互联网和数字经济的高速演进，得益于社会经济的蓬勃发展。阿里巴巴和社会的发展同频共振，同呼吸共命运。20 年来，阿里巴巴也一直在为数字经济时代的到来做准备。到今天，我们已经形成覆盖商业、金融、物流、云计算大数据等的数字经济体，也因为这样的大发展，带来了覆盖全球消费者、数千万商家、服务商和合作伙伴的立体生态。一路以来，我们不仅在互联网中构建起全新的商业世界，也在努力帮助实体经济的各个产业全面拥抱数字化，实现两者的融合创新。我们作为全球电子商务的"水电煤"，正成为各行各业走向数字化的基础设施。疫情让我们对"基础设施"这几个字，有了更真实而深刻的理解。疫情中，阿里巴巴充分利用我们的商业、金融、物流、云计算等数字化基础设施，参与到全球抗击疫情、保障民生、恢复经济的行动中。阿里巴巴过去 20 年的成长，感恩于这个社会、感恩于这个时代。而感恩的最好方式，就是能够为解决社会的共同问题，推动时代发展做出我们的贡献。疫情带来的挑战为我们提供了全面回报社会的机会，这是我们应有的责任和担当。尽管受到疫情挑战，在刚刚结束的财政年度中，阿里巴巴依然完成了五年前既定的战略目标，实现了本财年 1 万亿美元的交易总额。相对于如今超 6 万亿美元的中国社会商品零售总额，1 万亿美元是个重要的里程碑。我们的下一个目标，是服务中国 10 亿消费者，在阿里平台上实现人民币 10 万亿元的消费规模，并基于此全面走向全球化，我们希望在未来 5 年内尽早完成这一目标。在更长时间内，我们希望到 2036 年，能够服务全球 20 亿消费者，创造 1 亿就业机会，帮助超过 1000 万中小企业盈利。面向未来实现这些战略目标，我们将继续坚持"全球化、内需、云计算大数据"三大战略——全球化是我们的长期之战，内需是我们的基石之战，云计算大数据是我们的未来之战。阿里巴巴过去的 20 年，也是不断自我创新的 20 年，不断诞生新物种的 20 年。无论是淘宝、支付宝、菜鸟、阿里云，还是今年破土而出的钉钉、盒马、淘宝直播，每个新物种的诞生，都为消费者的美好生活、商业的进步、社会的发展带来了新的推动，都不同程度重新定义了生活和生产经营方式。从数字商业，到数字金融、物流、云计算等各个基础设施的形成，也为整个社会基于这些基础设施孕育更多新物种新创新提供了可能。阿里巴巴的 20 年，也是竞争中求变的 20 年，竞争让我们变得更好，竞争让我们更有创造力，竞争让我们成为造风者。在日新月异的数字化浪潮中，只有那些真正从零到一、从无到有、持续为客户创造价值的创新，才经得起历史的考验。阿里巴巴的独到之处在于，我们始终坚持自我，始终坚信客户价值是一切创新的原点。阿里巴巴的 20 年，就是自身不断孕育新物种，不断帮助客户、合作伙伴孕育新物种的 20 年。我们将一如既往建设好面向数字经济时代的基础设施，为未来孵化，让阿里的创新为社会带来更多美好。阿里巴巴的终极目标，就是为社会创造价值，更好地解决社会问题，变阿里巴巴的能力为中小企业发展的能力，为整个社会进步的动力。我们希望社会因阿里而多一分美好。我们也坚信，社会好了，经济好了，生活好了，阿里才会更好！

（三）阿里巴巴社会责任模型体系

"让天下没有难做的生意""成就别人才能成就自己"既是阿里的使命，也是阿里一切产品和创新的灵感来源。

阿里巴巴始终将开放、透明、分享、责任的互联网精神体现在日常工作和经营中。通过互联网文化促进自身发展和进步，更致力于在整个生态系统中传播互联网文化，以促进所有参与者发展和进步。在阿里巴巴的商业生态系统中，消费者、商家、供应商和其他人士在内的所有参与者都享有成长或获益的机会;尊崇企业家精神和创新精神,并且始终如一地关注和满足利益相关方的需求,从而实现业务成功和快速增长。

阿里的社会责任模型体系如图8-1所示。

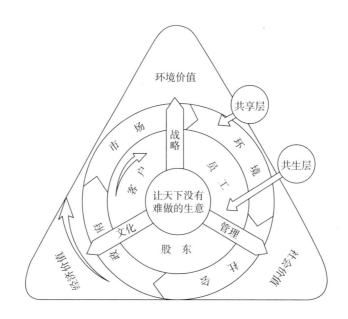

图8-1 阿里社会责任模型体系

模型核心——让天下没有难做的生意。"让天下没有难做的生意"既是阿里巴巴的使命,也是阿里巴巴建立社会责任体系的根本。

模型骨架——文化、战略和管理。在阿里巴巴,文化与管理是高度融合、相互支撑的。两者作为阿里巴巴战略实施的根基,与三大战略一同构成阿里巴巴社会责任体系的强大支撑。文化、管理和战略只有与社会责任高度融合,才能为阿里巴巴社会责任实践提供全面保障。

模型层次——共生层和共享层。基于利益相关方与阿里巴巴的关系,客户、员工和股东构成的共生层,市场、社会、政府和环境构成的共享层,共同组成阿里巴巴的社会责任生态圈。阿里巴巴与利益相关方之间是相互依赖、相互影响的,阿里巴巴要实现健康发展需要利益相关方支持,并为利益相关方创造价值。

模型灵魂——动态运作。阿里巴巴履行经济、社会、环境三大责任,创造经济、社会和环境三重价值,分属三重价值的议题分别归于各个利益相关方(见表8-1)。其中,模型的三角结构包含三重价值的不同议题,共生层和共享层转动分别对应三种价值下的相应议题。

表 8 - 1　阿里巴巴利益相关方的社会责任

利益相关方	经济价值	社会价值	环境价值	利益相关方期望	阿里巴巴的回应方式
客户	普惠产品和服务 科技创新 诚信与安全保障	基本权益保护 客户满意 隐私保护	绿色选择 绿色交易	完善的平台服务 经营能力提升 公开安全的交易环境 便利的购物平台	客户服务体系建设 平台工具支持 资源共享 提供电子商务培训 建立阿里安全体系 建设诚信体系 建设用户体验团队
员工	竞争性薪酬 多元化福利 职业发展	平等雇佣 基本权益保护 员工关爱	健康的办公环境 绿色办公	基本权益保障 民主管理 良好的办公环境 良好的工作氛围	遵守相关法律法规 圆桌会议 阿里味儿 OPEN DAY OPEN 信箱等沟通平台 办公环境改造 推进企业文化在公司内部的传播和融入
股东	经济回报	中小股东权益保护 信息公开	绿色投资	了解公司经营现状 基本权益保护	股东大会 定期报告和公司报告 加强风险监控、防范和应对
市场	供应链成长 推动行业成长 推动经济发展	责任采购 培养行业人才 打造行业平台	绿色供应链 绿色物流 绿色倡议 环保交流	公平竞争 能力提升 成熟的商业生态圈 引领电子商务发展 更多专业的电子商务人才	供应商大会 招投标大会 绩效回顾 诚信约定函 主办行业研讨会 参与行业发展研究 推动诚信网规体系建设 淘宝大学线上线下课程
政府	足额纳税 推动经济转型升级 公平竞争	守法合规 电子政务 司法拍卖	助力环保工作 智慧交通减排	守法合规 拉动经济发展和转型 促进社会就业 共建电子政务	严格遵守各项法律规范 促进农村电商发展 合作特色中国项目 积极响应政府各项政策

利益相关方	经济价值	社会价值	环境价值	利益相关方期望	阿里巴巴的回应方式
社会	促进社会就业	平台公益 员工公益	环保公益	促进就业 促进社会发展 扶贫救灾	提供创业平台 为残疾人赋能 支持公益组织发展 提供公益平台 参与公益活动
环境	减少资源、能源消耗	环保意识唤醒	绿色建筑 绿色办公 节能减排	减少环境污染 保护动物多样性 减少能源消耗 改善环境	绿色办公 绿色计算 项目开发环境影响报告 使用新能源 环保公益

（四）阿里巴巴社会责任履行现状

1. 经济责任

2020财年报告显示，阿里巴巴各项业务快速发展，经济体效应开始显现，全年实现了本财年1万亿美元的交易总额。而让经济发展更加普惠和可持续，是阿里巴巴作为经济体建设者和参与者的责任。阿里巴巴是一家数据公司，他们始终坚信，数据是未来新经济的能源，也是阿里生态的核心资源，阿里将不断挖掘大数据力量，以互联网技术和思维驱动各个行业的重构，推动效率提升，创造化学反应，以商业方式帮助社会，让人们过上更好的生活，是阿里巴巴承担社会责任的最佳方式。

阿里巴巴数字经济体及其生态上的服务提供商，为社会创造了大量的就业机会，也是其经济责任的体现。除为商家提供直接的商业和就业机会外，阿里的数字经济体还在物流、营销、咨询、运营外包、培训、服务、在线及移动商业等领域为各类服务提供商创造新的就业机会。根据中国人民大学2019年公布的一篇报告，阿里巴巴仅通过中国零售市场就在中国直接和间接创造了约4000万个就业机会。同时，阿里巴巴业务的全球化拓展也帮助世界各地的商家经营网上业务，从而创造了就业机会。借助数字技术的力量，阿里巴巴在诸多领域创造平等的商业机会，推动建设更加包容的普惠经济，促进个人及中小企业的发展和成功。数字经济促进了就业场景的丰富和多元化，女性从中可以获得更加普惠的就业机会。

在支持脱贫攻坚及乡村振兴方面，阿里巴巴利用数字经济体和技术优势，充分发挥了经济社会责任。阿里巴巴致力于服务国家脱贫攻坚战，除利用自身资源之外，阿里巴巴亦利用其平台效应将影响最大化，并输出平台技术力量使上述举措更加高效。在2017年12月，阿里成立了阿里巴巴脱贫基金，专注于教育、乡村商业发展、女性平等、医疗和环境可持续发展等领域。阿里巴巴希望通过利用其数字经济体的力量来发掘可持续的、可复制的方式与贫困地区进行合作发展，以打破贫穷循环。为了发展乡村商业，阿里巴巴向国家级贫困县的网点派驻了11名员工——"脱贫大使"，在一段时间内为当地农民建立商业能力。为了通过提高医疗条件，减少代际贫困，截至2019年12月31日，过去的12个月，阿里巴巴向70多个贫困县超过400万人次提供了大病医保。此外，为了支持女性发展，阿里巴巴在国家级贫困县为保障女性的教育、怀孕及疾病制定了全面的保险计划。

2. 社会责任

（1）疫情危机，勇担社会责任。

1）阿里巴巴数字经济体全力以赴抗击新冠肺炎疫情。

在危机时刻，阿里巴巴深感责任迎难而上，调动数字经济体的商业能力和技术能力，积极帮助中国及全球的公共组织、企业及个人渡过难关。截至2020年3月31日，阿里巴巴累计投入超过33亿元资金及其他资源支持中国及全球抗击疫情，其中超过20亿元用于医疗物资采购和运输、疫苗研发等。同时，整合阿里巴巴数字经济体的力量，全力经济恢复和发展，与中小企业并肩作战，在困难时期为其提供所需支持。疫情期间，集团有约1万名员工参与抗疫相关工作，其中40%是工程师，他们用技术助力疫情防控和复工复产。

2）多业务共同协作，采购、捐赠并运输医疗物资。

自2020年1月以来，经过阿里巴巴集团多个事业部的员工共同努力，在全球范围内采购医疗物资并运送到包括中国及全球一线医护人员在内的有需要的人士手中。截至2020年6月30日，阿里巴巴公益基金会、马云公益基金会和蔡崇信公益基金会已携手向中国和全球150多个国家和地区捐赠了超过2亿件医疗物资，涵盖了除南极洲以外的所有大洲。菜鸟网络承担起了向中国及全世界运送医疗物资的主力军任务。菜鸟网络及其海内外物流合作伙伴在武汉封城后不久即联手开通了免费向中国运输医疗物资的通道。截至2020年3月31日，阿里巴巴和合作伙伴已向湖北及中国其他省份的200家医院和机构运送了医疗物资。此外，为缓解受影响地区的医疗物资短缺问题，菜鸟网络还安排了包机从中国将医疗物资运往其他国家。

3）用先进科技抗击新冠肺炎疫情。

为帮助有关方面借助阿里巴巴的技术抗击新冠肺炎疫情，阿里巴巴发起了全球新冠肺炎实战共享平台，利用在线平台分享知识并提供技术支持，利用阿里巴巴的技术力量帮助全球的不同利益相关方。具体来说，主要体现在以下两个方面：第一，阿里相信减缓疫情的传播至关重要。阿里云向公共研究机构免费提供算力以加快药品和疫苗的研发。此外，阿里云还提供由达摩院研发的基于云端的AI 技术应用，用于提高新冠肺炎检测准确性和检查效率的 CT 影像分析解决方案，预测特定区域疫情规模、高峰期和持续时间的疫情预测解决方案模型，以及提高新冠肺炎诊断速度的基因组测序解决方案等。阿里巴巴与合作伙伴、医院及全球研究结构合作定制开发这些应用，帮助其抗击此次全球疫情。第二，阿里巴巴相信，与全球一线医护人员交流中国抗击新冠肺炎疫情的经验至关重要。截至2020 年 6 月 30 日，阿里巴巴基于与中国数家医院的合作，发布了 9 本设有多个语言版本的关于新冠肺炎防治和应急医院建设等主题的手册。此外，阿里巴巴认识到科技能够助力学校在疫情停课期间为学生提供教育。钉钉帮助学生在新冠肺炎疫情暴发期间继续接受教育，并得到了联合国教科文组织的认可。在中国于2020 年 1 月推迟新学期开学不久之后，钉钉发起了"在家上课计划"，为学校提供直播、在线测试和打分功能等免费的数字化工具。因此，钉钉在教育行业得到了大力推广。在 2020 年 3 月，钉钉平均每个工作日进行了超过 100 万堂课堂授课。

　　4）支持疫情严重地区的居民及受新冠肺炎影响的企业。

　　为支持湖北武汉的社区居民，盒马、零售通和饿了么在武汉封城期间持续运营。阿里巴巴的各项业务竭尽全力确保公众在家隔离的近两个月期间享有充足的生鲜食品和生活必需品。阿里巴巴相信，在这个艰难时刻关注客户需求和问题极为重要。自 2020 年 2 月以来，阿里巴巴与蚂蚁集团实施了一系列全面的财务和业务支持措施，包括提供无息流动资金贷款以及对所有天猫商家免去 2020 年部分平台服务费，以帮助客户和合作伙伴克服近期面临的挑战。2020 年 4 月，阿里巴巴启动"春雷计划 2020"，通过速卖通、Lazada、天猫淘宝海外等平台，助力中小外贸企业出海，打造数字化产业集群，加速中国农业领域的数字化转型，并通过与蚂蚁集团及其伙伴合作持续帮助中小企业摆脱资金困境。

　　（2）技术创新推动社会发展的社会责任。

　　阿里巴巴是一家数据与技术公司，致力于以技术创新服务社会和带动社会发展。2018 年阿里巴巴成立了"达摩院""罗汉堂"，汇聚全球顶尖科技人才为国家科技创新储备基础能力。当前，阿里巴巴拥有 2 万多名工程师，2/3 的员工为科技研发人员。阿里巴巴在云计算、大数据、人工智能等前沿科技上的不断探索，不仅为阿里巴巴电商业务带来了更大的成功，同时还驱动阿里巴巴从早期的电商企业走向世界级科技先驱。在人工智能领域，阿里巴巴推出了首个广泛应用于社会的人工智能服务 ET、能够个性化匹配商品的电商大脑、服务用户购物的智能私人助理阿里小蜜、高德地图 AI 引擎等；在云计算领域，阿里云自主研发了服务全球的超大规模通用计算操作系统——飞天系统，服务了全球超过 70 万企业客户；在物联网领域，阿里推出的 YunOS 已成为国内第三大操作系统，在智能手机、电视、汽车、IOT 物联网领域得到了广泛使用。

（3）公益与社区服务，普惠型社会责任。

阿里巴巴一直积极参与并鼓励员工积极参与社区服务。"'公益心态，商业手法'是阿里对家、国和世界践行社会责任的最好方式。"张勇说，"正是在这种价值理念的驱动下，我们用'团圆''魔豆妈妈'等互联网公益产品帮助儿童、女性、老人、贫困人群等各类需要帮助的群体。"自 2010 年以来，阿里设立专项资金，用于鼓励环境保护意识及其他企业责任项目。此外，2015 年 9 月开始，阿里倡议员工每年至少参加 3 个小时社区服务。在 2020 财年，阿里巴巴合伙人平均参加了 44 个小时社区服务。另外，阿里的员工利用业余时间建立了"团圆"平台，通过阿里及合作伙伴运营的移动 APP，在全国范围内帮助寻找失踪儿童。从 2016 年 5 月上线运营至 2020 年 5 月 15 日，"团圆"平台帮助执法机构解决了通过平台公告的 98.2% 的儿童失踪案件，成功找回了超过 4300 名儿童。多年以来，阿里巴巴合伙人已经发起支持多种社会需求的五家公益基金会。例如，由阿里合伙人中的 12 位女性合伙人成立的"湖畔魔豆"公益基金会是一家帮助中国贫困地区的母亲为儿童提供系统养育方法的公益基金会，并为这些儿童提供平等发展的机会。在 2019 年，该公益基金会在宁陕县为 3 岁以下儿童的家长成立了 23 所育儿教育中心及服务站。阿里巴巴在陕西省内的另一个贫困县成功复制了该模式。

3. 生态责任

（1）自然生态责任。

环境的可持续发展也是阿里巴巴经济体的一部分。在致力于环境的可持续发展方面，阿里巴巴致力于公众对环境问题的认知及环境友好意识。2011 年，阿里巴巴建立了阿里巴巴公益基金会，重点支持中国的环境保护工作。阿里巴巴公益基金会在环境治理和自然环境教育项目上提供资金技术支援，包括资助保护中国饮水水源地，推动环保行业发展等。

阿里巴巴还与企业协作，共同推进制造、零售、物流、云计算等产业实现商业模式的绿色转型。其中，阿里云的技术不仅帮助企业客户减少购置硬件设备，也提升了环境的可持续性。例如，数据中心采用创新的湖水制冷系统降低能源消耗。另外，菜鸟网络积极向快递公司合作伙伴及阿里的数字经济体推广"绿色"措施，主要包括"绿色包裹"和"绿色配送"。其中"绿色包裹"是指推广全生物降解快递包装袋和可循环使用包裹、原箱发货以及通过装箱算法优化包裹尺寸及包材等。这些措施有效减少了包装材料数量。菜鸟网络不仅通过新能源车，还通过社区物流解决方案以及成熟的物流网络来推广"绿色配送"。这些举措显著缩短了包裹配送距离，从而降低了物流行业的碳排放量。

（2）商业生态责任。

当下，阿里经济体拥有5亿多消费者、上千万商家和数十万家服务商，让他们在一个普惠、可持续的商业生态中发展并取得成功，是阿里巴巴努力的目标。

阿里巴巴善用数字经济体的力量拓展公益行动的触达，并鼓励商家、消费者和数字经济体内的其他参与者参加社区服务。例如，阿里巴巴举办了"95公益周"，倡导公众公益行动，以响应联合国每年9月5日的国际公益日。公益组织可以通过在阿里平台上设立店铺，募集公益金，招募和管理志愿者。中国零售市场及天猫国际上的商家可以将其一定比例的平台销售收入捐赠给公益机构。消费者可以通过购买公益产品、参加慈善拍卖或直接捐赠等方式，为公益事业做出贡献。通过阿里巴巴中国零售市场，在2020财年，超过250万的商家和超过4.8亿的用户参与了对境内外慈善项目的资助，为慈善公益组织筹集资金约人民币6.10亿元，超过600万的弱势群体受益。

"公益心态，商业手法"的理念让越来越多的员工发挥所长，以"创业"的方式发起公益项目，实现自我，改变社会。几年来，阿里内部的公益创业出现了一次集中性增长，大量的项目开始涌现，并成为一种常态。公益和业务的深度融合，意味着阿里巴巴将社会责任内生于自身商业模式，从企业社会责任（CSR）走向了企业社会创新（CSI）。

综上所述，阿里巴巴集团是电子商务企业社会责任履行的典范。从利益相关者的角度，就经济责任、社会责任、环境责任方面一直践行社会责任。相信阿里将继续基于自身优势以及互联网技术和大数据云计算技术的应用，通过创新的方式为经济体的参与者服务，不断完善商业基础设施，创造普惠的经济生态，解决更多的社会和环境问题。新经济体的健康和繁荣需要各个参与者的共同努力，阿里巴巴在这其中要做的不仅是建设者和参与者，也致力于成为带动者，发挥自身广泛的影响力带动利益相关方参与新经济体的建设和完善，推动经济体的普惠性和可持续性，让未来生活变得更加健康和快乐。

五、电子商务企业社会责任与企业声誉的关系

我国电子商务企业在政府层面、行业自律以及公众监督下，社会责任的履行

已经大为改善。著名的阿里巴巴集团、京东网、苏宁易购等都十分注重企业社会责任的履行，从企业的内部管理制度、到平台的准入门槛制度、到平台的诚信评价体系、到公布社会责任履行报告、到社会公众服务和慈善事业，都体现了他们的社会责任。正如前文的研究所述，积极履行社会责任的企业其企业声誉也会正向提高，声誉提高也会促进企业绩效的提高，而企业绩效的提高也会反过来影响企业声誉的提高。阿里巴巴、京东、小米科技都是典型例子，这说明传统的企业生态责任的履行与企业声誉的关系研究基本也适合互联网企业社会责任的履行与企业声誉的关系研究，只不过互联网企业的社会责任更多体现在经济责任、公益责任上。

相反，如果电商企业不履行社会责任，必然会给利益相关者带来巨大损失，最终损害自己的企业声誉，企业绩效也会一落千丈。没落的凡客诚品、聚美优品、当当网等电子商务公司的前车之鉴告诉我们，电商企业在不断促进自身发展的过程中，要切实维护利益相关者的合法权益，要从经济责任、社会责任、道德责任层面，深入履行社会责任才能确保企业自身的可持续性发展，进而回报社会、市场、政府、环境，实现宏观可持续性发展。全局的可持续性发展又会拉动微观企业的可持续性发展，形成良性的社会发展机制。

在刘晓晴对《互联网企业履行社会责任与财务绩效的关系》研究中，通过提取 53 家互联网企业（其中包含众多电子商务企业）2010～2016 年的数据，对其相关社会责任的履行情况和企业财务绩效的关系进行的研究也得到了和本书一致的研究结论，即：

第一，由于互联网企业的独特性，区别于传统的能源企业那样直接造成物质上或者物理上的污染，但是由于互联网企业是现代社会最主要的传播、传媒途径，其积极地履行社会责任更为重要，由于互联网企业自身具有的传媒效应，非常容易导致网络舆论危机的蔓延，其传播速度之快、范围之广的特点使得互联网企业造成的影响难以估计，并且由于互联网行业是现代社会的主要信息传播途径，这也使得互联网行业履行社会责任的情况会迅速反映在其财务绩效上。如果能够积极地履行社会责任，那么企业的形象就会得到很大程度的提高，从这个角度分析，企业虽然投入了部分资金，但是对宣传企业品牌具有很好的效果，会增加利益相关者对企业的信任感以及忠诚度，提升企业的竞争力以及盈利能力，最终使企业不断发展壮大。所以对于互联网企业来说，履行社会责任对财务绩效产生正向影响，且与前期社会责任相比，当期社会责任对当期财务绩效的影响更大。

第二，由于企业的经营发展需要一定的时间积累，并且企业的经营目的是以盈利为主，企业做出并且投资于相应的社会责任也需要一定的决策过程，所以企业的财务绩效对其履行社会责任情况的影响具有一定的滞后性。因此，对于互联网企业来说，互联网企业财务绩效对其履行社会责任产生正向影响，且与当期财务绩效相比，前期财务绩效对当期社会责任的正向影响效应更大。

第三，互联网企业履行社会责任与财务绩效之间是相互影响，相互促进的关系。企业更好地履行社会责任可以促进其企业发展，提升其社会认可度，赢得利益相关者的更多信赖，从而提升其财务绩效。而企业的财务绩效也会影响到企业履行社会责任的能力和态度。并且，企业履行社会责任对财务绩效的正面影响比企业财务绩效对其履行社会责任的正面影响更强。所以互联网企业应该在发展自身能力的同时，重视自身企业社会责任的履行情况，当互联网企业积极履行社会责任时，相关的信息会比传统行业更加迅速地传递到各利益相关者，更快地提升其财务绩效。所以在互联网企业的可承受范围内，越多地关注自身企业社会责任的履行，越能够更好地提升企业形象、提升财务绩效。

第九章
网络媒体企业社会责任与企业声誉的关系研究

一、网络媒体企业社会责任的重要性

互联网信息技术的迅猛发展，不仅是人们认知世界和体验世界方式的变革，更为内在的是思维方式的变化。依托于互联网技术发展起来的网络媒体，是传统媒体的延伸和发展，具有区别于传统媒体的明显的特征。具体来说：第一，多样化的传播主体。传统媒体的传播主体是单一的，即新闻机构和新闻从业者，而网络媒体则更为多元化。第二，庞大的信息容量。传统媒体由于版面、频道、时段等资源的限制，使得信息容量总是受限，而有互联网技术依托的网络媒体却可以全天候发布信息，海量的信息优势显而易见。第三，广泛的传播范围。比起传统媒体的中心扩散型，网络媒体则是没有中心的分散化结构，其信息的传播不受空间的限制，是全球性的。第四，互动的交流模式。媒体单向传播信息的格局已被网络媒体打破，实现了网络媒体与网民的双向互动，网民的话语权得到了更多的保障。

互联网媒体作为现代人获取信息的最主要手段，其信息的客观性、真实性和及时性都直接影响人们的信息获取质量，更重要的是，信息传播内容的意识形态更是意见领域、舆论导向的核心部分。所以，网络媒体在道德责任、社会责任方面的价值观、文化观、宗教信仰等都十分重要。

毋庸置疑，社会对企业履行社会责任的需求已经影响了所有的经济行业领域，然而不同的行业特点，对于企业承担社会责任所施加的压力是不一样的。事实上，媒体行业，是社会中影响力最广泛但承担的责任却是较少的行业。媒体历来都是一把"双刃剑",其自身的传播系统是中性的,但其所传播的内容是带有意识形态倾向的。集多种传播形式于一体的网络媒体企业,在这方面表现得更加明显。缺乏信息把关人的网络媒体企业不可避免地产生着严重的"信息垃圾",赘余信息、虚假信息、色情反动信息等无不污染着网民的信息生活。这对于网络媒体的公信力产生影响,降低了媒体的竞争力,更甚者可能涉及传播侵权等法律问题。

西方传播学先驱 Lazarsfeld 和 Merton(1948)在《大众传播的社会作用》中写道:"大众传媒是一种既可以为善服务,又可以为恶服务的强大工具;而总的来说,如果不加以适当的控制,那么它为恶的可能性就更大。"所以说媒体责任从媒体诞生之日起就已经包含在其本身之中。社会责任理论的发展为媒体社会责任的研究提供了理论的基础,也为网络媒体企业的社会责任奠定了基石。

二、网络媒体企业社会责任的界定

(一) 网络媒体企业社会责任研究综述

在本书的第二章,已经就企业生态责任与企业声誉的关系研究进行了文献综述,本部分则补充有关网络媒体企业社会责任履行的文献研究综述。

国外学者对网络媒体企业社会责任做了大量的研究,学者普遍认为承担社会责任是企业积极的社会行为,媒体具有形成社会关系,政治、经济和法律结构的能力,体现企业和社会之间的关系。Cho 等(2015)探讨了媒体的信息丰富性对用户信任和感知企业履行社会责任的影响,研究发现两者之间存在正相关关系,这也说明媒体承担社会责任可以获得用户信任。Grayson(2005)指出网络媒体具有报告商业组织信息并且本身就是商业组织的双重身份,媒体通过信息传播对市场和社会具有重要影响,通过报导的内容和播出的广告对全球的消费模式产生普遍深入的影响。Waddock 和 Graves(1997)发现企业维持与社区的良好关系能够提高自身的竞争优势。Blair(1995)指出网络媒体企业应根据自身的条件,积极关心和支持社区的经济发展,开展文明教育宣传活动,热心于环保、公益和慈善事业。国内也有不少学者投入到网络媒体企业社会责任研究中。基于网络媒体的特点及商业化倾向,钟华提出网络媒体的社会责任:注重新闻价值,引导舆论,传递优秀文化,为受众提供健康有益的信息。通过分析网络媒体社会责任缺失的原因,汪苑菁、韦文杰和蔡敏提出网络媒体应对社会责任缺失的对策:完善管理体制、增强行业自律能力、提高受众的监督能力。林建宗则从自律、合作、信息、规则和监督五个方面构建了网络媒体社会责任的推进机制。

通过研究背景的分析，我们知道无论是从合法性、经济性还是自愿性的角度，企业社会责任的履行都是毋庸置疑的。而且现有的实证研究文献显示，利益相关者特别是消费者对企业的社会责任行为是较为敏感的。但是对网络媒体这一新型的媒体形式，其现有的社会责任研究多侧重于道德伦理方面的定性研究，缺乏评价标准，这远远无法满足社会公众对媒体企业所提出的责任需求。

（二）网络媒体企业社会责任理论依据

网络媒体企业社会责任的理论依据主要有三个方面：

1. 利益相关者的基本诉求

"利益相关者"这一术语在其领域范围内包含着十分广泛的意义。它被定义为所有带着"挑剔的眼光"看待企业行为的个人和群体。更为中肯的说法是由Freeman（1984）提出的定义，认为利益相关者的行为无论是正式或非正式，个人的或是集体的，对于企业的外部环境都十分关键，可以对其产生积极的或是消极的影响。

Wood（1991）是第一位在理论上将利益相关者理论纳入企业社会责任理论的范畴内的学者。她指出，企业所面临的主要挑战是如何识别它们的责任对象以及责任延伸的范围，利益相关者理论是对企业责任对象问题的完美阐述。

网络媒体企业作为意识形态内容的传播者，在追求利润最大化的前提下，要充分考虑其利益相关者的诉求。网民、员工、投资商、政府、环境、NGO（非政府组织）等对媒体企业总是带着利益期望的，有时甚至是冲突的。平衡各利益相关者对企业所提出的责任需求，达到企业与利益相关者和谐共赢是网络媒体企业社会责任研究的目的。

2. 企业社会契约的软约束

社会契约是一种社会规范，是人类社会发展的必然产物。社会契约理论认为人们的道德义务或者政治义务取决于他们在生存的环境中通过合同或协议所共同形成的社会想法。Hobbes（1985）则是第一个完整地阐述和捍卫社会契约理论的学者。此后社会契约理论成为现代西方历史中道德和政治领域主要的理论之一。

企业是一系列契约的联合体，是各利益相关者权益让渡的集合，因此可以说企业社会契约的核心是一种基于伦理的社会责任。网络媒体企业社会责任可以从宏观和微观的契约缔结者两个视角进行衡量。宏观上网络媒体企业社会责任是指政府在给予权力转让时所缔结的委托代理契约。网络媒体企业在传播领域的权力和自由是在人民的意愿指导下经由政府转让的，因此在获得权力的同时它对社会公众而言是需要承担相应的义务的。而微观上网络媒体企业社会责任则是指企业与各利益相关者在经济活动过程中所形成的约定俗成的规定协议。无论是直接利益相关者还是间接利益相关者，网络媒体企业都应该积极履行其绿色传播的理念，平衡各利益相关者的利益冲突，在企业社会契约的软性约束下和谐健康的发展。

3. 三重底线的发展要求

三重底线理论（Triple Bottom Line，TBL）的产生拓宽了常规的企业报告结构，它不仅包含着经济表现，还包括了环境表现和社会表现。

Spreckley（1981）首先提及了 TBL 这一概念，他的论文中强调 TBL 应该包含于企业或具有社会责任感企业的表现评估中。而后在 2005 年联合国世界首脑会议的成果文件中阐明了可持续发展，认为可持续发展是指经济发展、社会发展、环境保护三者之间相互依赖、相辅相成的和谐发展。三重底线理论表明企业不仅要对股东负有责任，同时也应该对更广泛的利益相关者负责，其中也包括了环境，这样才能实现企业的可持续发展。长久以来关于三重底线一直也没有特别普遍的认知，换句话说它已成为企业与利益相关者之间一种不言而喻的社会契约。

三重底线理论突出的是企业在经济、社会、环境三个领域的最低要求。在经济方面，企业的利润是收入与成本抵消后的剩余价值。网络媒体企业的运行操作与实体企业总是存在差异的，它们的大部分收入来源取决于其信息产品所带来的注意力资源，而这恰恰容易引起恶性的"眼球效益"竞争，经济底线的存在对于媒体企业来说是至关重要的。在环境方面，网络媒体企业在意识形态方面的作用力更多地说明了它对于精神环境的影响。防止精神领域的污染，保持精神环境的整洁，实现精神环境的"绿色"发展，是网络媒体企业环境底线的要求。而在社会方面，网络媒体是社会的公器，是政府及人民的"发声器"，不是任何一个私人利益团体的代表。传播公平、真实的信息，发挥其作为信息传播渠道的价值，对社会各利益相关者负责则是网络媒体企业坚守社会底线的需求。

（三）网络媒体企业社会责任的构成体系

1. 网络媒体企业社会责任的界定

依据 Hiss（2006）对企业社会责任与价值链关联程度的区别来依次对网络媒体企业社会责任的对象进行概念界定。

（1）网民责任。

网络媒体企业价值链是网络媒体企业通过信息服务活动为媒体使用者创造价值的动态过程。网络媒体企业基本的业务活动就是对信息的采集、编辑、发布等，可以说其最基本的职责就是为网民提供优质的信息产品和服务。总而言之，网络媒体企业对于网民的责任是其整个价值链创造的核心，是其自身价值体现最为重要的部分。

（2）员工责任。

员工是企业正常运行的重要零件，员工责任的履行与价值链的联系同样紧密。网络媒体企业信息内容的创造离不开企业员工的努力，这就决定了网络媒体企业社会责任的实施对象无法忽视员工这一重要因素。网络媒体企业对员工的责任也是其价值链创造的重点，是其自身价值体现不可忽视的部分。

（3）投资商责任。

投资商是促进企业创造更大价值的助推器，是企业运行的经济保障。古典经济学就曾将"股东首位"作为企业社会责任的对象主体。区别于实体企业，投资商看中的是网络媒体企业对"注意力资源"的二次争夺。作为网络媒体企业主要的收入来源，投资商作为上游价值链影响着网络媒体企业的价值链创造。

（4）环境责任。

"三重底线"理论向我们提出了企业对于经济、社会和环境所履行责任的要求。具体到网络媒体企业价值创造的分析过程中，可以发现媒体组织对于环境的责任可以但并不是必须与价值链相关的。网络媒体企业对于环境的影响过程更多的是倾向于精神环境的引导、塑造，其有些价值活动可能会对自然环境产生影响，但范围及程度都是有限的。所以说环保责任对于网络媒体企业价值链的关联程度相对较低。

（5）政府责任。

网络媒体企业是意识形态内容的传播者，它的价值导向关系着社会稳定甚至是国家的安全。在价值链的创造过程中，政府责任的履行是必不可少的。政府的法律法规是指引着企业在基本规制的状况下保持合法的经济运行的前提保证。可以说，政府责任是网络媒体企业价值创造的外在约束力。

（6）NGO责任。

网络媒体企业以"企业公民"为定位导向，而这也促使了它对社会大范围承担责任。对于非政府组织来说，网络媒体企业对其履行社会责任更多的是趋于自愿的原则，是基于伦理道德原则而进行的一种选择，与企业的价值创造关联度是最低的。

2. 网络媒体企业社会责任的内容

（1）市场责任。

经济目标的追求是每个企业首要的战略导向。如何在市场中占领一席之地，就取决于其在市场中提供的产品质量。网络媒体企业的市场职责就是向网民提供真实、客观、准确的信息，以此来获得更多的注意力经济。只有在保证信息公开、透明、真实的条件下，才能获得长期的竞争优势，得到市场的青睐。在这样的背景下就要求其能平衡经济利益和社会利益的矛盾，更好地履行对市场的责任，维持正常的市场秩序。

（2）法律责任。

企业是社会经济生活的组成成分，它的行为动态也必须在法律的约束条件下进行。无论是《互联网信息服务管理办法》这类的根本性大法，还是其他相关的法规条例，都是立足于法律的角度为互联网生活制定基础的行为规范，是一种强制性的行为准则。网络媒体企业要保证正常有序健康的运行，前提条件就是其必须在法律规范的框架下运作，法律责任是网络媒体社会责任不可缺少的内容。

（3）文化责任。

自党的十一届三中全会以来，社会主义文化建设就处于一个不断进步的过程。"文化软实力""文化强国""文化生产力"等名词的不断创新是对文化战略目标定位的间接肯定。已成为主流传播渠道的网络媒体，无可厚非地承担着社会主义先进文化的传播责任，代表着先进文化的前进方向。宣扬正确的文化方向，弘扬积极的民族精神，是网络媒体企业文化责任所需要包含的内容。

（4）道德责任。

如果说网络媒体企业的市场责任是其生存发展的硬性条件，那么道德责任则是提升媒体形象的软性实力。低俗、媚俗、庸俗"三俗"信息的不断泛滥从侧面也反映出了网络媒体企业道德责任的缺失。总体来说，网络媒体企业的道德责任包括两个方面：首先是信息内容方面要符合伦理道德的规范，以维护社会公德为导向；其次是信息发布者需具备基本的媒体职业道德素养。对于缺乏信息把关人的网络媒体企业而言，从信息传播的源头进行道德治理是促进媒体生态持续发展的重要手段。

（5）政治责任。

国家体制的不同决定了媒体管理机制的不同。西方的资本主义国家体制决定了媒体组织是利益集团的武器，是各政党为维护自身利益而争夺的目标。而对我国而言，媒体是"社会公器"，是连接政府与人民沟通的桥梁。坚持党管媒介的原则，始终代表中国人民的利益，向党看齐，维护国家政治社会的安全稳定，宣扬国家的良好形象是网络媒体企业需要承担的政治责任。

（6）慈善责任。

慈善，由慈悲的心理和善良的行为构筑而成。以"企业公民"为导向的网络媒体企业，对社会承担起慈善责任是其对社会资源的一种自愿性回报。以坚定的信念和慈爱的胸怀将公益事业推广到各个角落，将部分的经济收入回馈给社会，及时地为困难者提供帮助是网络媒体慈善责任所需承担的内容。

3. 网络媒体企业社会责任的承担方式

网络媒体企业社会责任对象和内容的确定是为责任履行服务的，而且明确责任的承担方式是推进媒体企业责任建设的必要条件。媒体企业只有立足于发展战略，考量其自身的能力范围和属性特征，结合企业的发展正确地选择承担责任的途径和方式，才能达到企业的责任目标，实现可持续发展。当然，针对不同的责任内容，其所面对的责任对象是有差异的，进而也决定了责任承担方式的不同。具体来说，责任的承担方式如表 9 - 1 所示。

表 9 - 1　网络媒体社会责任体系

责任内容	责任对象	责任履行方式
市场责任	网民、员工、投资商	提供真实、客观、多元化的信息产品 提供充分就业 制定合理的战略目标，实现企业和社会共赢
法律责任	网民、员工等利益相关者	遵守国家相关法律规范，对利益相关者负责 自觉执行行业联盟的行业自律公约 公开自身的出版准则，接受社会监督
文化责任	网民	弘扬积极向上的民族精神和价值取向 平衡信息内容，避免娱乐信息的过多选择
道德责任	网民、员工等利益相关者	保证网民对信息的充分知情权，杜绝"三俗"信息传播 保障员工的合法权益，提高员工满意度 维护投资商的合法权益，承担对投资商的委托责任
政治责任	政府、网民、员工	明确自身的政治立场，积极宣扬国家形象 引领正确的舆论导向，传播正向的民族精神和时代理念 及时应对舆情，合理进行危机管理
慈善责任	网民、员工	提供公益平台，促进人们的公益意识和责任感 实施慈善活动 积极参与扶贫救灾各项社会公益

三、网络媒体社会责任的问题与对策

（一）网络媒体企业社会责任履行的问题

2018 年 5 月，网友爆料称今日头条旗下短视频平台（抖音）在某搜索引擎广告投放中，出现侮辱英烈邱少云的内容引关注。这一事件再次引起互联网媒体企业的社会价值导向以及社会责任的思考。今日头条是一款基于数据挖掘的推荐引擎产品，它为用户推荐有价值的、个性化的信息，提供连接人与信息的新型服务，是国内移动互联网领域成长最快的产品服务之一。它由国内互联网创业者张一鸣于 2012 年 3 月创建，于 2012 年 8 月发布第一个版本。抖音于 2016 年 9 月上线，是一款音乐创意短视频社交软件，是一个专注年轻人的 15 秒音乐短视频社区。用户可以通过这款软件选择歌曲，拍摄 15 秒的音乐短视频，形成自己的作品。2017 年 11 月 10 日，今日头条以 10 亿美元收购北美音乐短视频社交平台 Musica. ly，并将之与抖音合并。2018 年 3 月 19 日，抖音确定新 Slogan "记录美好生活"。

在抖音"邱少云"事件之前，今日头条和抖音就有一些与社会伦理道德相违背的不良信息。2018 年 4 月 9 日，今日头条接到有关部门下发指令，暂停移动应用程序的下载服务，时间从 4 月 9 日 15 时起至 4 月 30 日 15 时止。4 月 10 日，广电总局责令今日头条永久关停"内涵段子"等低俗视听产品。5 月 17 日，今日头条把 Slogan 换了，把"你关心的，才是头条"改成"信息创造价值"。5 月，文化和旅游部部署查处丑化恶搞英雄烈士等违法违规经营行为，今日头条被查处。今日头条后续发布致歉声明称，未认真审核第三方提供的关键词包，发生严重疏漏，未能过滤相关内容。目前相关投放已经全部暂停，并对推广团队总经理和项目负责人作停职处理。

类似于今日头条这样的社会责任问题主要有五类：

1. 虚假信息的传播

媒体的首要职责就是对新闻的选择性报道，将真实、准确的信息传达给网民是媒体最基本的社会责任。但事实上虚假信息传播的现象却屡次发生。

2. 网络侵权事件频发

网络媒体的特点就是它的虚拟性、开放性，而正因为如此也淡化了网民的权利意识，使得侵权案件丛生。万方数据库知识产权侵权事件，还有谷歌在线数字图书馆对中国网络作者知识产权的侵权事件都还历历在目。

3. 网络舆情的危机扩散

网络信息的即时性、海量性及虚拟性促使网络舆情成为社会和谐和稳定的焦点。

4. 政治安全信息的失真

社会主义经济体制的中国不可能完全放弃媒体的控制权，而这一部分原因是出于对信息引发的政治安全危机考量。网络媒体企业在政治安全信息方面的失真很容易造成政治危机的爆发。回顾近来对于"表哥"等政府腐败人员的揭露过程，发现都是通过微博这一途径，网络媒体这一平台的开放使得政府官员处在人人监督的处境下。然而物极必反，网络水军有目的性的诱导有时会导致政治危机事件的发生。由钓鱼岛事件带来的对日系产品的非理性对待就不得不考虑到网络媒体企业的推动力。

5. 意识形态内容的扭曲

信息的价值在于依附于这一载体而呈现的意识形态内容。然而，信息的收集、处理、传播过程不可能是完全理性客观的，在人为的参与过程中总会带来不同程度的偏差。而利用这一缺陷，造谣者会刻意地扭曲信息真实内容，有意图将网民导向自己所设计的陷阱里，以获得心理上的变态满足感。

（二）网络媒体企业社会责任缺失的原因分析

一是"利益第一"的偏激定位。网络媒体的外部性刺激了企业对轰动效应、经济效益的过度追求。对于网络媒体企业而言，广告收入是其主要的经济收入来源。而广告商在选择合作对象进行投资的时候，起决定作用的并不是所获得版面大小，更多地取决于该媒体所能带来的注意力经济。正如 McLuhan 所指出的那样，传媒所获得的最大经济回报来自于网民注意力的"第二次售卖"。因此，网络媒体企业往往会借由标题信息、虚假信息等来博取版面的点击率以达到增加利润的目标。

二是规制管理制度的不完善。就网络自由这一领域，对于网络是否进行规制一直存在着争议，然而将网络社会看作是一个独立的社会却是不合理的。不可否认，我国的网络发展虽然是突发猛进，但在规制管理方面仍然存在着诸多的不足。在立法规制层面，有关网络方面的法律法规虽然数量众多，但因法律位阶而导致的效力低下使得约束功能受限。在自律机制层面，无论是行业自律、媒体自律或是个体自律方面，网络媒体企业虽然一直表现出积极的支持行为，但是并未取得切实效果。

三是虚拟世界的伦理意识淡薄。网络媒体企业自治多是通过物质形态的技术手段或意识形态的伦理道德手段展开。技术作用的过分强调造成了人们对伦理道德意识的忽视。对于网络媒体企业从业者来说，自身的职业道德底线就是为所报道的新闻信息负责，而常常是连这最基本的底线也遭到了"腐蚀"。对于社会公众而言，网络的平台构建有时会对他们的意识生活产生错误的引导。相比于传统媒体，网络媒体企业在给予社会公众信息接收者的角色定位时，更是赋予了他们信息传播者的能力，而这也恰恰加深了网络信息环境伦理责任缺失现象的严重程度。

四是信息把关人的角色缺失。作为旁观者，我们无法完全否决掉网络媒体企业的职业人员所履行的"守门人"角色。然而，我们必须正视的一点是：网络媒体企业所提供的网站服务，特别是商业门户网站，其信息平台的交互功能基本属于全开放性。这从另一侧面也反映了网络传播渠道对广大网民"信息把关"的要求。张紫莹（2012）将这一群体的把关定义为"影子把关人"，是在不经过职业审查的情况下对接收的信息选择发布与否的把关行为，是网民自己思想活动后信息取舍的过程。但是缺乏职业道德素养的网民总是会忽视掉自身在信息把关过程中的重要性，盲目跟风造成角色缺失。

（三）网络媒体企业社会责任的推进措施

1. 强化信息扩散的意识引导力

从网络媒体企业社会责任，到网民的责任感知，再到网络媒体企业的管理，最后到企业可持续发展目标的实现，从而为了该目标更加积极地履行社会责任，这是一个复杂、循环的过程。而在这一过程中，网民对责任信息的接收和反馈，是网络媒体企业社会责任战略制定的依据。无论是网络媒体企业或是其他企业，信息的不对称，是促使其忽视企业社会表现而倾向于利益至上的道德危险行为产生的原因。这也从另一方面强调了信息扩散的重要性。同时，经过实证研究发现，网络媒体企业社会责任信息的扩散作为调节变量只对网民的可见性、合理性、适时性感知起到调节作用，对适度性和自愿性感知的影响并不显著。造成这一现象的原因更多的是企业信息优势的有限扩散。传递网络媒体企业的责任信息，增加网民对企业的责任形象感知，提高网络媒体企业的品牌声誉，获得网民的责任投票，是信息扩散对网民所产生的意识引导力。因此，从信息扩散的深度、广度和匹配度入手，建立网络媒体企业社会责任信息系统机制。通过企业社会责任报告、相关新闻报道等直接或间接的方法来传递网络媒体企业的责任观，借由信息甄别措施筛选信息，共享责任信息价值，引导网民的责任好感度是强化信息扩散措施的意义所在。

2. 抓住企业发展的利益驱动力

企业战略目标的实现是企业行为的最终导向。企业经济人和道德人假设的存在并不总是矛盾的，如何协调经济行为和道德行为的和谐共同发展，是企业推进社会责任建设的重点问题。无可否认，经济利益的发展是促使企业践行责任行为的最根本的内在动因。只有有效抓住企业发展的利益驱动力，将社会责任行为内化为企业利益最大化实现的手段，才能推进企业社会责任的实施。其中反应型责任管理方式能促进企业整体性和协调性的发展，防御型责任管理方式能促进企业整体性发展，适应型责任管理方式能促进企业高效性的发展，预防型责任管理方式对企业整体性和协调性的发展都有促进作用。可见，就四种责任管理方式而言，不同的方式可以给企业带来不同的发展，特别是预防型的方式对网络媒体企业发展所起的作用更是不容小觑。因此，抓住企业发展的利益驱动力，从内因上促进企业对责任行为履行的积极性，是推进网络媒体企业社会责任建设的有效措施。

3. 明晰行业自律的软性约束力

哲学中，事物的整体和部分是相互依赖相互影响的。企业是社会整体系统中的一个细胞单元，网络媒体企业不可能离开社会系统而单独地存在，它需要与其他媒体企业、网民、非政府组织等利益相关者进行合作协调，达成符合各利益相关方需求的较优的责任契约，实现共同的可持续发展。由此可见，对于企业的各利益相关者，它们的自由选择权是市场环境影响因素之一，是企业努力争取的目标。责任消费和责任投资的存在对于企业乃至整个行业来说是促使其遵守合同契约达到自律的软性约束力。

4. 完善政府规制的外在强制力

企业社会责任的产生是生产力和生产关系矛盾发展的产物，是各种利益关系交互作用产生的必然结果。古典经济学的自由经济主义在经济危机爆发时受到了严重的冲击，市场失灵的状况引起了政府实行经济干预的思考。政府，作为市场有序发展的主要监管者，对企业行为依法承担着监督和管理的责任。网络媒体企业行为的自我规制无法解决所有的问题，还需要社会性规制体系特别是政府规制来施加强制性的外在约束。政府的普遍性及强制力是其在纠正市场失灵方面所具有的显著优势。

提及政府规制，法律强制是不可或缺的。从 2000 年《全国人民代表大会常务委员会关于维护互联网安全的决定》的通过，到互联网管理的基础性法规《互联网信息服务管理》，再到《互联网站从事登载新闻业务管理暂行规定》以及 2006 年实施的《信息网络传播权保护条例》，甚至于 2011 年施行的《互联网文化管理暂行规定》等对网络媒体企业都会产生监督作用。但是，无可否认，现有的针对互联网及网络媒体企业的法律体系并不完善，灰色地带的存在常常导致企业对社会责任行为的逃避。加快法律体系的完善步伐，构建信息共享和信息通报体系，制定公众举报制度，让虚拟社会也能达到有法可依、有法必依的状态，同时用激励和惩罚手段加以辅助，充分发挥政府的外在强制力是推进网络媒体企业社会责任建设的必要手段。

5. 正视公众监督的舆论影响力

互联网平台的虚拟性、开放性、匿名性是一把双刃剑，在给人们带来便利的同时也会产生负面影响。正如学者所言，绝对的自由会滋生腐败，近乎于零门槛的网络平台所产生的舆情问题更是无须赘言的。

企业社会责任信息的扩散，可以促使企业获得公众好感度，促进企业整体性、协调性、公平性、高效性和多维性的发展。认清公众的监督意识，正视公众监督过程中可能产生的信息失真现象，把握舆情产生的规律，重视舆情危机预防的重要性，才能更好地利用舆论所带来的积极影响力，为公众和企业架起良好的沟通桥梁，满足公众对于企业的责任期待，规范网络媒体企业朝着履行社会责任的方向前进。

四、案例分析——今日头条的社会责任之路任重道远

（一）今日头条简介

今日头条于 2012 年 8 月上线，是一款基于数据挖掘技术的个性化推荐引擎产品，它为用户推荐有价值的、个性化的信息，提供连接人与信息的新型服务，是国内移动互联网领域成长较快的产品之一。

在信息爆炸的时代，人们面对的选择越来越多，选择过多，信息超载，也常常会使人无所适从。在这种情况下，推荐引擎便开始展现技术优势，发挥威力。今日头条就是一款基于数据挖掘的推荐引擎产品，它不是传统意义上的新闻客户端，没有采编人员，不生产内容，运转核心是一套由代码搭建而成的算法。算法模型会记录用户在今日头条上的每一次行为，在海量的资讯里知道你感兴趣的内容，甚至知道你有可能感兴趣的内容，并将它们精准推送给你。

今日头条推出了开放的内容创作与分发平台——"头条号"，是针对媒体、国家机构、企业以及自媒体推出的专业信息发布平台，致力于帮助内容生产者在移动互联网上高效率地获得更多的曝光和关注。截至 2017 年 10 月，"头条号"平台的账号数量已超过 110 万个。

"时势造英雄",这句话用在互联网领域再恰当不过。PC 时代,中国互联网领域诞生了 BAT(百度、阿里、腾讯)三巨头。随着手机的普及,中国互联网进入移动时代,此时催生了三小巨头 TMD(今日头条、美团、滴滴)。在互联网的世界里,今日头条算是一个异数。因为它是多年来唯一一家在 BAT 巨头的包围下,没有站队 BAT,却慢慢成长为移动互联小巨头且伸缩自如的公司。今日头条作为千人千面、个性分发的信息流产品,在 BAT 的眼皮底下顺利突围,并跻身于内容分发的第一阵营,甚至与百度形成直接竞争。

(二)今日头条运作方式暗藏社会责任问题

然而,就在今日头条快速发展的过程中,今日头条的运作模式暴露出诸多问题,直指社会责任感意识薄弱。

1. 转载与侵权

今日头条是新闻客户端,网络媒体企业,只不过它与其他的新闻媒体平台相比,运作方法截然不同。

传统的媒体企业,都有自己的新闻记者、采编人员、编辑等工作人员,然后进行新闻内容创造与传播。即使这些媒体企业采用互联网化,也只是将新闻内容的传播载体互联化了,而内容生产还是传统模式。

然而,今日头条并不生产内容,而是"借用"他人平台的内容并进行传播推送。今日头条利用大数据挖掘技术,根据用户的浏览行为计算用户的阅读兴趣,然后利用搜索引擎技术从其他网络媒体上搜索并转载给头条用户。这样的运作模式,说好听点叫"借用",说难听点叫"偷取"。如果今日头条与其他网络媒体企业合作,在合作框架下"借用"他人新闻,则叫"整合",但是今日头条在发展初期,显然没有资本和实力与其他媒体企业合作,这导致侵权事件频频发生。

2014 年 6 月 6 日,《广州日报》起诉今日头条侵权,称今日头条在未经授权的情况下,擅自在自己经营的移动客户端发布其享有信息网络传播权的作品,且使用量巨大,严重侵犯了《广州日报》的知识产权。

2016 年 11 月,今日头条被凤凰新闻以恶意劫持凤凰新闻客户端流量的部分行为,向北京市海淀区人民法院提起过诉讼,当时要求今日头条立即停止有违基本商业道德的恶意不正当竞争行为,并赔偿经济损失 2000 万元。

2017 年 1 月 24 日,凤凰新闻客户端再发声明,要求今日头条春节之前立即停止全部劫持行为,并在其客户端首屏显著位置及《人民日报》等全国性媒体平台刊登道歉声明 30 天。凤凰客户端表示,今日头条的恶意不正当行为并没有因为被起诉而停止,且有增无减,甚至在被起诉后的两个月里变本加厉地劫持凤凰新闻客户端流量。

2017 年 4 月 26 日，腾讯和搜狐以涉嫌侵犯其所属作品的信息网络传播权为由，将今日头条诉至海淀法院。案件已被受理。腾讯和搜狐方面因今日头条涉嫌侵犯其作品版权和约稿版权，分别向北京市海淀区人民法院提交诉状，相关起诉已立案百余件，并要求今日头条立即停止对涉案作品提供在线传播，并就涉案作品索赔经济损失百万级。

2017 年 5 月 2 日，《南方日报》发表了一则严正公告，将矛头直指今日头条版权问题。公告称，自 2016 年起，今日头条在不到一年半的时间里疯狂盗取自家新闻 2000 多条。

2017 年 7 月，因认为被告以流量劫持的方式，将"凤凰新闻"的客户端替换为"今日头条"，构成不正当竞争，北京天盈九州网络技术有限公司将"今日头条"客户端的主办经营者北京字节跳动科技有限公司诉至法院。海淀法院受理了此案。

频发的侵权事件都表明，今日头条的"转载"运作模式涉嫌知识产权侵权、恶意竞争等社会责任问题。而"屡教不改"甚至"变本加厉"更是暴露出今日头条企业的责任心薄弱和道德责任缺失问题严重。

2. 精准与艳俗

作为移动互联时代产物的今日头条与诞生于 PC 时代的百度本质上都是进行人与信息的连接。百度在人与信息连接的方式上主要是人找信息，也即是搜索。而今日头条作为信息流平台，聚集了海量信息之后，再根据每个人的不同爱好，进行个性化的信息推荐，其本质上是信息找人，即推荐模式。今日头条以数据挖掘进行用户行为分析，以"千人千面"的方式为用户提供精准内容推送。但是，这种完全按"你关心的才是头条"（见图 9-1）的运作机制不关心内容本身，只关心用户关心什么内容。如果用户偏爱黄色、低俗、毁三观的信息，今日头条也实施"你关心的才是头条"，将用户感兴趣的艳俗内容推送给他。显然，这违背了我们的价值导向与社会文明建设。

图 9-1　今日头条原 Slogan

2017 年，央视曝光了今日头条等客户端不定期向用户推送"艳俗"直播平台的问题，北京市网信办、市公安局、市文化市场行政执法总队曾联合约谈今日头条、火山直播等平台，依法查处上述网站涉嫌违规提供涉黄内容，责令限期整改。

2017 年 12 月 29 日，国家网信办指导北京市网信办，针对今日头条手机客户端持续传播色情低俗信息、违规提供互联网新闻信息服务等问题，约谈企业负责人，责令企业立即停止违法违规行为。今日头条手机客户端"推荐""热点""社会""图片""问答""财经"6 个频道自 2017 年 12 月 29 日 18 时至 12 月 30 日 18 时暂停更新 24 小时。

2018 年 4 月 9 日，今日头条接到有关部门下发指令，要求暂停移动应用程序的下载服务。下架时间从 4 月 9 日 15 时起至 4 月 30 日 15 时止。2018 年 4 月 10 日，国家广播电视总局在督察"今日头条"网站整改工作中，发现该公司组织推送的"内涵段子"客户端软件和相关公众号存在导向不正、格调低俗等突出问题，引发了网民强烈反感。为维护网络视听节目传播秩序，整顿互联网空间视听环境，依据相关法规的规定，总局责令"今日头条"永久关停"内涵段子"客户端软件及公众号，并要求该公司举一反三，全面清理类似视听节目产品。

今日头条以内容海量、长尾，覆盖人群广而获得了巨大的流量。但作为内容分发平台，今日头条对"算法推荐"的执迷，也让其淡化甚至是无视了新闻价值观和社会责任。"不干预用户兴趣""只做新闻搬运工"的结果是低俗信息引来各方的诟病乃至于监管层的出手，企业声誉受损，运作受阻，企业绩效增长缓慢。

3. 盈利与广告

就在低俗内容整改仅三个月之后，今日头条再因发布虚假广告，遭到央视的曝光。3 月 29 日，央视财经频道《经济半小时》播出《"今日头条"广告里的"二跳"玄机》，栏目报道称，为谋求利益，今日头条广告发布暗藏玄机，虚假广告避开一线城市，通过"智能"推荐的方式专攻二三线城市，二次跳转引诱消费者步入圈套，欺骗消费者。2018 年 4 月 4 日，北京市工商行政管理局海淀分局对今日头条违规广告做出行政处罚，没收广告费共计 235971.6 元，并处广告费用 3 倍的罚款，罚款 707914.8 元。

盈利是企业社会责任里的重要一项，承担好经济责任才能保证其他道德责任、公益责任的落实。但是，盈利方式是否正当就涉及社会责任里的道德责任了。2017 年，张一鸣的一句"算法没有价值观"引来了诸多的非议。所以 2018 年今日头条六周年的生日会上，张一鸣就改变了说法，他反复强调企业"正直向善"的社会责任，以期今日头条企业声誉和财务业绩不受公众非议影响。

4. 社交与"个性"

抖音是今日头条旗下的一款音乐创意短视频社交软件,是一个专注年轻人的15秒音乐短视频社区。用户可以通过这款软件选择歌曲,拍摄15秒的音乐短视频,形成自己的作品,然后在抖音上共享与传播。通过抖音短视频APP你可以分享你的生活,同时也可以在这里认识到更多朋友,了解各种奇闻趣事。

从抖音的运作模式看,属于自媒体平台。抖音用户自行发布短视频内容,然后在抖音平台上共享与传播,其他抖音用户观看、品论、转发、效仿等,形成一个以音乐短视频为核心的社交平台。抖音用户拍摄了各种各样的视频内容,一些"新奇"的视频大量传播,影响了很多人的正常行为与准确三观。一些抖音用户跟着抖音视频效仿"偷窃"宝马车车牌;还有"少女妈妈怀孕视频"传递不良三观等"个性化"视频都直接与"正直导向"相违背。

当这些视频引起了社会道德的申讨后,监管层开始大力督促今日头条整改内容传播。2018年3月1日至3月31日,抖音平台累计清理27231条视频、8921个音频、89个挑战,永久封禁15234个账号。

2018年4月,针对"抖音"短视频平台涉嫌发布售假视频的舆情报道,北京市工商局海淀分局及时对该平台经营主体北京微播视界科技有限公司进行约谈。约谈会上,企业负责人反馈了调查情况,表示针对平台涉嫌违规内容已采取删除、封禁措施。已查删视频805个,封禁账号677个,添加违禁关键词67组。

"侮辱历史英烈邱少云"事件更是将今日头条推到社会责任履行,尤其是道德价值引领上的社会责任履行的风口浪尖上。2018年5月,文化和旅游部部署查处丑化恶搞英雄烈士等违法违规经营行为,严肃查处歪曲、丑化、亵渎、否定英雄烈士事迹和精神内容的互联网文化产品,严管网络动漫等互联网文化市场,进一步规范文化市场经营秩序。文化和旅游部监测到有关"暴走漫画"的网络舆情后,立即部署查处。经查,"暴走漫画"通过"今日头条"平台发布含有丑化恶搞董存瑞烈士和叶挺烈士作品《囚歌》的视频,通过其自营网站提供丑化恶搞董存瑞烈士的网络动漫产品,文化和旅游部指导陕西省文化厅、西安市文化广电新闻出版局依法立案查处,将从快从重做出行政处罚。"今日头条"平台未落实主体责任,传播含有丑化恶搞英雄烈士的视频,文化和旅游部指导北京市文化市场行政执法总队依法立案调查。

作为社交视频内容平台,抖音有义务审核"个性化"视频内容是否符合我国各项法律规范要求,即使在守法合规的情况下,也要审查内容是否符合大众传媒的传播要求,同时作为网络媒体企业,必须具备营造良好的社会文化、价值导向和准确三观的社会责任。

可见,今日头条的转载与侵权、精准与艳俗、盈利与广告、社交与"个性"

方面存在的问题违背了网络媒体企业社会责任中的市场责任、法律责任、文化责任、道德责任和政治责任。

（三）今日头条社会责任的整改与落实

今日头条的种种问题暴露出企业的社会责任履行力度薄弱，责任意识不强。社会责任问题也影响着今日头条的社会形象和企业声誉，各种立案整改和行政处罚都拖缓了今日头条的前进步伐，业务下滑直接影响企业绩效。企业绩效的下滑必然又会阻碍今日头条的成长速度。为了改变这一现状，张一鸣在 2018 年春节后寻求在价值观上有所改变。2018 年 4 月，今日头条创始人兼 CEO 张一鸣对话清华大学经济管理学院院长钱颖一时，谈到科技平台应该承担更多的社会责任，"不能只看成长，不看责任，否则，就会有盲目的科技乐观。"

1. 变更企业名称

2018 年 4 月 24 日首届数字中国建设峰会上，创办了日活跃用户超过 1.4 亿人的阅读工具——今日头条的张一鸣，首次以"字节跳动"CEO 的身份出席。而更名实际已在 2017 年 4 月完成。在字节跳动公司内部，已经发布了如下通知：综合多方意见后，我们最终决定沿用现有公司名称"字节跳动"（"ByteD-ance"）。今后在提及公司整体的场景中，请统一使用"字节跳动"（"ByteD-ance"）品牌。此后，"今日头条"仅作为字节跳动公司旗下的信息流阅读产品存在。从今日头条到字节跳动，这不是一次简单的公司品牌名称的更替，是向外界传达公司定位、发展方向的变化：过去，这家公司以主力产品今日头条被认知，也只有今日头条一个产品能代表公司的定位。但随着今日头条的声誉受损，加之抖音、火山、悟空问答等其他产品的崛起以及全球化业务的开展，今日头条的品牌形象已经不能完全涵盖公司的全部业务了。

2. 更换广告语（Slogan）

2018 年 5 月 17 日，今日头条把 Slogan 换了，原来是：你关心的，才是头条。现在叫：信息创造价值。官方的解释是：今日头条致力于连接人与信息，我们觉得，在促进信息的高效、精准传播中，应该坚持正确的价值导向，这是我们提出"信息创造价值"的原因所在。

3. 确立新的企业社会责任体系

"社会责任"是今日头条 2018 年的关键词之一。在 2018 年 3 月 9 日的公司年会（"2018 字节跳动 6 周年庆"）上，张一鸣把社会责任、公司治理与全球化，列入了 2018 年整个公司最重要的三件事。也是在这次年会上，张一鸣提出了提炼后的今日头条企业责任观，包括正直向善、科技创新、创造价值、担当责任和合作共赢五点（见图 9 - 2）。具体到今日头条承担的社会责任，张一鸣把今日头条肩负的社会责任概括为三点：科技创新的责任，内容建设和信息服务的责任，平台治理的责任。

图 9 – 2　今日头条新的社会责任观

目前，今日头条正处于从平台公司向全球平台公司迈进的阶段。张一鸣认为，现阶段今日头条需要承担更多的责任，只有这样才能获得社会更多的信任，才能更好地开展业务。

"企业除了创造商业利润、解决就业、创造税收之外，还需要正直向善。"张一鸣表示，很多时候，将产品价值多延伸一步，就能创造更多的社会价值。以"头条寻人"为例，该项目借助人工智能和精准地域弹窗技术，对寻人或寻亲信息进行精准的定向地域推送。上线一年以来，已经帮助 4000 多个家庭团圆，很好地把产品价值延伸到了社会价值；此外，今日头条还联合甘肃省网信办发起"山货上头条"活动，帮助国家贫困县销售土特产，这也是利用今日头条的推荐技术和传播能力创造更大社会价值的典型案例。

"我们希望承担更多的社会责任，让今日头条成为一家社会的企业"，张一鸣说。此前，张一鸣已经在多个场合提起，IT 科技企业正越来越具备规模效应，越来越具备平台属性。在这种情况下，IT 企业理应承担更多的责任。

年会上张一鸣还宣布，公司的新愿景为"全球创作与交流平台"，张一鸣表示，今日头条 2018 年的关键词是"全球化"。今日头条的全球化一直备受外界的关注。截至目前，今日头条通过自建和购买的方式，在包括日本、印度、东南亚、欧洲、北美、南美等地区完成了全方位的海外布局，在全球共拥有 1 亿多创作者。2017 年，今日头条多款产品长时间占据海外当地 APP Store/Google Play 总榜前三。抖音海外版 TikTok 此前更是在日本 APP Store 排行榜连续霸榜。

要达到"全球创作与交流平台"的愿景，张一鸣认为今日头条需要更重视"公司"这个产品。"很多企业能抓住业务上的机会快速起来，这种公司叫风口上的猪。我们当然希望能够找到风口，抓住业务机会，但是更希望公司本身也有创造力，是一个优秀的产品。"

张一鸣提到，市场投资者不仅会对业务产品进行估值，也会对公司产品进行估值。同样的业务、收入、增速，如果一家公司的治理结构更好、企业文化更好、能够不断推出新产品，那么市场会更认可。

（四）今日头条社会责任履行与企业声誉关系研究

接二连三被网信办、工信部约谈，在公众中产生了严重的信任危机。在 2018 年 2 月 26 日，工业和信息化部电子科学技术情报研究所网络舆情研究中心发布的《2017 年中国网络媒体公信力调查报告》中显示，在包括"媒体满意度"在内的多个维度中，今日头条表现不佳；而在"用户信任度"上今日头条更是在排名中垫底。

尽管企业形象和名誉受损，但今日头条的企业绩效并未受到负面影响。

1. APP 应用下载量有所下降

在应用下载方面，移动应用市场数据与分析公司 APP Annie 提供的数据显示，今日头条 2018 年以前是苹果应用商店 APP Store 排名榜首的新闻应用。今日头条称，该公司超过 70% 的用户年龄在 30 岁以下。2017 年，今日头条多款产品长时间占据海外当地 APP Store/Google Play 总榜前三。抖音海外版 TikTok 此前更是在日本 APP Store 排行榜连续霸榜。而在 App Annie 发布的 2018 年第一季度全球 APP 市场报告中，在苹果应用商店和谷歌安卓系统 APP 中，抖音的下载量排在第 8 位（见图 9 - 3）。但是在 2018 年第二季度中，今日头条旗下的抖音又回落到第五位了（见图 9 - 4）。但整体来看，2018 年抖音和今日头条的下载量有所下降，但这种下降不排除用户流量经历过前期高速发展后现已逼近天花板这一原因。

2. 运营指标不降反增

2016 年，国内知名移动数据研究公司 Quest Mobile 发布了 6 月移动新闻资讯 APP 榜单。截至 2016 年上半年，腾讯新闻月活跃用户量达 1.74 亿，排名第一；

2018 年第一季度 iOS APP Store & Google Play 全球 APP 排行榜

下载量			收入		
排名	APP	公司	排名	APP	公司
1	Facebook Messenger	Facebook	1	Netflix	Netflix
2	Facebook	Facebook	2	Tinder	InterActiveCorp (IAC)
3	WhatsApp Messenger	Facebook	3	腾讯视频	腾讯
4	Instagram	Facebook	4	Pandora Radio	Pandora
5	UC 浏览器	阿里巴巴	5	快手	一笑科技
6	茄子快传	SHAREit	6	爱奇艺	百度
7	Snapchat	Snap	7	LINE	LINE
8	抖音	今日头条	8	YouTube	Google
9	Netflix	Netflix	9	HBO NOW	Time Warner
10	Sportify	Sportify	10	Google Drive	Google

图 9 - 3   2018 年第一季度 APP 应用下载排行榜

热门 APP (按全球下载量排名)
2018 年第二季度，iOS APP Store 和 Google Play

排名	游戏	与 2018 年第一季度相比的排名变化	APP	与 2018 年第一季度相比的排名变化
1	《球跳塔》	⟰	Facebook Messenger	-
2	《绝地求生：刺激战场》	▼ 1	Facebook	-
3	《恋爱球球》	⟰	WhatsApp	-
4	《地铁跑酷》	▼ 2	Instagram	-
5	《Kick the Buddy》	⟰	抖音	▲ 3
6	《Free Fire》	▼ 3	Musical.ly	⟰
7	《Granny》	⟰	SHAREit	▼ 1
8	《Rise Up》	⟰	UC 浏览器	▼ 3
9	《糖果传奇》	▼ 4	Snapchat	▼ 2
10	《会说话的汤姆猫》	▼ 1	快手	⟰

图 9 –4   2018 年第二季度 APP 应用下载排行榜

今日头条月活跃用户量 9637 万，位列第二。今日头条创始人、首席执行官张一鸣在 2016 年世界互联网大会上透露，今日头条已经累计有 6 亿激活用户，1.4 亿活跃用户（从 9637 万激增至 1.4 亿），每天每个用户使用 76 分钟。

2018 年，有数据机构发布了 2018 年上半年中国 APP 排行榜，其中在综合资讯类榜单里，腾讯新闻以 2.69 亿月活跃人数位居第一，而今日头条则以 2.4 亿（2016 年为 1.4 亿）人次位居第二。

2017 年 6 月 12 日，抖音公布了最新用户数据：截至目前，抖音国内日活跃用户突破 1.5 亿，月活跃用户超过 3 亿，其中，在春节期间，抖音日活跃用户数从 4000 万上升到近 7000 万。

2017 年 8 月，抖音宣布正式出海，并于 2017 年 11 月收购北美知名短视频社交平台 musical. ly。2018 年 7 月，抖音官方正式宣布，全球月活跃用户数超过 5 亿，这是抖音首次对外公布这一数据。就在上个月，抖音公布国内日活跃用户达到 1.5 亿，月活跃用户达到 3 亿。数据说明，抖音在国内外市场保持了高速增长。目前，抖音海外版在日本、泰国、越南、印尼、印度、德国等国家先后成为当地最受欢迎的短视频 APP。一年来，抖音国内版的内容也已经从最初的运镜、舞蹈为主，变化为政务、美食、人文、亲子、旅行等更多元的内容。主力用户群体从早期的 18 岁到 24 岁，上升到了 24 岁到 30 岁用户，该年龄段用户占比目前已经超过 40%。

3. 市值估价翻番增长

公开资料显示，今日头条历次融资情况为：

2012 年 7 月 1 日完成 A 轮 100 万美元融资；

2013 年 9 月 1 日进行 B 轮 1000 万美元融资；

2014 年 6 月 1 日进行 C 轮 1 亿美元融资；

2016 年 12 月 30 日，今日头条完成了 D 轮 10 亿美元融资，本轮投资方包括红杉资本、建银国际等，投后估值 110 亿美元；

2017 年 8 月进行了 E 轮融资，估值 220 亿美元；

2017 年 12 月完成了一次增资，估值为 293 亿美元；

2018 年底，完成了 Pre‒IPO 轮融资，估值为 750 亿美元；

2019 年 11 月 15 日，胡润研究院发布《世茂海峡·2019 三季度胡润大中华区独角兽指数》，字节跳动以 5000 亿元人民币估值上榜。

4. 广告收入成倍增长

今日头条的广告营收目标，2016 年 60 亿元，2017 年 150 亿元，2018 年 300 亿元~500 亿元，2020 年信息流广告的营收是 100 亿美元。今日头条的收入目标正在呈几何式增长。近年来，这家公司的销售团队迅速扩大，以消化经营任务。与此同时，这家公司的估值也在迅速攀升。而实际的应收规模远超于预期目标。

2020 年 1 月 13 日，北京师范大学京师大厦发布了《2019 中国互联网广告发展报告》。报告发布会由中关村互动营销实验室主办，北京师范大学新闻传播学院承办。来自中国互联网业界、学界的诸多专家学者齐聚一堂，共同回顾、总结 2019 年中国互联网广告发展状况。统计报告数据分析，2019 年我国互联网广告总收入约 4367 亿元人民币，相较于上一年增长率为 18.2%，增幅较上年同期略有放缓，减少了 5.96 个百分点，但仍保持平稳增长的态势。从广告依托的平台类型来看，2019 年来自电商平台的广告占总量的 35.9%，稳居第一位，比 2018 年增长 3%；搜索类平台广告以 14.9% 的份额仍居第二位，但比 2018 年的 21% 有所下降；视频类平台收入同比增长 43%，取代新闻资讯类平台，成为第三大互联网广告投放平台。具体而言，中国互联网广告收入 TOP10 由高到低分别为阿里巴巴、字节跳动、百度、腾讯、京东、美团点评、新浪、小米、奇虎 360 和 58 同城，这些企业集中了中国互联网广告份额的 94.85%，较 2018 年同期数据增加了 2.18%，头部效应进一步凸显。值得注意的是，2019 年，字节跳动和美团成为后起之秀，强劲的吸金能力将 BAT 三巨头的互联网广告份额由 2018 年的 69% 削减至 63%。

五、网络媒体企业社会责任与企业声誉的关系

（一）研究结论

通过以今日头条为代表的案例分析，发现对于网络媒体企业，企业社会责任履行与企业声誉、企业绩效之间的关系并不显著。

第一，社会责任履行与企业声誉之间的正相关关系不显著。履行社会责任的媒体企业声誉并未变坏，但也未必就有所提高。不履行社会责任的企业，企业形象和企业声誉确实会受到一些影响。

履行社会责任的媒体企业声誉并未变坏，但也未必就有所提高。媒体企业以提供新闻内容为主，内容产品是精神世界的东西，不像"狂犬病疫苗""毒奶粉"一样危及人的健康甚至生命，而且信息传播过程中，公众的接受程度、理解程度、认同程度是不一致的，这导致人们并不太关心网络媒体企业的社会责任，有种"事不关己高高挂起"的心态。同时，由于很多媒体企业缺乏社会责任意识，履行社会责任的观念不强烈，相关举措也不明显。社会责任报告的信息披露

机制不够完善，加上社会责任报告传播的非广泛性，导致公众对企业社会责任履行情况并不了解。这就能解释为什么履行了社会责任的网络媒体企业，其企业形象和企业声誉并不会提高。

不履行社会责任的企业，企业形象和企业声誉确实会受到一些影响，正如在2018 年 2 月 26 日，工业和信息化部电子科学技术情报研究所网络舆情研究中心发布的《2017 年中国网络媒体公信力调查报告》中显示，在包括"媒体满意度"在内的多个维度中，今日头条表现不佳；而在"用户信任度"上今日头条更是在排名中垫底。但这种影响并不显著，原因还是在于人们更关心的是网络媒体企业的内容产品是否及时、有趣、新颖。网络媒体企业提供意识形态的内容产品只会反映在心理感受、文化交流、价值导向等方面，这种影响不如危及人的生命那么可怕。所以当网络媒体存在各种非议时，反而引起了人们的关注，企业知名度和业务应用反而会成倍激增。这就能解释为什么今日头条在一系列事件面前，各项指标没有下降反而上升了。

第二，社会责任履行与企业绩效之间无显著关系。综观所有的互联网企业和网络媒体企业，只有因自身业务竞争力薄弱而淘汰出局的，还没有哪家企业是因为未履行社会责任而淘汰出局的。在社会责任方面担当较差的今日头条，市值估价、运营指标均按其公司的成长步伐高速增长，曾社会道德备受争议的百度公司在中国互联网界仍是巨头之一。所以，对以内容传播和新闻为主的网络媒体企业而言，社会责任不会影响网络媒体企业的企业绩效。

第三，社会责任履行与否只会短期影响企业业务，但长期并不受影响。今日头条各种立案侦查、各种下架、责令整改和暂停运营，都只是短期内影响了其业务运营；百度亦然，滴滴顺风车也亦如此。这种短期发展受阻还是外力——政府与监管层的干扰，并非市场本身。

当各种事件发生后，认错的诚恳态度、整改的决心和积极的行动落实，往往能得到公众谅解和认同，反而会化危机为机遇，得到曝光率，从反面提升企业知名度，激发市场欲望，促使用户需求。由于用户并不关心企业的价值观，只关心你的业务是否能解决我的信息获取或者方便我的网络应用，这导致外力干扰因素排除后（整改后业务可继续应用时），市场用户会积极下载并尝试这种应用，以体验或者验证前期被关注、被讨论的社会责任问题。正如抖音在一系列事件后，反而提高了知名度，市场需求被快速激发起来，在事件发生后，各项指标不减反而成倍激增了。

（二）对策建议

尽管网络媒体企业的社会责任履行与企业声誉和企业绩效之间不存在显著的

正相关关系。但作为信息传播的网络媒体企业应具备新闻传播者的社会责任和企业责任，所以，网络媒体企业还是应该提高社会责任意识，积极履行社会责任，完善社会责任信息披露机制，促进社会道德正向发展，引领社会价值。就像今日的今日头条一样，通过各种整改措施，重塑企业社会责任体系，从"你关心的才是头条"转向"信息创造价值"。尽管今日头条的社会责任之路任重道远，但今日头条至少上路了。同时，监管部门也有促进网络媒体企业践行社会责任的管控责任，相应的法律规范、监管措施都应该尽快出台，形成良好的互联网媒体企业运行与发展的宏观大环境。

（三）研究局限与展望

本部分以文献分析法和个案分析法为主，探讨网络媒体企业的社会责任与企业声誉的关系。但由于网络媒体较新，相关的理论研究并不丰富，文献研究法所得的结论可能并不全面和准确。未来的研究中，首先，应该加大对网络媒体社会责任的研究，丰富相关研究理论，为后续研究奠定基础。

其次，网络媒体企业业务多种多样，有新闻媒体、出版媒体、内容媒体、娱乐媒体等；从企业性质上看，有央媒、地方官媒、私媒、个媒（自媒体）；等等。本部分的研究以今日头条为个案代表，其相关结论的普适性还需进一步论证。今后可分别针对不同类型的网络媒体展开研究，并可进一步对比分析不同类型网络媒体社会责任履行与企业声誉、企业绩效关系的差异并解释原因。

最后，文献研究和案例分析都是定性研究，本部分并未做实证研究。所以，本部分总结的网络媒体企业社会责任与企业声誉、企业绩效不存在显著性相关关系的结论可能不够具有说服力，还需要后续进一步地实证研究，以定量分析的方法保证结论的科学性和可靠性。

第十章
互联网金融企业社会责任与企业声誉的关系研究

一、互联网金融发展概况与业务类型

随着互联网技术与思维方式的创新，传统金融实现了资金融通和服务模式的升级，并逐渐形成一种"区别于商业银行间接融资与资本市场直接融资的第三类融资模式——互联网金融模式"。整个互联网金融服务运作模式如图 10 – 1 所示。

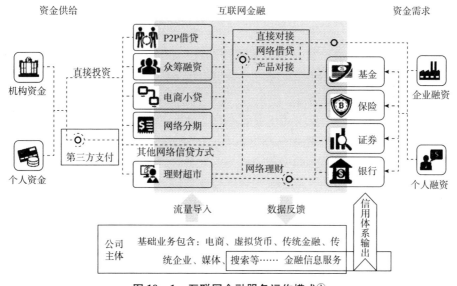

图 10 – 1　互联网金融服务运作模式①

----

① 图片来源于艾瑞咨询发布的 2015 年中国互联网金融发展格局研究报告。

由图 10 - 1 可知，机构和个人资金通过直接投资或第三方支付工具流入互联网金融平台下的 P2P 借贷、众筹融资、电商小贷、网络分期、理财超市等金融业务中，这些金融业务往往对接资金需求方的基金业务、保险业务、证券业务、银行业务，实现资金供给者与资金需求者的资金流通。链接资金供求双方的互联网金融平台往往是电商、虚拟货币发行机构、传统金融机构、传统企业等金融服务公司，这些公司实现了用户流量导入和数据交换，不仅促进互联网金融的开展，也支持征信业务的开展。

二、互联网金融企业社会责任的界定

互联网金融企业的性质有三点：第一点是虚拟性。作为互联网企业，其业务运作的虚拟性、网络性等特点使得企业的社会责任偏向对市场的责任、对公众的责任，具体表现在经济责任、道德责任、法律责任、公益责任四个方面。由于金融行业是面向各行各业的，客户企业有制造业、服务业、教育业等，金融行业主导的资源配置结构在一定程度上也会影响其他企业的生态环境履行，所以互联网金融企业也是有环境生态责任的，比如金融业务倾向于流向绿色产业，而对环境污染严重的高能耗企业给予其至不给予相应的金融服务。

第二点是金融性。随着"十三五"规划首次提及互联网金融，其在经济转型升级中的地位与意义被提升至国家战略层次。2016 年，我国经济下行趋势或将持续，而供给侧结构性改革则将加大推进力度，在此双重背景下，互联网金融行业将承载更多的经济责任。

第三点是复合性。互联网金融有机融合了互联网技术与金融的双重优势，在国家经济发展规划下具有重要的战略意义。"十三五"规划中首次提及互联网金融，肯定了其在经济转型升级中的地位与意义。尽管 P2P 平台跑路事件给行业形象造成了极大的负面影响，但互联网金融行业整体仍保持着超常规发展。互联网金融的快速成长，在拓展大众投资理财方式的同时，也为解决小微企业融资困境提供了可能性，是助力"大众创业、万众创新"的重要来源，从而能够成为推进供给侧改革的关键支撑点。因此，互联网金融企业在当前时代背景下，具有主动履行支撑与带动经济发展的经济责任。

互联网金融当前存在的 P2P 跑路、非法集资、洗黑与地下钱庄、校园贷、裸贷、现金贷、系统安全等一系列问题也反映出互联网企业的诚信经营的道德责任和经济责任问题。为了自身企业的可持续性发展和助推供给侧结构性改革的经济大发展，互联网企业还应具备经济责任、道德责任、法律责任。

经济发展的最终目的是资源的合理配置和人民共同富裕。作为宏观环境下的任何一家微观企业，都应具备社会责任中的公益责任。金融企业运作着资金与财富的流通与增值，平衡着经济协调发展和贫富差距，所以对互联网企业而言，有能力、有优势、有机会承担更多的公益责任，推动社会经济与人民幸福安康的协调发展。

三、互联网金融企业社会责任问题与对策分析

互联网金融企业的利益相关者仍然是客户、员工、股东，市场、政府、社会和环境，对这些利益相关者的社会责任主要是经济责任、道德责任、法律责任和公益责任。由于互联网金融行业的特殊性，环境责任不是自然生态责任，而是文化、价值、道德层面的社会道德责任、法律责任和公益责任。

（一）存在的问题

1. 经济责任有待提高

纵观互联网金融的发展现状可以发现，互联网金融企业的经济责任有待提高。对客户的欺诈、泄露隐私、非法集资等现象在 P2P 平台、网络贷款平台普遍存在。由于对客户的非诚信行为，受到监管机构的整顿停业，甚至是居心不良的运营商"携款潜逃""集体跑路"等行为，不仅侵害了客户和员工权益，也损害了股东利益，从这个方面讲没有很好的落实经济责任。恶意竞争、虚假销售等行为也扰乱了市场秩序，对市场未负经济责任。

2. 道德责任落实不到位

道德责任包含对客户权益的保护，对员工权益的保障，对股东利益负责，进而维护良好的行业生态环境。但是现有的一些互联网金融企业，为了追求利益的最大化，向消费者披露虚假信息，夸大收益，这些诚信缺失的行为极易给消费者造成经济损失。更严重的是，一些互联网企业为了追求短期利润最大化，不惜采取通过互联网匿名的方式，在全国从事收放贷业务，高于银行预期利息吸储放款，赚取高利贷。还有的互联网企业通过传销、非法集资欺诈、洗钱等非法途径坑害投资者，为少数人牟利。这不仅触犯了中国的法律，扰乱了正常的国家金融秩序，伤害了利益相关者的权益，更践踏了一个企业应当遵循的基本金融道德责任。

在互联网金融交易中，用户提供了大量的身份、资金及投资偏好等信息，这些隐私信息在互联网传输过程中容易被盗用和篡改，给用户资金安全带来了威胁。一些互联网金融企业对用户信息保护的责任心不强，甚至有些企业不遵守网络道德规范，对用户信息过度收集和滥用，侵犯用户隐私，给用户资金安全带来极大威胁。

3. 慈善公益责任履行较少

互联网金融企业与社会发展息息相关，企业无法脱离社会而独立运作。企业的各种资源取之于社会、用之于社会。因而企业应当重视社会公益，提升企业形象。互联网企业不仅向社会提供各类理财产品和服务，同时承担着树立一个健康正面、奉公守法企业形象的责任。一些互联网金融企业不仅不践行社会公益责任，还以不诚信的非法集资、跑路、携款潜逃等欺诈行为榨取人民钱财，既损害了整个互联网金融行业的信用与形象，又完全违背了其应当遵守的社会伦理。

4. 法律责任意识淡薄

任何一个企业及其经营的业务范围都应该遵守相应的法律规范，遵从行业自律和企业管理制度，即履行守法合规的法律责任。互联网金融企业要遵守金融监管的各项法规，但一些互联网企业的行为完全违背了现有的监管细则与要求，无视法律责任的履行。互联网企业能违规操作的原因是多方面的：一是互联网金融企业的虚拟性，其注册地、运营商、用户均在网络虚拟空间内完成，用户难以查证和辨别互联网金融企业的真实性、诚信报告、运营资质和财务报告。二是一些互联网金融诈骗分子利用用户的投资心理，以小额度标的骗取用户资金，当用户发现上当受骗后由于没有相应的消费者权益保护渠道而选择不了了之，给一些不法互联网金融诈骗分子制造了生存空间。三是行业准入门槛低。行业准入门槛低，导致互联网金融行业良莠不齐，在激烈的市场竞争环境下，以营利为目的的互联网金融企业必然选择"利己主义"的经营方式，侵占用户财富，干扰市场的正常运行，当被相关监管部门查实后，又可以重新注册，换个企业名称"卷土重来"，真是"打之不尽，打了又来"。这就是为什么即使在金融监管部门的严格监管下，仍存在无数非法运营的互联网金融企业。四是行业监管不到位，存在灰色地带。由于行业规范不健全，不完善，非法经营的惩罚力度不够，互联网金融行业存在很多的灰色地带。灰色地带给一些道德意识不强，诚信经营欠佳的中小企业营造了非法运营的外部有利条件。

5. 生态责任效果不明显

互联网金融企业本身的业务并不影响自然生态环境，但是服务对象企业的生产经营行为会影响生态环境。互联网金融企业在业务配置上，可以有所倾向，调整到绿色生态资源配置的平衡点，协调绿色经济的发展，间接履行生态责任。但是互联网企业的生态责任要求不强烈，即使履行了生态责任，效果也不显著。

（二）问题的成因分析

互联网金融企业的社会责任问题，一部分是由互联网企业本身的问题引起的，比如责任意识不强烈、负责任的能力有限、高层管理者的个人价值观与守法合规的道德准线低下等；一部分是行业整体环境如此，浮躁的社会发展态势，过度追求超额利润的心态，加之行业真空地带和灰色地带的存在，给很多互联网金融企业野蛮生长的空间；此外，因为行业外部环境和高层监管机制不到位，也让互联网金融行业的社会责任履行没有外部压力和内在动力。

尽管从电子商务时代开始有了第三方支付工具就开启了互联网金融，但是真正被认为互联网金融时代的到来是 2013 年阿里巴巴集团的支付宝延伸出来了余额宝产品。余额宝的横空出世，将用户的闲置资金利用起来实现资金增值，带动了金融行业和社会经济的快速发展。所以，2013 年被称为"中国互联网金融元年"。从需求端看，用户对余额宝的青睐也激发了余额宝一类的互联网金融行业的高速发展，国家给予了各种鼓励性政策来推动互联网金融行业发展。经过市场需求拉动和政策推动，互联网金融如雨后春笋般爆发式成长的背后，存在很多问题。但是，互联网金融的野蛮生长超出了原有金融市场的规范体系，作为新生物的互联网金融模式，监管层也不清楚会有什么样的风险与问题出现，所以相应的行业规范和法律条文严重滞后于互联网金融的发展。当互联网金融在发展过程中暴露出问题后，监管机构才进行问题分析与对策补救，导致了灰色地带长期存在和政策的滞后性，由此滋生了互联网金融的各种社会问题。

2015 年，互联网金融经过两年野蛮生长之后，行业竞争日趋白热化和复杂化，逐渐向有监管规则的方向发展，相关部门先后出台了系列行规和政策指导意见。2015 年 10 月，中国人民银行等十部委发布《关于促进互联网金融健康发展的指导意见》，官方首次定义了互联网金融的概念，明确要遵守"依法监管、适度监管、分类监管、协同监管、创新监管"的原则。

伴随着互联网金融行业的蓬勃发展，风险也逐渐集聚，尤其是 2015 年下半年以来，互联网金融风险事件频发，其中 P2P 领域成为重灾区，泛亚、e 租宝等大案给投资者造成巨大损失。面对行业风险爆发，监管全面趋紧，2016 年密集出台了各项监管政策，被称为"互联网金融监管元年"。2016 年初政府工作报告强调规范发展互联网金融，同时互联网金融协会正式成立。10 月，国务院办公厅印发《互联网金融风险专项整治工作实施方案》，集中力量对网络借款、股权众筹、互联网保险、第三方支付、互联网资产管理及跨界从事金融业务、互联网金融领域广告等重点领域进行整治，致力于建立健全的互联网金融监管长效机制。随着相关监管政策全面落地推进，互联网金融监管整治工作进入中期，政策导向由严格整治转向规范发展，行业整体经营环境逐步有所改善。

（三）对策建议

2017 年 7 月 14 ~ 15 日，第五次全国金融工作会议在北京召开。此次会议围绕服务实体经济、防控金融风险、深化金融改革"三位一体"的金融工作主题做出了重大部署，提出"服务实体经济、防范金融风险、深化金融改革"三大任务。针对上述互联网金融企业社会责任存在的问题和产生问题的原因分析，本书提出以下对策建议：

1. 综合提升自身竞争力，勇于担当经济责任

金融业是宏观经济改革的重要工具，供给侧结构性改革的顺利实施，需要互联网金融企业主动承载驱动实体经济发展、推进普惠金融建设、促进产业结构升级与加快绿色发展步伐等责任。

在行业规范发展的宏观大背景下，互联网企业首先要守法合规、诚信经营，感恩回报社会，对客户负责、对员工负责、对股东负责；规避恶性竞争与非法经营，维护行业市场秩序和行业形象，对市场负责，对社会负责；利用行业自身优势和技术创新能力，依托大数据驱动金融供给创新，提升信贷资源配置效率，坚持差异化品牌发展路径，提升风险防控能力，着力发展绿色互联网金融，促进经济发展，推动供给侧结构性改革，承担对政府、对社会、对市场的经济责任。

2. 守法合规、诚信经营，提高社会责任感意识，积极践行法律责任和道德责任

对市场负责，对客户和员工、股东负责的首要前提是守法合规，积极配合监管部门的相关工作，在行业监管约束下诚信经营，塑造良好的企业形象和品牌内涵，加强风险控制，避免因投资管理不善造成资金流动性风险。从 2018 年 7 月我国几千家 P2P 平台集体爆雷事件来看，保障投资者资金安全是最基本的道德责任和法律责任。

首先，构建现代化互联网金融信用体系。互联网金融信用体系建设是互联网金融道德建设的基础性工作。在国外，互联网金融行业尤其是 P2P 行业发展相对健康，究其原因，在于其拥有完善的社会信用评价体系以及安全的网络外部环境。因此，加强互联网金融企业的信用文化建设，构建完善的社会信用评价体系至关重要。要在传统社会道德规范的基础上，充分考虑互联网交易"虚拟化、信息化"的特点，逐步建立以诚信、高效为核心的现代网络文化，为线上交易活动创造良好的诚信文化环境。要加强诚信制度建设，建立完善的社会信用体系。构建完善的诚信体系是互联网金融业务健康、规范发展的基石。互联网金融的诚信

体系建设相对于传统金融要求更高，这就需要传统信用评级体系建设经验与互联网技术创新有效融合，综合运用法律、宣传和舆论监督等手段建立网络社会信用激励和惩戒制度，健全互联网信用管理保障体系。同时，充分利用互联网大数据分析与挖掘技术，建立一个包括个人信用、企业征信、登记注册、信息披露、道德评价等在内的覆盖各个领域的网络诚信体系，以供各互联网金融参与主体参考。

其次，加强互联网金融主体的道德自觉建设。加强互联网金融主体道德自觉建设是互联网金融道德建设的关键路径。"互联网金融道德自觉"是指各参与主体能够认同互联网金融的基本道德规范，在市场活动中自觉遵守道德标准。要提高互联网金融主体的道德自律水平，通过道德自觉建设将互联网金融道德规范演变为个体的内在需求和价值引导，杜绝互联网金融个体通过不道德手段牟利的可能性。为此，必须从个人、企业及社会三个层面加强互联网金融主体的道德自觉建设。第一，充分发挥个人主观能动性，加强从业人员职业操守培养。通过道德规范教育使其形成对互联网金融道德标准的高度认同，以实现个人利益诉求与社会整体要求的协调统一。第二，建立互联网金融企业道德文化标准。注重企业内涵建设，积极构建以诚信、创新、安全为核心的互联网金融企业文化。通过诚信经营引导企业的价值追求，并以企业价值观引导企业员工的行为。第三，完善互联网金融企业的社会责任体系建设。各互联网金融企业应严格遵守行业行为规范，自觉承担起构建和谐文明的互联网道德体系的责任。协调员工与企业、企业与网络社区、网络社区与整个社会经济生活的可持续发展关系，使互联网金融市场各参与主体形成道德自律意识。

再次，加强互联网金融行业自律管理。加强互联网金融行业自律管理是互联网金融道德建设的内在要求。中国人民银行、工业和信息化部等十部委发布的《关于促进互联网金融健康发展的指导意见》也明确指出，要"充分发挥行业自律机制在规范从业机构市场行为和保护行业合法权益等方面的积极作用"。明确行业自律机制，强化互联网金融企业服务社会、服务大众的正面形象，对提高行业规则与道德约束力具有极其重要的意义。因此，必须将完善行业自律管理机制作为互联网金融发展的基础性工作，秉持公开性、公正性、责任性原则建立各级互联网金融行业协会。第一，坚持公开性原则。互联网金融协会的运作建立在互联网金融企业自我约束、自我管理的基础上，受社会公众的监督与评价，必须保持足够的开放性与实效性，加强与互联网企业、社会公众的沟通交流。第二，坚持公正性原则。保持协会自身的中立态度，以服务为己任，对所有互联网金融参与者公平公正。对于交易活动中的纠纷，坚持以事实依据，公平裁决，维护协会的社会声誉。第三，坚持责任性原则。自律组织应自觉承担维护互联网金融行业秩序的社会责任，不断提高监督、反馈的效率。重点关注对互联网金融决策者相关决策行为的监督与纠偏，制定相应的责任机制与奖惩机制，对违反法律与道德的行为要严肃查处，形成对违反互联网金融道德行为的舆论约束环境。

最后，完善现代网络道德规范。完善现代网络道德规范是互联网金融道德建设的主要内容。当前互联网金融领域诚信缺失导致的风险问题令人担忧，其实质是网络道德环境恶化的表现。网络道德环境的完善可以为互联网金融风险的防范提供外部保障。因此，可以通过加强现代化网络道德规范建设，为互联网金融消费者维权提供良好的外部环境。第一，确立以社会主义核心价值观为指导、以传统道德为基础的网络道德原则。以社会主义道德体系为依托，继承"礼法、诚信"等传统道德文化理念，合理借鉴国外网络道德建设经验，并结合中国互联网发展特点建立现代化网络道德规范。第二，加强网络道德教育。建立家庭、学校、社会三位一体的网络道德教育体系。同时，通过线上与线下相结合的方式进行网络道德规范宣传，普及网络基础知识和道德伦理知识，并结合实际案例对网络道德失范行为进行剖析评判，为网民提供道德判断的依据。第三，加强网络制度建设。网络制度是网络道德规范发挥价值的基础，而网络环境的不断变化对网络道德制度建设提出了新的要求。为适应网络道德规范的发展，应加强网络道德制度的创新与变革，以新的制度确保互联网金融主体做出正确的选择。

3. 着力发展互联网绿色金融，落实生态责任

伴随着我国经济高速发展的同时，环境问题也逐渐凸显出来，倡导绿色发展成为必然选择，也是社会经济健康发展的迫切要求，从而使得绿色金融成为"十三五"规划与供给侧改革的重要内容。因此发展绿色互联网金融既是行业实现可持续发展的需要，更是互联网金融企业拓展利润增长点的时代契机。其一，应基于绿色经济产业的新特征，构建以轻资产为主的绿色金融产品体系。对于新兴的绿色企业，应依据其轻资产营运、欠缺抵押物的现实，互联网金融可实施差异化策略，采取创新担保形式，设计出如环保收益质押信贷、绿色融资租赁、知识产权质押贷款等具有针对性的金融产品。其二，应基于经济结构变化的新特点进行相应调整，实现信贷结构优化。在确定扶持方向与核心行业后，可实行差异化、动态化的绿色信贷授信方案。同时，还应及时关注政府新的政策法规、行业准入门槛与节能环保规定，对申贷项目的节能效益、可操作性、潜在问题进行重点审查，提前预防由于违反国家经济与环保政策而产生的信贷风险。其三，应基于国家宏观战略规划，进一步深化"赤道原则"研究及国际合作。目前我国已真正成为对外投资经济体，而伴随着"一带一路"建设等的推进，我国企业与世界经济的融合脚步将逐渐加速，因此互联网金融日益增多的国际金融服务，将给互联网金融加快国际标准接轨、全球化规范发展带来更多挑战。

4. 加强公益责任的落实

互联网金融企业应当重视社会公益活动和慈善事业，回报社会。取之于民，用之于民的社会资源运转方式，要求金融行业保障人民财产，促进人民财富增值，形成良好的社会经济基础。维护赖以生存的生态循环体系，金融行业才能可持续性发展。同时，公益事业不仅能解决社会问题，还能帮助企业树立良好的企业形象，提高企业的软实力，获取更多的市场基础，进而提高企业绩效。

5. 完善行业监管体系

我国互联网金融的快速发展，对金融监管提出了更高的要求，目前，我国互联网金融监管充分发挥部际协调机制，加强顶层设计和部门协调监管，对已经开展的业务进行分类监管。各部门在互联网金融监管方面的分工如下：中央网信办、人民银行、证监会、银监会、保监会牵头会同工信部、公安部、财政部、国务院法制办（地方金融办）等协同负责法律法规、资信资源完善、征信完善；人民银行、证监会、银监会（网贷处 P2P）、保监会、地方金融办负责金融用户权益保护（风险披露、用户告知、权责关系）和金融业务管理（业务准入与拍照、业务规范、风险管理、反洗钱）；中央网信办和工信部负责网络信息安全（网站安全防护、用户个人信息保护、网站管理技术标准）；公安部负责打击互联网金融犯罪。

互联网金融的本质仍然是金融。"所有金融业务都要纳入监管。"而且在当前以及今后一段时期，金融严监管都将是主要基调。通过严监管，能够将动机不良、能力不足的从业者清出去。2017 年便是互联网金融的合规规范年。通过系列监管文件的落地，中央与地方联动整治互联网金融乱象，行业规范度得到大幅提升。

行业风险得到控制之外，大量小微企业、"三农"服务以及个人信贷需求仍未得到充分满足，如何通过科技手段，降低金融服务门槛、提升服务效率即是互联网金融的使命所在。监管也要引导互联网金融回归小额、分散、普惠初心，使之成为传统金融的有力补充。

四、案例分析——宜信社会责任与企业声誉关系研究

（一）宜信公司简介

宜信公司由唐宁创建于 2006 年，总部位于北京。宜信是一家从事普惠金融

和财富管理事业的金融科技企业，在支付、网贷、众筹、机器人投顾、智能保险、区块链等前沿领域积极布局，通过业务孵化和产业投资参与全球金融科技创新。成立11年以来，始终坚持以理念创新、模式创新和技术创新服务中国高成长性人群、大众富裕阶层和高净值人士，真正的让金融更美好。旗下拥有宜信财富、宜信信用、宜信普惠、宜信投资、宜人贷、宜信MSE等金融业务。

宜信公司的企业理念是穷人有信用、信用有价值、普惠信用、普惠教育。

穷人是有信用的，信用与财富的水平并不挂钩。因为穷人借贷，关心的是如何增值，如何解决生存发展的需求。你给予他们信任和尊重，他们会加倍地返还于你。中国人有信用、中国人的信用有价值。

信用有价值。大多数人的内心都是美好的，他们愿意去改变自己，关键是要配以完备的诚信教育，并要让大家认识到，信用也是一种无形资产，信用是有价值的。个人可以通过信用价值的释放，获得信用贷款，实现自己的理想。

普惠信用。通过宜信的努力唤起社会对于贫苦人民信用价值的关注和认可，让信用真正成为体现价值的载体，促进中国城乡地区普惠信用的实现。

普惠教育。"普惠教育培训"这个理念符合中国的现实状况，宜信相信没有钱，但只要有信用，同样可以接受教育培训，获得教育改变命运的机会。

（二）宜信社会责任治理体系

1. 宜信的利益相关方

宜信的发展离不开利益相关方的参与和支持。通过对自身商业模式和管理流程进行梳理，宜信将主要利益相关方确定为政府、行业、财富管理客户、普惠金融客户、员工、高校及学术机构、非营利组织、社会、媒体和环境。在充分考虑自身运营管理对利益相关方影响的基础上，宜信不断完善沟通机制，了解各方在社会责任领域的诉求，并用实际行动回应相关方关注的议题，促进利益相关方的参与，实现与利益相关方的全面、可持续发展。

2. 宜信的社会责任治理体系

宜信高度重视社会责任治理，并根据企业特点搭建了社会责任三级治理体系，将企业社会责任理念与企业战略、日常管理和商业运营相结合。

战略发展：由战略支持中心、行业与机构战略部等公司战略制定部门共同负责，通过创新金融理念，发起行业联席会等方式，促进行业健康发展，推动信用体系构建，进而促进信用社会发展。同时，通过普惠金融和财富管理的方式，服务高成长性人群和大众富裕阶层，使其切身体会信用带来的价值，并自此形成"水波效应"，通过这些信用的受益者继续传播信用的理念和价值。

有效公益：由企业发展部、人力资源与行政部、市场与公关部、互联网部、客户服务部、销售支持部等职能部门配合完成，通过开展公益助农平台、职业教育支持平台、小微企业服务平台、员工志愿者活动、校企合作等项目，将宜信的日常营运与公益项目相结合，打造负责任的商业运营。

合法合规：由宜信公司合规与操作风险部、法律事务部等共同负责，制定了相关合规制度、风险管理机制及问责机制，配合相关监管部门，进行精细化管理。同时，搭建合规管理平台，将相关法律法规及公司制度纳入该平台，确保宜信的各项业务都在法律规定的框架内进行，做到"人人合规、事事合规、时时合规"。

（三）宜信公司社会责任履行概况

宜信公司创始人、CEO 唐宁于 2019 年 8 月 2 日在京发布的《2017–2018 年企业社会责任报告》致辞中指出："世界首富比尔·盖茨退休之后不再经营企业，在全世界范围内做公益，巴菲特将财富捐赠给专业的慈善组织去做公益。我们为什么要做公益慈善呢？一定是它给我们和我们的家人带来了最大的快乐，创造了社会价值。每个人、每个家庭能为社会做出很大的贡献，每个企业能做的会更多。宜信的社会责任并不是'费用'，而是一种投资，是一种和主营业务相关、可持续的、让员工能够认同并积极参与、能开放给更多人的战略企业社会责任。"宜信公司高级副总裁徐秀玲在报告解读中提到："责任是宜信价值观中很重要的一项，是'金融'前面必须要加的定语，我们要对得起客户的托付。金融和人有关，不是冷冰冰的数字，会为人们带来更美好的生活。做负责任的金融、有温度的金融，这也是我们对自己工作的要求。"

在宜信的企业理念下，宜信一直积极履行各类社会责任。其中，对于有温度的公益，宜信坚持用金融创新的方式，有很多方面的实践和成果。

1. 金融扶贫

宜农贷是宜信于 2009 年推出的公益助农平台。通过宜农贷平台，社会爱心人士可以将资金出借给贫困地区需要帮助的农村借款人，支持他们发展生产、改善生活。在宜农贷平台上最低出借 100 元，一两千元的资金就可能改变贫困农户的生活状况。扶贫先扶志，作为一种"可持续扶贫"的创新公益模式，宜农贷以出借而非捐赠的"造血式"扶贫方式，不仅实现了精神扶贫和物质扶贫的双重收获，而且实现了公益性和商业性的完美结合。宜农贷平台建立 8 年以来，出借金额超过 28000 万亿元，帮助 24 个贫困地区的 2 万余户贫困家庭改善了生产生活条件。

2. 志愿宜信

宜信员工志愿者协会正式成立于 2011 年 11 月。由志愿从事社会公益，自愿贡献自己的时间、智慧、技术的宜信公司员工及社会爱心人士组成，为公众提供普惠金融、普惠教育、青年发展等公益服务。宜信志愿者协会是在北京市志愿者联合会正式登记的一级团体，迄今为止，各地同事自发成立了32家宜信志愿者分会，开展了180多场志愿活动，4000多名宜信志愿者共投入社会公共服务超过10000小时。

3. 财商教育

"贝壳"青少年财商教育项目是宜信公司在2013年底发起的面向6～16岁青少年的金融教育项目。专业财商讲师通过财商游戏、手工制作、角色扮演、情景模拟等寓教于乐的体验式教学，传递储蓄、消费、资产、风险等金融知识，提升青少年财商知识与技能。项目致力于弥补传统教育中缺失的金融普及教育，系统全面地向孩子和家长传递正确的财商理念，树立正确的人生观、价值观、财富观。

4. 企业服务

宜信信翼旨在为企业家提供综合性、一站式企业发展服务解决方案。依托宜信普惠金融、财富管理、企业经营管理等领域专业知识及丰富经验，为企业家及相关群体提供综合能力建设及金融服务，促进企业健康可持续发展。

5. 公益金融

公益金融（又称社会金融）作为一种社会创新和商业变革的金融创新行为，是注重在产生私人经济回报的同时，也为社会公益带来福祉的各类金融活动。作为社会进步和商业文明的体现，公益金融的实现方式多种多样，包括影响力投资、责任投资、公益创投、社区投资、微型金融、社会效益债券、可持续商业及社会企业贷款等形式。

"公益＋"项目是专注于公益金融领域的多元发展项目。借鉴学习国际先进经验，深入实际了解国内本土实际情况，在此基础上结合宜信自身的财富管理丰富经验，推出适合国内理财者需求的公益金融创新产品，同时也不断丰富国内公益金融领域的研究成果。2015年，宜信公司与北京师范大学社会发展与公共政策学院共同发起的中国公益金融创新计划（CISF），使命在于推动金融行业的中国式社会创业，建立聚焦中国公益金融创新的国际性平台。

6. 青年发展

自2011年起，宜信与创行联合推出"微金融微动力"小微企业助力计划。项目秉承为小微企业提供智力帮扶的宗旨，在全国企业调研基础上，着力推动企业主能力建设，支持小微企业健康、可持续发展。

7. 促进普惠金融的发展

在谈及普惠金融的中国发展时，结合宜信十年实践，唐宁通过三个案例，与参会嘉宾做了分享，分别为面向城市的中小微企业的金融服务平台——"翼启云服"，针对农户创新金融模式的小微租赁、宜农贷，以及解决"10 万美元困境"为中国小理财者提供最需要的普惠金融理财的智能投顾平台——投米 RA。

其中，在讲到"翼启云服"时，唐宁重点强调，"它运用供应链的互联网金融云平台技术，基于宜信过去 10 年积累的大量中小微企业的金融大数据资源以及财务管理经验，从支付、理财、信贷延伸至内部管理，以全面提升客户综合经营能力为中心，进行产品行业广度和深度布局，为中小微企业搭建了一个便捷、安全、风险可控开放式的投融资金融科技服务平台"。

唐宁指出，"翼启云服"这样的平台模式，很好地诠释了普惠金融"三步走"——小额信贷—微金融—能力建设这样一个逻辑。

唐宁最后强调，"作为金融创新业者，我们的终极梦想，是通过自己的所知、所学、所做、所为，使得有限的、稀缺的资源，真正能够配置、送达到有德、有才、有担当的个人和企业组织那里去，实现更好的金融配置，就能有更好的百业、更好的社会。基于此，我们宜信公司的全体同仁愿意跟业界大家一起继续努力，使得模式创新、技术创新，让金融更美好"。

（四）宜信社会责任与企业声誉的关系

宜信"2017 - 2018 年企业社会责任报告"显示，宜农贷累计出借额突破 3 亿元，帮助农户 26983 人次，让农民有钱用。宜人财富服务几十万大众富裕人群，让白领理财更放心。商通贷覆盖全国 320 个市 1707 个县，借款金额 55.92 亿元，服务小微企业总数达 2 万余家，让小微拿钱快。农机融资租赁服务 30 余个省份近万名农民，"宜定牛"活体租赁覆盖全国 300 余家牧场，让农村发展有活力。宜信博诚通过"AI + IA"模式，让小康之家得到更专业的保障。宜信财富私募股权母基金投资于新经济，让高净值人士享受新经济发展成果。宜信财富家族办公室一站式定制化解决方案，让代际传承永续。

作为一家负责任的互联网金融公司，宜信的企业声誉和品牌价值逐渐形成并稳固下来。2014 年 12 月，宜信当选"北京市网贷行业协会"会长单位，CEO 唐宁当选为协会会长。2015 年 1 月，宜信当选"中国小额贷款公司协会"副会长单位。2016 年 3 月，宜信当选中国互联网金融协会常务理事单位。2016 年 12 月 14 日，国际金融服务业战略情报领衔提供商《亚洲银行家》授予宜信财富中国"最佳非银行私人财富产品"（Best Non - Bank Private Wealth Product）殊荣。这是《亚洲银行家》首次在财富管理领域针对产品进行专业评选，宜信财富是首家并唯一获此殊荣的财富管理机构。2017 年 6 月 26 日，享誉全球资本市场的《亚洲货币》杂志在 2017 年度中国卓越独立财富管理机构评选中，授予宜信财富唯一的"年度最佳财富管理机构"（Best Wealth Management Firm of the Year）大奖。宜信财富凭借综合实力成为首家获得《亚洲货币》母公司欧洲货币机构投资者集团认可的中国独立财富管理机构。2018年被《亚洲货币》再次授予"年度最佳财富管理机构"并授予"最佳FOF财富管理机构"大奖，2019年宜信财富连续第三年荣膺《亚洲货币》年度奖项并首次包揽三项大奖——"最佳家族办公室服务财富管理机构""最佳海外资产管理财富管理机构"以及"最佳高净值独立财富管理机构"。此外，在屡获褒奖的同时，宜信的财务绩效也快速递增。比如农村金融这一块，助农发展、普惠金融的社会责任就给宜人贷带来了可观的经济收益。

在宜信的战略部署下，宜信通过客户精准定位、产品创新、合理定价、把控风险等方式做大了农村金融业务规模，使其成为有利可图的"香饽饽"。银行不愿意做的客户恰好就是宜信的客户，宜信采用高于银行信贷额度和利率的方式，使得农户获取其所需资金的同时，自身也实现了较高的利润。针对农业经济和农村金融的实际情况，宜信租赁通过将原有的租赁业务扩展到覆盖全产业链的租赁链，除传统农机之外，还涵盖喷水设施、烘干设施、粮食加工设施、粮食存储等，满足农户的需求，同时也为宜信带来了利润。宜信还通过大数据、实地调研等方式选择有发展潜力的融资租赁客户，约定客户在利用农具获得收益时给予宜信不超过50%的净利润所得，使得宜信的利润得到进一步扩大。

综上所述，宜信的社会责任治理不仅让宜信企业声誉提高，获得社会效益，同时也在多个业务领域获得了可观的经济效益。经济效益反过来又可以促进宜信社会责任的履行，进一步提高社会声誉，声誉的提高又促进经济绩效的提高，进而形成双元效益。宜信在获得社会认可和较高利润后，其行业领导者地位得到强化，企业规模也进一步做大做强，并且在农村金融领域积累了更多的经验，树立起"农村金融业务专家"的企业形象，也有更多资金投入到创新和研发上，以进一步加强自身的创新能力。为继续实现这种可持续性发展优势，宜信更加自觉履行社会责任，在合法合规的基础上开展有效公益和实施企业战略，打造人人均可享有的金融服务体系，与社会共享信用价值，以最终实现宜信"宜人宜己，信用中国"的愿景。

五、互联网金融企业社会责任与企业声誉的关系

本部分对互联网金融企业社会责任履行与企业声誉的关系进行研究，通过文

献资料总结和案例分析，发现互联网金融企业的社会责任履行与企业声誉有显著关系，企业声誉又与企业绩效形成双元效益。

企业在社会环境中生存和发展，需要与政府、机构、其他企业等各方合作，社会责任为加强企业和利益相关者的关系提供了机会，企业要想通过承担社会责任获得利益，就必须和利益相关者就社会责任进行充分沟通，将利益相关者的关注转化为对社会责任的需求。因此，以利益相关者为导向，关注顾客、员工、政府、环境等多方企业内外部主体的利益诉求，从可持续性视角看待企业发展，将对利益相关者的长期承诺作为一种资源，推动构建企业的可持续性竞争优势，才有可能创造既利于社会也利于企业的双重效益。而如果仅以绩效导向尤其是短期财务绩效作为企业经营效果的判断标准，很可能导致企业的短视或违反社会责任的不当行为，往往"搬起石头砸自己的脚"，被市场淘汰出局或被监管机构清退出场。

这一研究结论与上一章网络媒体企业社会责任与企业声誉的关系研究的结论截然不同，原因还在于"关乎性命"。虽然金融服务不像"毒奶粉"和"假疫苗"那样危及人的健康和生命，但是金融服务的载体——资金/财富关系着人们的生活质量，物质财富决定精神财富，所以金融业务涉及的是广大人民群众的马斯洛需求层次中的最底层（生存需求）需求，这同样"关乎性命"。从这个角度分析，整个社会对互联网金融企业的经济责任、道德责任、法律责任、公益责任的要求远比对网络媒体企业的社会责任的要求强烈得多。所以，互联网金融企业社会责任的履行与否会直接显著影响企业声誉和企业绩效。

但是本部分的研究以文献资料和案例分析为主，缺乏实证分析依据，其研究结论过于笼统，还需后续研究进一步探析互联网金融社会责任与企业声誉和企业绩效的关系。另外，互联网金融的主要模式有五种，这五种互联网金融的社会责任与企业声誉和企业绩效的关系是否一致，本部分未作详细研究。后续研究可分类讨论并比较分析其差异性。

第十一章

搜索引擎企业社会责任与
企业声誉的关系研究

　　网络资源急剧增长，信息资源前所未有丰富的同时，海量级、碎片化的信息增加了人们获取有效信息的时间和成本，搜索引擎在一定程度上解决了这个问题。因此，搜索引擎越来越成为人们信息获取的最主要渠道。但是，搜索引擎也是企业，具备以营利为目的的企业性质，在利益驱动下，出现人工干扰检索信息，误导人们的信息认知甚至左右信息的检索结果，过重的竞价排名机制和关键词广告机制都严重影响了信息的客观性，有失信息的公平、公正性。

　　在人类活动中，任何组织和个人都必须承担和履行一定的社会责任。搜索引擎兼具社会媒介工具和企业双重性质，必须承担和履行自己的社会责任和企业责任。因此，本部分拟研究搜索引擎公司社会责任包含哪些？如何履行？履行后社会责任与企业声誉之间的关系是什么？

一、搜索引擎的工作原理与盈利模式

（一）工作原理

1. 目录搜索引擎的工作原理

　　早期的搜索引擎，限于当时的技术水平，是一种目录形态的网站级搜索引擎。它通过程序搜集到大量的信息，由编辑人员审查分类做成分层式的目录，信息摘要，提供目录浏览服务和直接检索服务，它是被人为地分为若干大类，然后再下分为若干个分层，依次下分，像一棵大树的根系那样直到细枝末节。目录索引无须输入任何文字，只要根据网站提供的主题分类目录，层层点击进入，便可查到所需的网络信息资源。目录检索虽然有搜索功能，但严格意义上不能称为真正的搜索引擎，只是按目录分类的网站链接列表而已。用户完全可以按照分类目录找到所需要的信息，不依靠关键词（Keywords）进行查询。目录索引中最具代表性的莫过于大名鼎鼎的 Yahoo、新浪分类目录搜索。

由于这种搜索引擎需要专业的工作人员对信息搜集和细分进行大量的工作，它的运行与人工操作密不可分，所以更加充分地体现出了"把关人"的作用。

在网络时代中，网络传播信息量大及更新速度快等特点给及时有效地对网络信息加以选择取舍带来了难度，再加上受众在上网的过程中可以相对自由地浏览第一手的信息并在网络上发表意见，造成了网络传播的去中心化。目前"把关人"理论已经发展成为传播学控制分析领域最具科学性的理论之一，它同样也适用于网络传播。搜索引擎作为一种以目的为导向的媒介和工具，相对于其他网络媒体，它的"把关"功能是显而易见的。正因为有了人的参与，早期的搜索引擎更加充分体现出了"把关"功能，这对加强网络传播内容的筛选和管理起到了积极作用。

2. 全文关键字检索的工作原理

全文搜索引擎是目前广泛应用的主流搜索引擎，国外代表是 Google，国内则有百度。它们从互联网提取各个网站的信息（以网页文字为主），建立起数据库，并能检索与用户查询条件相匹配的记录，按一定的排列顺序返回结果。

全文关键字检索利用了一种被称为网络蜘蛛爬虫的程序，这种专用于检索信息的机器人程序像蜘蛛一样在网络间爬来爬去，因此而得名。该程序主要由网络蜘蛛、索引器、检索器和用户接口等部分组成。它依据一定的网络协议在互联网中发现、加工、整理信息，通过分析网站相关链接和网页信息内容，随时在互联网中提取大量最新的网站信息和网址加入自己的数据库中。该搜索程序会定期重新访问所有网页，更新网页索引数据库，并及时清除其中的过期链接，从而反映出网页的实时真实情况。

搜索引擎设计的思想核心体现在对搜索结果的排序上。当用户输入关键词进行搜索时，搜索引擎软件就会分析搜索请求，再从网页索引数据库中找到符合该关键词的所有相关网页。然后索引器分析提取到的网页，通过一定的算法进行大量复杂的计算，算出每一个网页与用户检索关键词的相关度，进而按照与关键词的相关性以及重要性高低组成一个排列目录进行数值排序，相关度越高，排名越靠前。最终呈现在用户眼前的是由页面生成系统构成的链接网址和网页内容主题综合起来的搜索结果。不难发现，全文关键字检索运行过程信息更新更为及时，程序操作贯穿始终，人为干预的因素大大减少，"把关人"作用被削弱了。缺点是，由于信息量大，用户搜索到的信息指向性差，搜索内容包含有许多无关信息，很难一下在上万条的相关信息中一下找到自己需要的内容，更不可能逐个点击浏览每个链接，这样一来，对搜索条目的排序就成了引导用户点击网址链接优先级的重要依据，是否把与用户需求一致的结果排在前面直接决定了用户对搜索引擎提供服务的满意度。

相关调查结果显示，一般用户在浏览过程中很少会点击查看第 3 页以后的网页信息，排名相对靠后的网站就很少有机会被浏览。网上调查表明在一个搜索引擎关键词查询结果中，排名在前十位的页面检索将掠去此关键词查询访问量的 60% ~65%，排名 11 ~20 的页面检索将夺得 20% ~25% 的访问量，而排名在 21 名之后的所有页面检索只能分享 3% ~4% 的访问量。因此搜索引擎的竞价排名方式，受到各企业的重视，并得到了广泛的应用。企业愿意出钱把他们的网站或对其有利的网页（主要是自己的广告和软广告）排在最容易被点击的位置。搜索引擎的竞价排名模式正是基于此。

（二）盈利模式

如何让网站的收益达到最大化是所有商业网站经营者时刻关心的问题。商业搜索引擎也不例外。与通过自己采访、编辑新闻、制作专题获得社会效应进而获得经济效益的网络媒介相比，商业搜索引擎本身不是内容生产者，但是通过整合、排列，作为内容的组织者推动广告从中盈利。目前商业搜索引擎的主要盈利模式包括技术授权、关键词广告、广告联盟等。

1. 技术授权

由于开发自有搜索引擎对技术有很高的要求，且需要高成本。不少小型垂直搜索网站、门户网站和企业网站采取付费方式使用搜索技术，向专业的搜索引擎购买具有核心竞争力和处于垄断地位的技术。例如，雅虎、AOL、宝洁等曾使用的 Google 搜索技术，Google 按照搜索的次数来收取授权使用费，雅虎每个季度就能给其带来几百万美元的收入。技术授权的盈利方式主要是在较大门户网站和搜索引擎公司之间进行，虽然发生金额一般较大，但频率一般较低。这种盈利模式可以说是一劳永逸的，而且不需要额外成本。目前，全球范围内 Google 超过 30% 的收入来源于技术授权。不少全球知名网站都是它的合作伙伴，它们按搜索次数支付使用费。

2. 关键字广告

关键字广告可以算作搜索引擎与广告结合的最初形态，也是目前被广泛采用的一种盈利方式。当用户输入关键字，页面除了显示网页链接，显示结果中还出现了与关键词相关性非常高的产品广告。这样的广告目标明确，有的放矢，与搜索用户需求的匹配度很高，与传统广告全民营销的定位相比更明确，因而能取得明显的效果。

关键词广告根据对搜索结果的排序标准不同分为竞价排名和固定排名两种形式。

（1）竞价排名。

竞价排名的鼻祖、著名搜索引擎 Overture 自 2000 年启用了这一全新的收费排序方式，被百度加以借鉴，在国内最早使用。2001 年 10 月，百度开始在国内市场上加以推广使用，并在中国申请了竞价排名的专利。

竞价排名按照搜索用户实际点击次数收费，在各相同关键词的广告中，谁给的钱多，谁的广告就排在前面。这样就充分吸引了想要展示自我、吸引客户、与同类型对手竞争的广告主纷纷投标于竞价排名。出于纯粹的商业考虑，那些原本根据算法来看排名非常靠前的网站被所有符合相关关键字的广告挤到后面甚至无法在第一页出现，必然对用户准确判断和获取需要的搜索结果产生了不利影响。表面上看，竞价排名模式给搜索引擎运营商和企业广告主带来了盈利，实现了双赢，但这是以牺牲用户利益为代价的。

竞价排名其实质是用钱换取网络媒介议程设置的优先权。将广告夹杂在搜索相关词条的首位，如同传统纸质媒体将广告客户的软性广告置于新闻板块显著位置，将影响受众体验和吸收信息的效率，更严重的是这样失真的排序破坏了搜索引擎检索结果的公正性，易使受众对客观事实产生认识上的偏差。

为什么这样引起争议的排名机制会受到国内众多知名搜索引擎青睐呢？这是因为竞价排名除了有较强的针对性，还具有能吸引广告主长期投资的其他特点。

首先，门槛低、浪费少，使它成为中小企业网上推广的首选。在百度开户最低只需 2400 元，它的收费方式是按"每点击成本"（CPC），当目标用户每点击广告一次，广告主只需向百度交付 0.3～10 元不等的费用，就有可能会因此带来万元甚至几十万元以及更多的利益，比平面广告低得多，而且只要没有用户点击，广告主就无须付费。只按实际增加的目标客户访问数计费，把获得有效购买力的平均成本降到了最低限度。

其次，搜索引擎的竞价排名模式给广告主带来了更大的自主性。在传统的平面媒体时代，广告主无法决定广告登在什么位置，谁能看到，交多少钱，只能在"登"或者"不登"之间做出选择。但是在竞价排名模式下，可以随时登录竞价排名客户管理平台查看点击情况，广告主不光可以通过增加投入获取名列前茅的排序，还可以实时看到竞争对手的排名决定广告投放。对广告主提交的关键字个数并没有限制，通过注册不同的关键字，可以吸引到特定的某一群体的所有潜在消费者，从而实现目标客户的全面覆盖。

竞价排名模式经过几年的应用和摸索，已经发展得相当成熟，现在它是不少品牌优势不强的中小企业在网络营销中的首选目标。巨大的市场前景和经济利益使国内各大搜索引擎争相展开竞价排名模式，除了 Google 外的绝大多数搜索引擎开始尝试或已经采用了这一模式。即便用户对竞价排名模式提出质疑和不满，采取竞价排名的搜索引擎运营商出于对技术开发的前期投入和该模式能带来快速回报的考虑，仍然很难在较短时间内改换此运营模式。但是，这种盈利模式对搜索引擎品牌影响是潜移默化的。当用户在寻找信息时却发现自己迷失在广告的海洋中，其很有可能改用其他用户体验相对好的搜索引擎。用户的流失会对广告主投放广告的决策造成影响，形成搜索引擎发展的恶性循环。长远地看，取消竞价排名的盈利模式是搜索引擎发展的必然趋势。

（2）固定排名。

目前几乎所有的搜索引擎网站都在采用固定排名的模式。当用户进行关键字搜索时，与关键字相关的广告链接将出现在搜索结果页面中的固定位置，并在广告主与搜索引擎的合同期内保持不变。搜索引擎同时使用竞价排名和固定排名两种模式也很常见。如百度页面左边的搜索结果中采用含有"推广"字样的是采用了竞价排名，右边的推广则为固定排名。Google 在 2003 年推出了采用固定排名模式的纯文本 AdWords 广告。广告因用户界面友好、相关度高受到了用户的好评。

搜索引擎广告发展的过程也是和搜索用户不断磨合的过程。比如 Google 为了确保它的广告对消费者的有用性，出台了自己的财务激励机制，那些获得很高点击率的广告会出现在页面的显著位置，而点击率少的广告则出现在不起眼的位置，利用这种方法，用户本身就可以决定他们喜欢的广告。固定排名和竞价排名相比价格更高，比竞价排名有更长的合同期，而且不能像竞价排名那样设置关键词，如果要修改或定义成其他的关键字，就必须重新签订合同，给广告主及时进行精准营销调整带来了不便。但是固定排名不影响搜索结果排名，用户可以自由选择看或不看，因此不会过多地影响用户使用搜索引擎的感官体验，还能避免竞价排名的恶意点击问题，相比之下，固定排名的盈利模式更传统，更适用于对搜索引擎营销有一定把握能力的大中型企业广告主。

3. 广告联盟

广告联盟是一种低成本、高收益的盈利模式。目前搜索引擎有代表性的广告联盟应用有 Google 的 AdSense 和百度开发的百度联盟。

AdSense 是 Google 于 2004 年首创的广告盈利模式，它最大的意义在于通过完善的代理机制将 Google 的广告盈利由站内延伸到了其他众多网站。诞生之后迅速成为承诺不采用竞价排名模式拉动广告收益的制胜法宝。在相当多网站中出现的"Google 提供的广告"就是 AdSense 广告，添加了 Google 提供的广告的网站就成为其内容发布会员，会员网站只需拿出一小块"版面"，就能根据广告点击情况得到 Google 的佣金分成。Google 在其中仅起到中介的作用，便坐收广告主广告费与支付会员网站佣金的差价。

关键字广告和广告联盟构成了搜索引擎的最核心的广告业务。搜索引擎作为性价比最高和投资回报率最高的营销模式将会获得越来越多广告主的认可。谷歌高管表示，由于搜索广告可以直接与广告客户联系而且具有可测性，所以备受广告客户的青睐。

目前国内除了一些大型搜索引擎网站的盈利一部分来自于技术授权，主要是依靠广告。广告收入是支撑一个搜索引擎发展壮大的命脉所在。谷歌曾经向外界公布，每年超过 1 亿美元的销售额中有 1500 万美元的利润，这些利润的 1/3 来自技术授权，2/3 来自各种广告。

广告业务为搜索引擎自身带来了经济利益，拓展了搜索引擎的盈利模式，为搜索引擎市场的发展带来了更大的空间。在精准营销理念被企业广告主普遍接受之后，搜索引擎将发挥出更大的能量。作为独立的搜索引擎运营商，必须寻找适应自身发展的策略应对激烈的市场竞争。

二、搜索引擎社会责任的界定

（一）搜索引擎的媒体性质

伴随搜索市场不断壮大，搜索引擎本身也发生了巨大的变化。几年前，它还只是单纯作为信息检索工具存在，但在今天已渗入社会生活的方方面面，不仅为人们提供了便利，也对社会造成了前所未有的影响。当今搜索引擎已经越来越具有多媒体特质，呈现出商品性和文化性相互融合的全新特征。它就像是一个集百科字典、实况地图、视听点播、定向广告、线上购物、即时通信设备，甚至在线图书馆于一身的超级"媒体"。

用户借助搜索引擎获取信息，输入关键字来搜索更为详细的信息资料，在这一过程中，搜索引擎比以往任何一种媒介都更有效地整合信息，将它们的易得性和可控性最大化。因此网络搜索引擎具备媒介性质。

在内涵层面上，搜索引擎作为一种互联网的传播介质，它同样具有多媒体、超文本的特点，为用户提供的信息范围不光涵盖了报纸、电视、广播等几乎所有传统大众传媒的整个领域，对其他网络媒介，如门户网站、网络社区、播客和博客等也是无所不包。可以说只要是传播信息的媒介，其所传播的信息都可以在搜索引擎上找到。从这种意义上说，搜索引擎已经不仅是一项网络技术和一个提供信息的普通平台，而且是一个多渠道信息融合与汇总的平台，它的内涵包括了其他所有媒介的外延，可以称之为媒介之上的媒介。

在经营方式上，如今的搜索引擎已经走向成熟的媒介经济之路。搜索引擎通过海量的信息，吸引了广大受众的眼球，带来了巨大的"注意力经济"，这和传统媒体通过广告实现文化性和商业性的统一异曲同工。当一个广告主考虑媒体投放时，如果忽视了搜索引擎的强大力量，将使他与巨大商机失之交臂。

在意识形态层面上，搜索引擎通过控制信息源把握了强大话语权，它所提供的网络平台不设门槛，可以被所有网民利用。搜索引擎就是拥有着这样一种"亲切的霸权"。搜索引擎通过向人们提供自己搜集到的信息，使人们以此为依据认识周围的信息环境。一方面，人们把它当作了自己大脑的延伸，在无序海量的信息中获得自我需求的满足；另一方面，它也将自己的触角延伸到人类社会的各个领域和层面，直接影响着人类认识世界、改造世界的方式。这种影响力与传统媒体魔弹一般的巨大威力又何其相似！

（二）搜索引擎的社会责任

搜索引擎在本质上虽然不具备传统意义上的大众传播媒体的特点，但它在运行中已经收获到了媒体传播信息资源的实质，它享有信息的控制权，掌握话语权和监督权。搜索引擎通过吸引大量用户的支持换取到了在现实社会中媒体才能得到的广告收入，所以它必须肩负起一个媒体的社会责任，实现权利和义务的对等。

大众媒介社会责任论的主要内容是：第一，大众传媒具有很强的公共性，因而媒介机构必须对社会及公众承担和履行一定的责任和义务；第二，媒介的新闻报道和信息传播应该符合真实性、客观性、公众性等专业标准；第三，媒介必须在现存法律和制度的范围内进行自我约束，不能煽动社会犯罪，不能传播宗教或种族歧视的内容；第四，受众有权要求媒介从事高品位的传播活动，这种干预是正当的。今天看来，社会责任论同样适用于搜索引擎。

搜索引擎公司作为以盈利为主的企业，必然应当履行企业应当履行的社会责任，即包括经济、道德、法律、公益和环境在内的五个方面的责任。相较于传统公司的社会责任，搜索引擎公司的社会责任有其特殊性。其一，搜索引擎公司处理的是信息产品，信息产品是无形、无限的，不存在对人体产生物理性的损害。因此，诸如节约能源、保护环境、产品安全等对于一般企业社会责任方面的要求并不完全适用于搜索引擎公司。其二，搜索引擎公司的社会责任对人类物质、精神生活影响的深度和广度都是一般传统企业无法比拟的。搜索引擎服务作为网民获取信息的接入口，对网民的物质和精神生活有着重要的影响。网民也逐渐形成了对搜索引擎服务的使用惯性。所以，鉴于这两个特性，搜索引擎公司对互联网文化环境、道德环境、价值观导向等"思想环境"的生态责任是必须要承担的。

1. 对国家和政府的社会责任

作为互联网企业的主要代表，搜索引擎公司有健全内部安全体系建设、增强技术防范能力、积极融入国家的信息安全建设、参与网络空间治理的社会责任。

此外，作为社会媒介的搜索引擎公司，能够控制信息的流动，掌握了一定的话语权和监督权，因此，还需承担正确引导网络舆论，积极传播正能量，弘扬社会主义核心价值观和反映民意等媒介组织的社会责任。同时，搜索引擎公司还应承担公益责任，通过公益活动和慈善事业建立价值导向、意识形态和道德风尚，在后续从事媒体传播业务时才具备信服力。

另外，搜索引擎公司作为"企业公民"，应该遵守国家的各项法律法规和政府的各项规定，接受政府的监督，履行法律责任。这些都是全体社会公民所必须遵守的行为准则，是社会秩序得以维护的基本保障手段。在守法和守规的过程中，搜索引擎公司就承担了最基本的社会责任，对社会基本秩序的维护做出了自己的贡献。

2. 对客户的社会责任

搜索引擎公司对客户的责任包括：第一，保障客户个人信息和财产的安全。客户在购买、使用和接受服务时，享有个人隐私不被泄露、个人财产不被侵犯的权利。第二，保障客户的知情权。搜索引擎公司需要做出一定的信息披露，使客户对其各项服务的内容、费用有所了解。第三，保障客户的自主选择权。客户有权自主选择信息服务的经营者，自主选择服务方式，自主决定接受或不接受任何一项服务。第四，积极审查客户的相关资质。搜索引擎公司在提供有偿服务之前，应该严格审查客户的相关资质。对于不具备资质条件的客户，应该拒绝对其进行商业推广。第五，努力提升客户体验，提供多样化的信息服务。

3. 对网民的社会责任

如前所述，在信息爆炸的时代，每个网民几乎都离不开搜索引擎的信息检索服务，搜索引擎对网民的认知、行为决策，乃至思想都有着重大影响。因此，搜索引擎公司还需对收费客户以外的广大网民承担一定的社会责任。搜索引擎公司应该尽可能地提供公正、客观、权威的搜索结果，从技术上和政策上保障网民的信息自主权和知情权，保证信息传播的多样性，保证信息整合、筛选和排列的质量，设立举报投诉通道，以便更好地为网民提供信息检索服务。

4. 对其他利益相关者的社会责任

跟其他企业一样，搜索引擎公司还对雇员、债权人、社区以及社会公益事业承担社会责任。比如，在劳动法意义上实现雇员就业和择业权、劳动报酬索取权、休息权、劳动安全卫生保障权等；对债权人承担合同义务和相关法定义务；积极参与并资助社区活动；积极参与社会公益活动、福利事业和慈善事业；等等。

三、搜索引擎社会责任的问题与对策

2014 年起，中国互联网协会每年举办一次互联网企业社会责任论坛，交流讨论、发布倡议书，在公司个体层面，包括搜索引擎公司在内的诸多互联网公司已经具备了一定的社会责任意识，也以较为积极的姿态落实。早在 2007 年阿里巴巴集团就发布了国内互联网行业首份社会责任报告，报告指出互联网企业正处于大规模应用的发展阶段，应当更密切地关注利益相关者的需求。以百度公司为代表的国内搜索引擎在此之后也陆续发布了自己的社会责任报告，并曾积极从事一些社会公益事务，在 "5·12" 地震之后通过自己的搜索引擎推广重灾区绵竹的各种土特产，也举办过全国大学生乡村信息化创新大赛，促进大学生的创业和就业。百度还成立了百度基金会，围绕知识教育、环境保护、灾难救助等领域，更加系统规范地管理和践行公益事业。

然而，近年搜索引擎公司引发的一系列问题仍体现其社会责任的缺失。

（一）搜索引擎社会责任的缺失现象

1. 极力攫取商业利益，人工干预信息传播

搜索引擎公司虽然不直接生产信息，但却能够通过对信息的整合、筛选和排列，在一定程度上控制信息的流动，从而影响人们对世界的认知。关键词广告的竞价排名和固定排名就是人工干预的结果，而 "屏蔽信息" 也属于严重的人工干预信息传播的一种行为。

竞价排名是一种按搜索用户实际点击关键字广告次数收费的服务，网站向搜索引擎公司购买关键字用作广告宣传，在各相同的关键字中，搜索引擎公司根据付费金额排名，付费越高，排名越靠前。在这一服务中，网站出价的高低成了搜索引擎公司信息排列取舍的主要依据，而网站信息本身的真实性和合法性以及背后商业公司的资质则往往被忽视。以百度公司为例，2008 年中央电视台就曝光了百度竞价排名黑幕，揭露百度竞价排名过多地人工干涉搜索结果，引发了公众

对其信息的真实性和商业道德的质疑。2016 年 4 月的"魏则西事件"则更是引起了公众的热议。由于事件当事人到百度竞价排名推荐的医院就诊，花费巨资之后没有效果，最后病故，众多网民炮轰百度广告竞价排名服务，认为其只重商业盈利而忽视相关必要审查，导致其推荐的医院延误病情。除了竞价排名，搜索引擎公司为了攫取商业利益，还存在其他人工干预行为。2016 年 1 月，百度贴吧将"血友病"等多个疾病类贴吧经营权出售给个人或第三方医疗机构，而据举报者称，多个担任新吧主的医疗机构并不符合相关资质，并涉及虚假信息宣传。

以盈利为目的导致的违法违规问题也出现在搜索引擎谷歌的身上，央视就曝光中国谷歌存在糖尿病等虚假医疗广告，美国执法部门也对谷歌公司涉嫌散布非法医药广告提起诉讼，谷歌不得不支付 5 亿美元罚金，此事再次引发人们对搜索引擎公正性、真实性的质疑。

2. 凭借垄断地位阻隔信息正常流动

在全球范围内，Google 一家独大的局面已经引起了广泛的担忧。在某种程度上，今天搜索引擎的算法可以决定谁是头版谁被屏蔽。其算法事实上影响着千千万万网站的生计，千千万万媒体的传播力和千千万万网民们的生活。

百度在中国的搜索引擎市场中占主导份额，是所有中文网站的集结地，是大部分网民获取信息的主要阵地，也是各大公司公关环节的重量级媒体。2008 年 9 月，震惊全国的三鹿毒奶粉事件引起互联网的广泛关注。各大论坛对此事展开热烈讨论，旋即爆出更惊人内幕：9 月 12 日，一份《三鹿集团公关解决方案建议》扫描件被公开，文中披露："百度作为搜索引擎，是所有网站的集结地，也是大部分消费者获取搜索信息的主要阵地，对三鹿来说将是公关环节的重量级媒体。""经公司与百度相关部门的多次深度沟通后，百度已经同意将对三鹿集团的公关保护政策降低至年度 300 万元广告投放，可以享受将目前几大事业部早期负面删除。""一旦透露肾结石负面消息放大后，百度可能会以负面作为要挟，要求增加投放量，因此我司迄今没有跟百度提及肾结石相关负面新闻，所以强烈建议在此事还未大肆曝光的特殊时期，尽快与百度签订 300 万元的框架协议。"当天，网友将网络热帖《三鹿，在小朋友的生命健康面前请不要表演》标题作为关键词进行搜索发现：谷歌搜索结果为 11400 篇，而百度仅能显示 11 条。在各大搜索引擎搜索"肾结石"，与其他搜索引擎搜出的铺天盖地的"三鹿"链接形成鲜明对比的是，百度首页看不到任何与三鹿奶粉相关的负面新闻。在铁一般的事实面前，百度以"算法不同"为由所做的解释不堪一击。类似于百度对"三鹿奶粉"的保护政策，国内不少企业还在继续享受。搜索引擎在舆论领域掌控了话语权，超越了监管的范畴，这样恣意妄为的行为就经常出现。

3. 排名机制不健全致使垃圾信息横行

互联网是一柄双刃剑，给我们带来强大信息传播的同时，虚假信息以及色情、淫秽小说、图片、视频等垃圾信息通过网络蔓延，给社会造成了巨大危害。而作为互联网最大的入口，搜索引擎是获取这些垃圾信息的主要渠道之一。由于搜索引擎本身的技术瓶颈或者疏于管理审核等一系列的原因，搜索引擎往往收录大量的垃圾信息、危害社会安全的信息，而且可以通过存档快照的形式提供给浏览者。

4. 带有社会意识形态且干涉别国内政

谷歌于2010年3月22日正式宣布停止按照中国法律规定对有害信息进行自我审查，将简体中文搜索服务由中国内地转至香港。大量网友对谷歌的做法表示质疑，认为谷歌已经成为一个政治公司，沦为美国政府推行霸权的工具。跨国公司必须遵守东道国的法律，而且在互联网时代，政府有必要对有害信息进行过滤，以降低对社会的负面影响。信息的自由流动并不见得是一件好事，信息的安全流动或者安全信息的自由流动才是理想状态，才有利于社会的进步。

5. 个人隐私的侵犯

搜索引擎公司偷偷地搜集用户信息似乎已成行业惯例，Google 街景车收集 Wi-Fi 信息、搜索引擎的快照存档、私自上传用户 Cookies 等都是个人隐私受到侵犯的表现。

（二）搜索引擎社会责任缺失的原因分析

1. 网民对搜索引擎的高度依赖

信息对当代社会的影响已经到了一种绝对重要的地位。相较于能源、材料等传统资源的有限性，信息的最大特点在于它的无限性。信息的生产与传播往往是呈几何级数式增长。在信息爆炸的时代，如何在有限的精力下获取自己所需的信息是广大网民的一项原生需求。而搜索引擎也正是基于此原因而开发。由于习惯性地使用搜索引擎检索信息，网民已经形成了一种对搜索引擎的高度依赖。这种高度依赖导致了网民与搜索引擎公司地位的绝对不平等。在这样的情况下，搜索引擎公司依仗自己的优势地位，过度开发商业产品，攫取最大的商业利益，不惜以牺牲网民对真实、公正信息的需求利益为代价，而网民往往只能选择被动接受。

2. 搜索引擎市场缺乏有效竞争

搜索引擎服务是一个高度集中的市场。在国外，Google 和微软的 Bing 占据了绝大部分市场份额。国内市场的情况也与之相似，百度公司几乎占据了80%左右的市场份额，剩下的也基本被"搜狗搜索"和"360搜索"瓜分。在缺乏有效竞争的情况下，搜索引擎公司对于管理水平和服务社会贡献率的提升缺乏十足的积极性，也就导致对社会责任的承担缺乏内生动力。

3. 相关法律法规不健全

近年来，我国在互联网领域的立法明显加快。然而，从整体上来看，我国互联网法制建设还不理想。一些诸如《个人信息保护法》《电子商务法》等重要法律还未立法或未正式颁布，一些配套的司法解释或实施细则或是还未制定，或是还有待完善。在相关法律法规还不健全，甚至还存立法空白的情况下，再加上法律相比技术的天然滞后性，搜索引擎公司的违法成本恐怕远远不及其违法所得。在经过一番细致的成本收益计算之后，搜索引擎公司所频发的侵权现象也就不难理解了。

4. 搜索引擎公司治理体系不完善

大多数搜索引擎公司都是成立时间不长的科技型公司。这类公司的领导以及员工虽然普遍年纪较轻，但是视野开阔、思路灵活，创新精神较强。在公司发展壮大的过程中，也逐渐形成了自己的一套人性化管理、期权等特色管理制度。

然而，搜索引擎的商业运营毕竟只有不到 20 年的历史。虽然一些公司在商业上已经取得了较为显著的成绩，但是从整体上来看，公司的治理结构还不太健全，治理体系还缺乏科学性和稳定性，大多数公司的内部治理还处在探索建设的阶段。比如，时有报道少数搜索引擎公司的员工收取费用，提供含有虚假信息的搜索结果，牟取不正当利益。因此，在公司治理体系还存在缺陷的情况下，搜索引擎公司社会责任履行水平较低甚至缺失也是正常结果。

（三）搜索引擎社会责任的治理对策

1. 搜索引擎层面的治理对策

（1）加强行业自律。

自律性是一个组织社会责任感水平的"晴雨表"。作为媒介组织，搜索引擎应当加强自身对行业规范道德的认同，积极加入公约，形成行业约束，时刻注意规范自己的行为，不能将传播信息的公共权力变成以违背大众意愿、伤害公众利益换取私利的筹码，这是媒介行为最基本的准则。

（2）加强人才培养，健全道德观念。

目前搜索引擎对人才普遍过于强调要求技术性，偏重编程和算法，常常忽视了对工程师的道德、法律、服务意识的塑造，容易造成内部机制使命感意识淡漠，社会责任缺失度高。

加强搜索引擎工作人员的队伍建设，应当为他们提供学习网络相关法律法规的灵活机制，培养他们的职业操守和法律意识，通过一系列培训和考核，有效提升从业者道德水平和法律意识。从而使他们从内心真正地认同网络道德准则，在工作中自觉地抵制各种违法违规行为，维护法律及道德规范的严肃性与权威性，避免侵权行为的发生。作为在信息传播活动中起主体作用的搜索引擎，只有充分发挥从业人员的积极作用，才能在建立和谐有序的网络环境的过程中提高媒介公信力和品牌竞争力。

（3）大力发展技术，解决目前弊端。

如果说不恰当运用竞价排名需要从人为因素出发得以改变，面对大量低俗的不良信息，发展技术成为解决这一难题的重中之重。运用高科技手段开发新的产品，有效防止和过滤不良信息进入检索库，将有害信息遏制在源头。采取更精确、更有针对性的技术手段，加大控制力度，在设置关键词过滤时把过滤口径缩小、密度加大，树立好阻挡不良信息进入公众视线中的"防火墙"。

（4）优化公司内部治理结构。

公司的内部治理是决定公司行为的最重要因素，也是落实公司社会责任的关键。搜索引擎公司只有具备了有效的公司治理水平，才能够形成承担社会责任的微观基础。在当前的公司治理结构下，搜索引擎公司的权力机构和决策机构往往都是由股东或者代表股东利益的人组成，在公司运作和决策中，往往以实现股东利益最大化为核心。因此，有必要对其内部治理予以一定的优化。首先，搜索引擎公司治理者在进行商业决策时，应该要考虑利害关系人的利益，将单纯的利润最大化修正为利润最优化的治理目标，以体现社会效益。其次，搜索引擎公司要完善公司治理结构，加强内部监管，使更多的利益相关方参与到公司的治理中。可以考虑将网民作为特殊股东纳入其治理体系，这样的特殊股东不参与公司的日常经营管理，但对公司涉及信息检索服务质量的重大决策，拥有一定的话语权和监督权。最后，搜索引擎公司要加大自己信息披露的力度，将信息检索服务质量、客户投诉状况，甚至一定范围内的搜索算法纳入公司信息披露的范围，以便更好地接受社会的监督。

2. 政府层面的治理对策

（1）鼓励中小企业创新，打破行业垄断。

像百度、谷歌这样占据绝大部分市场份额的搜索引擎，基本上操控着信息内容的发布，也就影响着受众对信息的获取，对社会、事件的认知。要打破这种导向式的信息获取，还受众知情权和选择权就必须改变搜索引擎的信息垄断地位，并鼓励中小企业和各种创业者对搜索引擎市场进行开发。

（2）建立健全监管法规，将搜索引擎纳入监管范围。

由于搜索引擎不同于一般的产生新闻内容的媒体企业，一直未将其纳入媒体传播监管范围，但是搜索引擎组合、加工、整理信息后进行信息流动，也具备媒体性质，所以应将搜索引擎纳入监管范围。同时应该健全相关的法律法规细则。中国互联网协会已经做出了有益的尝试，于2012年发布了《互联网搜索引擎服务自律公约》，针对搜索引擎服务制定了多项自律内容，并设立了公约的执行机构，负责公约的实施。目前我国还缺少专门针对搜索引擎服务的可量化标准，也缺少独立的第三方认证和审核机构。如若搜索引擎服务社会责任标准认证机制建立起来，对公司履行社会责任的情况给予客观的评估和审核，并定期公布评估结果，可以促使搜索引擎公司更好地履行社会责任。

3. 网民层面的治理对策

在信息的海洋里，搜索引擎用户首先要树立自己的主体意识，包括主动的参与意识、批判选择信息的意识和积极的维权意识。其次，提高对网络信息的解读能力、辨析能力和取舍能力，学会从自身的需求出发做出取舍，透过现象寻求本质、从无序中看到有序，过滤掉冗余信息和不良干扰。此外，对媒介有充足的了解和认识，熟悉它们的传播特点和规律，掌握正确使用网络信息工具的方法，选择真正有效的信息为己所用。

4. 社会层面的治理对策

传统大众媒介的监督是来自多方面的，除了党政监督，还有各级协会等行业自监组织、研究机构和其他媒体，行使对传媒的社会监督职责。而对搜索引擎的监督缺乏准确的责任界定，仅仅通过工信部的定期检查监督难以发现和解决根本问题，需要更为广泛的监督群体。网民、社会媒介是大众监督的主要群体。

我国网民对搜索引擎的监督意识还不够强，为解决这一问题，有关部门应当协调大众媒体开展宣传教育，让网民明白搜索引擎社会责任缺失对他们的生产生活构成的危害，提高他们行使监督权的积极性。通过成立监督小组定期发放监督调查对搜索用户进行多种形式的意见汇总，从而吸引网民的广泛参与，形成约束搜索引擎种种失范行为的监督机制。

加强媒介批评有利于监督工作的开展。受众的指导是行政力量和法律手段的有力补充，利用媒介批评对搜索引擎进行制约和监督，一方面对搜索引擎造成鞭策，为其发展提供压力和动力，另一方面也为受众提供进行理性思考的机会，从而发现搜索引擎存在的社会问题。

四、案例分析——百度社会责任与企业声誉的关系

（一）百度简介

百度，全球最大的中文搜索引擎、最大的中文网站，于 2000 年 1 月 1 日在北京中关村创建，发展至今，以技术创新为立身之本，致力于为用户提供"简单

可依赖"的互联网搜索产品及服务,并在此基础上推出了基于搜索的营销推广服务和网络联盟,并成为最受企业青睐的互联网营销推广平台。目前,中国已有数十万家企业使用了百度的搜索推广服务,不断提升着企业自身的品牌及运营效率。

作为一家以技术为信仰的高科技公司,百度将技术创新作为立身之本,着力于互联网核心技术突破与人才培养,在搜索、人工智能、云计算、大数据等技术领域处于全球领先水平。目前,百度正通过持续的商业模式和产品、技术创新,推动金融、医疗、教育、汽车、生活服务等实体经济的各行业与互联网深度融合发展,为推动经济创新发展、转变经济发展方式发挥积极作用。

今天,百度已经成为中国最具价值的品牌之一。并在日本、巴西、埃及中东地区、越南、泰国、印度尼西亚建立分公司,未来,百度将覆盖全球 50% 以上的国家,为全球提供服务。在 2016 年《麻省理工科技评论》(MIT Technology Review)评选的全球最聪明 50 家公司中,百度的排名超越其他科技公司高居第二。而"亚洲最受尊敬企业""全球最具创新力企业""中国互联网力量之星"等一系列荣誉称号的获得,也无一不向外界展示着百度成立数年来的成就。2016 年 4 月 13 日,百度董事长兼 CEO 李彦宏通过内部邮件宣布百度业务架构重组。2018 年 3 月 8 日,百度宣布成立量子计算研究所,段润尧教授出任研究所所长。5 月 10 日,百度向阿里出售所持饿了么股权,套现 4.88 亿美元。2018 年 8 月 22 日,证监会北京监管局发布《关于核准北京百度百盈科技有限公司证券投资基金销售业务资格的批复》,核准百度百盈证券投资基金销售业务资格,该项许可正式批复日为 2018 年 8 月 13 日。2018 年 9 月,百度与 Intel 共同发起的"5G + AI 边缘计算联合实验室"正式揭牌成立。2021 年 3 月 23 日,百度集团正式登陆香港交易所。

多年来,百度董事长兼 CEO 李彦宏,率领百度人所形成的"简单可依赖"的核心文化,深深地植根于百度。百度,以技术改变生活,推动人类的文明与进步,促进中国经济的发展为己任,正朝着更为远大的目标而迈进。

(二)百度社会责任概况

百度是一家持续创新的,以"用科技让复杂世界更简单"为使命的高科技公司,一直秉承"弥合信息鸿沟,共享知识社会"的责任理念,坚持履行企业公民的社会责任,致力于成为用户信赖的伙伴、客户得力的助手、伙伴强大的后盾、员工实现自我价值的大家庭,引领互联网行业负责任、可持续地发展。

2020 年,百度秉承"科技为更好"的社会责任理念,长期投身社会公益慈善各领域,逐步形成具有百度特色的公益项目体系,并且在新冠肺炎疫情期间,百度充分借助自身资源和技术优势,全力协助抗击新冠疫情。

1. AI 助力疫情防控

新冠疫情暴发以来，百度率先做出应对，第一时间向社会提供资金和物资支持，同时制定了全方位的疫情防控策略，AI、大数据、云计算等技术成为疫情防控中冲在前线的新武器。疫情期间，百度设立总规模为 3 亿元的疫情及公共卫生安全攻坚专项基金项目，向中国疾病预防控制中心、中国科学院、中华医学会等权威机构提供技术及资金支持，推动病毒分析及疫苗药物研制；百度 AI 也在第一时间形成战斗力，快速落地一系列智能产品和服务，帮助疫情防控、规避传染风险，助力复工复产，传递"科技为更好"的力量。

（1）百度开源算法支持病毒研究。

百度通过与中国疾病预防控制中心密切合作，联合设立"中国 CDC 应急技术中心——百度基因测序工作站"，以人工智能、大数据技术助力中国疾控中心监测疫情发展态势、研判防疫科普需求，开发定制化的病毒 RNA 二级结构分析工具等，支持疫情防控和病毒研究工作。在合作中，百度提供的线性时间算法 Linearfold 可将病毒全基因组二级结构预测从 55 分钟缩短至 27 秒，提速 120 倍，节省两个数量级的等待时间。此外，百度推出全球首个 mRNA 疫苗基因序列设计算法 LinearDesign，用于优化 mRNA 序列设计。LinearDesign 帮助有效解决 mRNA 疫苗研发中重要的稳定性问题，加速疫苗研发。

（2）百度地图大数据支持疫情防控决策。

除紧跟疫情变化、追踪新闻实时报道之外，百度地图基于大数据工具，在疫情初始阶段推出迁徙大数据平台、实时路况平台为国家防控部署提供重要数据参考；第一时间上线发热门诊地图、疫情小区地图、核酸检测机构查询等多项功能；后疫情阶段接连推出复工地图、复工返程攻略，推动复工复产有序进行，辅助社会恢复常态。百度地图迁徙大数据平台和全国实时路况平台，在疫情期间累计提供超 30 亿次服务。

（3）AI 测温系统支持公共场所快速测温。

针对"在火车站、机场等人流量较大的公共场所的测温难"问题，百度推出 AI 测温系统，用非接触、可靠、高效且无感知的方式，在单人通道顺序通行条件下可以实现每分钟对逾 200 人进行体温实时检测。截至 2020 年底，百度 AI 测温系统已在全国范围内累计完成超过数亿人次的快速体温检测。

2. 实施责任创新计划

责任创新计划（AI for Good）是百度实施的以技术优势承载社会创新创业责任。以百度的 AI 技术开源平台，全线产品免费开放，致力于为社会构建最完整、最全面、最前沿、最开放的 AI 开放平台，提供最易用的 API、SDK 等开发组件，助力有创新、有梦想的 AI 技术项目孵化。目前已经成功地实现了 AI 寻人、果农分拣机、百度回收站、AR 唤醒城市记忆、DuLight 盲人的科技之眼等 AI 创新创业项目。另外，启动的"极·致未来"责任创新挑战赛，由联合国开发计划署驻华代表处和百度联合举办，充分利用尖端技术和联合国在发展领域的专业经验，旨在鼓励全国各地的人们提出创新想法，并为先进科技与社会群体的创新能力相结合提供独特的平台，承担技术服务社会、推动社会发展的社会责任。

目前，百度人工智能研究成果已全面应用于百度产品，让数亿网民从中受益；同时，百度还将语音、图像、机器翻译等难度高、投入大的领先技术向业界开放，以降低大众创业、万众创新的门槛，进一步释放创业创新活力。

2020 年，百度发起了"百度星辰计划"，这是百度搭建的企业社会责任技术赋能平台，也是秉承技术解决社会问题的理念，借助流量、技术、生态、资金四大能力而搭建的生态能力共享平台。百度相信，星辰点点、聚善成光，公益并不是一个人的全力以赴，而是绝大多数人的力所能及。同时，百度也成立了星辰计划开发者基金，提供 1000 万孵化金、1000 万算力支持和 100 亿流量扶持，实现 NGO 与百度开发者充分交流，为更多公益方案的落地提供技术保障。作为人工智能平台型企业，百度在以多年积累的 AI 技术成果和实践经验助力新基建的同时，也致力于技术普惠，期待用人工智能技术构建更包容的社会和可持续发展的世界，其中 AI"百度医灵"借助 AI 技术助力医疗普及与发展；AI 寻人已帮助 11942 名走失或被拐人员与家人重新团聚；AI 助老让老年人"看得见、听得清、用得了"，让老年人在新时代的数字生活中有尊严、更舒心地使用智能产品，是百度积极履行产品责任的体现，更是百度人共同实现的社会责任。

3. "简单可依靠"的检索与推广服务

从创立之初，百度便将"让人们最平等便捷地获取信息，找到所求"作为自己的使命，成立以来，公司秉承"用户至上"的理念，不断坚持技术创新，致力于为用户提供"简单可依赖"的互联网搜索产品及服务。依托强大的检索流量为中国众多企业搭建营销推广平台。尽管"关键词广告"的竞价排名颇有争议，但百度在中文检索上的技术创新和服务水平对中国社会经济发展着实做出了巨大贡献。

4. 与实体经济深度融合推动经济转型发展

百度利用其技术实力和技术创新能力，推动金融、医疗、教育、汽车、生活服务等实体经济的各行业与互联网深度融合发展，为推动供给侧结构性改革，经济创新发展，转变经济发展方式发挥积极作用。

5. 大力发展公益事业

自成立以来，百度利用自身优势积极投身公益事业，先后投入巨大资源，为盲人、少儿、老年人群体打造专门的搜索产品，解决了特殊群体上网难问题，极大地弥补了社会信息鸿沟问题。此外，在加速推动中国信息化进程、净化网络环境、搜索引擎教育及提升大学生就业率等方面，百度也一直走在行业领先的地位。2011 年初，百度还捐赠成立百度基金会，围绕知识教育、环境保护、灾难救助等议题，更加系统规范地管理和践行公益事业。

2018 年 4 月 28 日，为庆祝北大建校 120 周年，李彦宏携夫人 Melissa 重返母校北京大学，宣布将与百度一起，向北京大学捐赠 6.6 亿元人民币（含部分等值资产），联合成立"北大百度基金"，用于人工智能和其他相关学科的研究和探索，把百度的强技术、广实践与北大博大、深厚的学术研究能力连接起来，催生出更多惠及国家和时代的成果。

（三）百度社会责任与企业声誉的关系

在百度社会责任颇受争议的重灾区——2016 年 1 月的"血友吧事件"和 2016 年 4 月的"魏则西事件"以及莆田系医院事件，社会责任形象和企业价值体系被社会舆论广泛申讨，百度各项业务停滞不前，导致 2016 年百度各项业务绩效陡坡下降。在百度发布的近 3 年财务报表来看，2016 年第一季度营收为 158.21 亿元，同比增幅达 31.2%，第二季度营收为 182.64 亿元，同比增长 16.3%，第三季度营收为 182.53 亿元。可见，在 4 月"魏则西事件"后百度业务受打击较大，第三季度营收与第二季度相比还有所下降。第四季度百度营收为 182.12 亿元（营收仍有所下降）。2016 年度总营收为 705.49 亿元人民币（约合 101.61 亿美元），同比增长 11.9%。

在百度社会责任和企业价值备受争议和申讨的一系列事件发生后，百度态度诚恳，并极力整改，在监管单位和相应法律法规下净化网络环境。通过努力，百度的业务绩效在 2017 年第二季度开始逐渐回暖。2017 年第二季度百度营收为 208.74 亿元人民币（约合 30.79 亿美元），同比增长 14.3%，净利润为 44.15 亿元人民币（约合 6.51 亿美元），同比增长 82.9%；第三季度百度营收为 235 亿元人民币（约合 35.3 亿美元），同比增长 29%，净利润为 79 亿元人民币（约合 12 亿美元），同比增长 156%；第四季度百度营收为 236 亿元人民币（约合 36.2 亿美元），同比增长 29%。2017 年度总营收为 848 亿元人民币（约合 130.3 亿美元），同比增长 20%。

未发生"魏则西事件"之前，百度 2014 年总营收为人民币 490.52 亿元（约合 79.06 亿美元），比 2013 年增长 53.6%；2015 年百度总营收为 663.82 亿元，同比增长是 35.3%。发生"魏则西事件"后，2016 年全年营收规模和增长幅度明显大幅下降，2016 年与 2015 年相比，同比增幅仅为 11.9%；2017 年比 2016 年同比增长 20%。通过数据比较分析，发现社会责任问题发生之后，对百度企业声誉和企业绩效均有较大影响。这种影响一直持续到 2017 年第一季度。2017 年第一季度营收为 169 亿元人民币（约合 24.5 亿美元），较上年同期增长 6.8%，增长幅度尽管较低，但逐步恢复至正常水平。2017 年第四季度百度营收达到 235.6 亿元人民币，与 2016 年第四季度相比增长 29%。

2018 年度第一季度百度营收为 209 亿元人民币（约合 33.3 亿美元），同比增长 31%。净利润为 67 亿元人民币（约合 11 亿美元），同比增长 277%；非美国通用会计准则下，净利润为 57 亿元人民币（约合 9.14 亿美元），同比增长 139%。2018 年第二季度百度营收为 260 亿元人民币（约合 39.3 亿美元），同比增长 32%，净利润为 64 亿元人民币（约合 9.67 亿美元），同比增长 45%。

可见，在"魏则西事件""血友吧事件"两年后，不良的社会形象和企业声誉问题几乎已经被淡忘，同时在百度的积极整改战略下，百度业绩增长不仅恢复到正常水平，而且在大数据、云计算、人工智能技术的大胆创新，技术助国和技术为民的社会责任的落实下，百度的企业声誉和企业业绩反而高速增长。

五、搜索引擎企业社会责任与企业声誉的关系

从上述的理论文献总结可以得出，搜索引擎作为兼具媒体和企业双重性质的信息整合、传递平台，应同时兼备媒体人应担的社会责任和企业公民应担的社会责任。搜索引擎以技术创新为立身之命，更应该承担起推动技术创新，以技术优势与各行业深度融合，推动经济创新发展的社会责任。

尽管百度和谷歌在搜索引擎业务领域都有不同程度的行业道德诟病，但从整体上来说，百度和谷歌一类的检索工具着实在技术助国、技术为民方面承担了巨大的社会责任，企业声誉和企业绩效都表现良好。

通过对百度进行个案分析发现，百度在一系列"危机事件"后，短期看，企业声誉和企业绩效受到一定影响，但长期来看，对其企业声誉与企业绩效影响不大。这与百度在同行中处于第一梯队，几乎是垄断地位有很大关系，没有替代者的威胁在一定程度上弱化了不履行社会责任的风险。另外，信息传播机制固有的缺陷也帮助百度平安度过"舆论危机"。最后，百度提供的信息技术服务和实体经济的"毒奶粉""假疫苗"产品有本质区别，前者只影响意识形态层面的文化、道德和价值观，而后者影响人的"性命"和健康。所以，即使百度一类的搜索引擎在社会责任落实方面暴露出严重问题，人们也只是积极申讨而已，对其业务的需求影响不大。

第十二章
网络游戏企业社会责任与企业声誉的关系研究

中国网络游戏产业从 1999 年开始出现，经过近 20 年的发展，已经成为中国互联网经济的核心产业，产生了巨大的经济效益。然而与此同时，网络游戏产业的发展也产生了一系列的社会问题，其中最受社会各界关注的就是未成年人网络游戏沉迷问题和犯罪问题。

网络游戏是网络经济的重要组成部分，它和动画、漫画、文学和电影紧密结合，成为一项新兴产业和新型休闲方式。青少年是网络游戏的主要参与者，网络游戏的价值导向、故事背景、场景设置以及游戏玩家等因素都可能对青少年社会化产生正负面影响。因此，经营网络游戏的网游公司在青少年社会化中扮演着重要角色，必须承担企业应当承担的社会责任。

一、网络游戏引发的社会问题

未成年人沉迷网络游戏的危害不仅是浪费时间和金钱，影响健康和学业，更严重的会造成心理障碍和人格异化。因为未成年人网络游戏沉迷问题，网络游戏被众多家长斥之为"电子鸦片""网络海洛因"。2006 年 6 月，北京家长代表给新闻出版总署写了一封措辞激烈的信，信中说："在许多网络游戏产品中，暴力行为贯穿始终，引发玩家对网络游戏的顽强追求和严重依赖，以致现实中犯罪、打骂父母、与外界不交流、辍学等事件屡屡发生。一些网络游戏简直就是地狱，玩家则是囚犯，玩家为了网络游戏的升级废寝忘食地奋斗。目前，青少年犯罪呈两位数上升，这与网络游戏对青少年的毒害是分不开的。它造成了千千万万青少年道德品质败坏，给千千万万个家庭带来了灾难，引发了社会的不和谐。"以

2015年腾讯公司推出的《王者荣耀》为例，游戏玩家中11~18岁的青少年占比超过25%。近期的社会新闻中也频频出现关于青少年沉迷《王者荣耀》的负面报道："10岁男孩玩王者荣耀充值5.8万元，怕妈妈发现删银行短信""因玩'王者荣耀'被骂，13岁学生从四楼跳下""王者荣耀乱象，17岁少年开黑40多个小时险些丧命"，诸如此类的事件在全国各地时有发生。《人民日报》更是发表了系列社论，连续三次炮轰《王者荣耀》乱象，矛头直指背后的游戏运营方——腾讯公司。

网络游戏对于青少年及其家庭与社会而言，意味着多方面的不良个人影响和不容小觑的社会危害。

第一，严重威胁青少年的身体健康。11~18岁是青少年生理发育的关键时期，身高增长、骨骼发育以及第二性征成熟都需要充分的睡眠休息与户外锻炼，与之相冲突的是，网络游戏作为一种娱乐活动，需要长时间地使用手机或电脑，沉迷其中的上瘾者每日静坐紧盯屏幕时间可达数小时甚至十余小时，这种情况下青少年很容易出现头晕眼花甚至呕吐的现象。个别极端案例中，中学生在假期数昼夜持续玩网游，最终过劳猝死的悲剧也时有发生。即使排除这些突发性情况，长远来看，手游所伴随的躺姿、卧姿、坐姿也会引发人体骨架的变形，导致佝偻及脊柱问题，更会加重青少年群体中本就广泛存在的近视程度。

第二，影响青少年的学业成绩和学校生活。近年来，学生因沉迷游戏导致学习成绩下降，最后被学校开除的新闻屡见不鲜。中小学阶段的游戏沉迷者时常有离家出走、翻墙逃学、偷钱上网的情况出现。从个人发展来看，这一阶段游戏成瘾的学生很少能够保持原有的学业成绩，鲜有成瘾者能够完整完成学业、顺利升入理想大学。在大学中，缺少了学校和家长的监督，沉迷问题则显得更为严重，一些自控能力不强的大学生整日沉迷网络游戏，翘课挂科成为家常便饭。近期山东大学因学生沉迷游戏导致学习成绩无法达标而劝退近百名学生便是一例。此外，在学校生活中，沉迷游戏使得青少年与同龄人的沟通减少，成瘾者往往成为异类，因性格孤僻而被孤立和排挤。

第三，导致青少年心理扭曲的风险。青少年若整日沉迷于虚拟世界，其思维方式与感情交流将与现实生活脱节。一旦离开虚拟世界回到现实生活中就会变得无所适从，对于现实生活中的人际交往与挫折障碍毫无招架之力，无力处理同伴关系和家庭关系，也无法进行情感的宣泄和情绪的排解，最后都以逃避或极端的方式解决问题，轻生、跳楼等惨剧也时有发生。

第四，引发青少年走上犯罪道路。绝大部分网络游戏都需要资金支持，但青少年自控能力相对较差，又无收入来源，一旦被家长发现没收零花钱就将导致资金断绝，无法继续游戏充值，胆大的网瘾青少年便会采用各种方式去获取资金，因此偷窃、抢劫的案例时有发生。

二、网络游戏企业应当承担社会责任的原因

网络游戏对青少年的影响包括对青少年知识技能培养、价值观及行为方式、性格、规范感以及现实人际交往的影响。究其原因，主要在于网络游戏的特征，包括虚拟性、遥在性、弱规范性、挑战性和体验性等。具体来说：

（一）虚拟性

网络游戏的内容取材广泛，但不同类型的网络游戏在游戏内容上的共同点是其虚拟性。游戏的故事背景、场景设置和人物等都是虚构或改编的，其存储、传输、展现和互动的技术本质都是数字化的。而且，游戏玩家创建的角色也是虚拟的，隐掉了玩家在现实社会中的各种特征。

（二）遥在性

游戏玩家可能来自全球各地，具有不同的经济、社会和文化背景。他们通过无边无界的互联网加入虚拟游戏世界，时空隔离和网络传输使得身体"不在场"转变为网络游戏中的角色"在场"，通过操控虚拟角色进行打怪升级、做任务赚钱、战场和竞技场对战（PvP）以及副本挑战（PvE）等活动。

（三）弱规范性

虚拟性和遥在性导致的现实身体"不在场"和虚拟角色"在场"使得心理学家弗洛伊德所说的"本我"及其各种破坏性本能得到相对安全的释放，电脑中介的交流（CMC）隐去了游戏玩家的社会经济特征，在网络游戏交流中"没有人知道你是一条狗"。这导致网络游戏营造的虚拟空间成为弱规范性社会空间，"频道刷屏""主城摆尸""暗杀群殴"、争抢装备、盗号卖金甚至欺骗感情（如"铜须门事件"）等各种社会越轨行为频发。

（四）挑战性

角色扮演类游戏有多种玩法，对玩家的身体、精神和社交能力都提出了不同层次的挑战。例如：竞技场和战场中的玩家对战（PvP）要求双手熟练操作鼠标和键盘，长时间操作对身体可能产生影响；打败副本中最终首领和完成高难度任

务后可能带来精神愉悦；陌生人组队打怪和同一行会内成员集体打副本（Raid）时要求玩家相互交流和配合。同时，大型角色扮演类网络游戏中庞大的地图系统、职业技能系统、专业技能系统以及种类繁多的装备、动植物名称对玩家的智力、耐力和记忆力也形成了巨大挑战。

（五）体验性

角色扮演类网络游戏采用了 3D 技术和虚拟现实技术，通过电脑硬件物理渲染和软件数字计算等方式，为玩家营造了逼真的虚拟世界。例如，在"魔兽世界"（WOW）这款超流行的网络游戏中，玩家可以远程操作自己的虚拟角色与友方玩家进行组队任务和决斗 PK，与敌方玩家打战场和竞技场，在野外或副本中与非玩家角色（NPC）对战，在训练师处选择性地学习裁缝、附魔、采矿、工程、锻造、采药、炼金、铭文、急救、烹饪、钓鱼等技能，在主城中的银行或拍卖所存取或买卖物品，等等。种类繁多的任务、技能、物品和活动等为游戏玩家提供了现实社会中无法体验的能力、激情和创造性，在丰富人生体验和彰显主体性的同时，也可能产生游戏沉溺和游戏暴力等负面影响。

网络游戏引发的社会问题，尤其是青少年身心健康问题成为社会各界呼吁网络游戏企业承担社会责任的外部压力。而内在需求则是游戏本身的特性和游戏公司的竞争生存发展。网络游戏的虚拟性、遥在性、弱规范性、挑战性和体验性对青少年知识技能培养、价值观及行为方式、性格、规范感以及现实人际交往产生直接影响，网络游戏企业理所当然应承担相应的社会责任，尤其是对青少年的社会责任。被社会舆论压力申讨过多的游戏产品必然受到各种政府监管，失去市场竞争优势，影响游戏企业的可持续性发展。为此，从企业内部和企业外部来说，游戏企业都应承担社会责任。

三、网络游戏企业社会责任的内涵

从社会层面来看，企业应该深知自己从事的经营活动会对社会产生很大影响，而社会的发展也会反过来影响企业的发展空间。网络游戏作为一种文化娱乐产品，其消费主体主要是 24 岁以下的青少年，网络游戏对这些青少年的成长影响很大，而这些青少年正是未来推动社会前进的主要动力。网游企业履行社会责任，从社会盈利的同时回馈社会，这样有利于整个行业发展空间的扩大。从长远来看，网络游戏提供商履行社会责任所取得的经济效益远比不履行社会责任所取得的经济效益要大得多，那么，网络游戏提供商应该承担哪些社会责任呢？

第一，网络游戏提供商应该在实现经济利益的基础上承担一般意义上的企业社会责任。在实现经济效益的前提下，网络游戏提供商应该向它的利益相关者负责，向政府缴税，提供更多的就业机会，给员工提供更好的福利和更好的职业发展，为消费者提供更好的、更加安全的产品，实现企业的可持续发展等。

第二，网络游戏是一种具有文化属性和精神属性的产品，成千上万的游戏玩家把网络游戏当作了自己的另一个生活方式，网络游戏提供商第一次有机会把自己的价值观、行为准则和文化理念在千百万人中传播，感受真实政府的权威和成就感。因此，网络游戏提供商应该善用这种权力，承担起传播健康积极的价值观和行为准则的社会责任。

第三，作为文化创意产业，网络游戏提供商还肩负民族网游产品创新的责任。目前，国内网络游戏的角色设计大多偏重于对欧式风格与日本卡通的模仿，为了弘扬中华民族文化和传统，网络游戏提供商应该增强自主创新能力，努力创作具有民族特色的网络游戏。

第四，网络游戏运营商承担社会教育的责任。前文已提到，网络游戏的绝大部分参与者为青少年，网络游戏运营商要利用好网络这个平台，对广大心智尚未成熟的青少年玩家进行健康、有益的引导。这样，不仅可以有效避免网络游戏为社会带来的网瘾、暴力、病态等社会负面影响，而且也是网络游戏运营商对社会责任的一种承担。

第五，社会舆论导向的责任。网络游戏的参与者群体复杂，他们的认知能力，自律能力和责任意识也都参差不齐，我们无法要求每个参与者都具有较高的责任意识。在网络游戏运营的市场中，运营商处于主导位置，利用其自身优势，发挥正确的舆论导向作用，将可能产生的不良社会现象扼杀在萌芽状态，营造一种健康而良好的社会氛围，也是网络游戏运营商承担社会责任的一种体现。正如盛大总裁陈天桥所言：网络是一个非常重要的舆论导向阵地，也可以说是一个新兴媒体。因为网络的无国界性，如果我们不去用现行的文化来占领这个阵地，那么就会有其他的不好的文化来对我们的用户带来不好的影响。因而网络文化环境的好坏，不仅与互联网企业的发展有着密切的关系，而且对我们整个社会环境的健康发展，对我们下一代的健康成长都将是至关重要的。

第六，针对社会关注的青少年网游沉迷问题，网络游戏提供商应该承担起青少年健康保护的责任。青少年沉迷网络游戏已经造成了许多悲剧的发生，网络游戏提供商在从以青少年为主体的游戏玩家那里赚取高额利润的同时，有责任拿出一部分利润来回报社会，帮助解决青少年沉迷网络游戏问题。在这方面，企业除了遵守国家有关青少年保护的法规，开发应用网络游戏防沉迷系统外，还可以设立专项基金加大青少年网游沉迷问题的研究，加强健康游戏观念的宣传等，以期更好地保护青少年的健康。

第七，鉴于网络游戏企业的特殊性，其还应承担法律责任和道德责任。企业社会责任作为企业对社会所负的一种义务，应该是法律义务和道德义务的统一体：法律义务是法定化的且以国家强制力作为其履行实现的潜在担保的义务，它实际上是对义务人的"硬约束"，是维持社会秩序所必需的最低限度道德的法律化；道德义务是未经法定化的、由义务人自愿履行且以国家强制力以外的其他手段作为其履行保障的义务，它实际上是对义务人的"软约束"，是在法律义务之外对义务人提出的更高的道德要求。

四、网络游戏企业社会责任的推进对策

（一）游戏企业层面

无论是法律义务还是道德义务，最终都是要落实在网络游戏提供商身上的。对于网络游戏提供商来说，目前最重要的就是重新定位其公司治理的目标，应该以"利润最优化"取代"利润最大化"作为现代化的公司治理目标。在进行商业决策时，应按照法律规定考虑利害关系人利益，并应按照道德准则的要求行事。在该治理目标下，公司治理层不必再以最大化股东利益为公司治理的唯一目的，而应通过增加收入并追求对社会有直接影响的非金钱目标来优化公司利益。

网络游戏提供商应当将承担社会责任的偶发行为上升到公司的战略层面，能够主动地履行社会责任以增强公司的品牌吸引力。当前网络游戏提供商社会责任的重点，就是防止游戏成瘾，减少对游戏用户道德、心理、身体健康的不良影响。网络游戏提供商应按照有关法律的规定，大力开发和应用网络游戏防沉迷系统，限制未成年人的游戏时间，预防未成年人沉迷网络。同时，还应配套实施网络游戏实名登记，并设置查询系统，以便家长对未成年人履行监护责任。网络游戏提供商还可以设立"健康游戏基金"，开展对未成年人"网游成瘾症"的预防和救助。基金应用于支持成立防治网络成瘾的专业机构，聘请专业心理工作者对网络成瘾的游戏用户进行咨询治疗，培训培养网络成瘾心理咨询和治疗人员，并组织志愿者对青少年正确使用网络游戏进行指导。

在具体的游戏产品开发、推广与运营过程中，应该注意游戏题材的选择，宣传中应该注意价值观导向，游戏运营中应该注意保护青少年身心健康。

（二）非政府组织层面

从社会方面来讲，市民社会中的青少年保护组织、宗教团体等非政府组织的参与，是推动企业社会责任发展的重要力量。这些非政府组织可以通过对政府施加压力，迫使政府出台相关法规和政策，也可以通过社会舆论、行业规制等来约束企业行为，推动企业社会责任的发展。这些组织可以通过消费和投资对企业施加压力，促使企业履行社会责任。必要时，还可以通过政府授予的具有专业知识的组织或者协会的审核权力，对企业构成严格责任约束。

具体到网络游戏行业，家长、教师等利益相关方，可以通过非政府组织，对政府施压，促使其采取相应的措施，敦促网络游戏提供商切实履行社会职责；也可以通过非政府组织的宣传、引导和监督的作用，直接对网络游戏提供商施压。只有在给予网络游戏提供商一定外部压力的情况下，才能使企业更好地回应社会的正当要求。只有培育出体现相关利益者要求的非政府组织，才能使分散的社会利益诉求通过组织得以表达。

（三）政府层面

政府对网络游戏提供商的监管主要是在制度层面通过引导与约束的结合，用直接或间接的方式来实现的。为解决网络游戏带来的社会问题，促使网络游戏提供商承担起相应的社会责任，政府部门应从规范游戏内容和制定青少年保护机制两个方面着手制定相关法律法规。

综观我国现有的法律体系，规制网络游戏的法律文件主要集中于信息产业部、文化部等规定的部门规章，效力层级较为有限。且 2017 年的两项文件虽然对"青少年沉迷网络游戏"这一现状进行了积极回应，但仍然存在一些不足：其一，对于网瘾的治疗，《未成年人网络保护条例（送审稿）》未正式肯定正规合法的网瘾治疗机构的地位和作用，不利于优化外部辅助戒断措施与形成社会多方联动的网瘾矫正制度。其二，《未成年人网络保护条例（送审稿）》未对游戏分级制度进行规定，不利于游戏评级与未成年人网络游戏引导。其三，尽管《未成年人网络保护条例（送审稿）》在法律义务承担与法律责任追究上的规定实现了一定突破，但对于"网游宵禁"的监督主体、对于违反"网游宵禁"的网络游戏服务提供者如何处罚等，皆无明确规定。因而，我国仍需继续完善网络游戏法律规制体系，明确违反规定的网络游戏服务提供者的法律义务与法律责任，执行网络游戏分级审查制度，构建网游行业诚信体系，优化社会监督机制和责任追究机制等。

第一，实行网络游戏分级管理。可由文化部牵头会同工信部、国家出版管理部门等相关部门，联合出台网络游戏分级制度。即基于调查研究将游戏玩家按年龄进行合理分层，将游戏的内容细分为"暴力""不雅用语""恐怖""赌博""歧视"等，并在产品包装上进行标识，强化监管力度。此外，也可参考英国经验，成立专门的网络游戏管理和限制机构。

第二，通过完善相关立法，强制网络游戏企业依法采取技术手段。通过法律文件指引，尤其加强对手机移动端游戏的监管，督促网络游戏经营者制定游戏用户指引和警示说明，构建或完善网络技术中的自动拦截系统、实名上网技术、连续上网时间控制、游戏升级限制、游戏防沉迷系统技术开发与应用等，预防青少年沉迷网络。

第三，完善网络游戏的个人认证系统与个人信息保护制度。实现高精准实名认证，需要对用户信息认证进行规制的同时，对出售、非法提供公民个人信息的犯罪的认定与量刑标准进行进一步明确，以管制网络叫卖身份信息的现象，加强个人隐私保护。而针对信息保护案件破案率低、在司法实践中法院多以"虚刑"来替代"实刑"等问题，亦需立法与司法的配套完善。

防止青少年网络游戏沉迷出现和扩散，很重要的一方面是政府加强行政监管实效。从制度上来说，我国当前并不缺乏有关网络游戏监管的法律制度规定，也有相应的责任部门。但实践中存在的问题在于，法律规定的监管主体过多，规定过于笼统，口号式的呼吁过多，可落实的细则太少，缺乏可操作性。再者，责任部门往往事后进行运动式的执法，平时则较少常态化的监管。优化行政监管制度才能更好地促使网络游戏企业落实社会责任。

五、案例分析——腾讯游戏的社会责任

（一）腾讯简介

腾讯成立于1998年11月，是目前中国领先的互联网增值服务提供商之一。成立10多年以来，腾讯一直秉承"一切以用户价值为依归"的经营理念，为亿级海量用户提供稳定优质的各类服务，始终处于稳健发展的状态。

通过互联网服务提升人类生活品质是腾讯的使命。目前，腾讯把"连接一切"作为战略目标，提供社交平台与数字内容两项核心服务。通过即时通信工具QQ、移动社交和通信服务微信和WeChat、门户网站腾讯网（QQ.com）、腾讯游戏、社交网络平台QQ空间等中国领先的网络平台，满足互联网用户沟通、资讯、娱乐和金融等方面的需求。截至 2017 年 12 月 31 日，QQ 的月活跃账户数达到 7.83 亿，最高同时在线账户数达到 2.71 亿；微信和 WeChat 的合并月活跃账户数达 9.89 亿。腾讯的发展深刻地影响和改变了数以亿计网民的沟通方式和生活习惯，并为中国互联网行业开创了更加广阔的应用前景。

面向未来，坚持自主创新，树立民族品牌是腾讯的长远发展规划。目前，腾讯 50% 以上员工为研发人员，拥有完善的自主研发体系，在存储技术、数据挖掘、多媒体、中文处理、分布式网络、无线技术六大方向都拥有了相当数量的专利，在全球互联网企业中专利申请和授权总量均位居前列。

成为最受尊敬的互联网企业是腾讯的远景目标。腾讯一直积极参与公益事业、努力承担企业社会责任、推动网络文明。2006 年，腾讯成立了中国互联网首家慈善公益基金会——腾讯慈善公益基金会，并建立了腾讯公益网（gongyi. qq. com）。秉承"致力公益慈善事业，关爱青少年成长，倡导企业公民责任，推动社会和谐进步"的宗旨，腾讯的每一项产品与业务都拥抱公益，开放互联，并倡导所有企业一起行动，通过互联网领域的技术、传播优势，缔造"人人可公益，民众齐参与"的互联网公益新生态。

（二）腾讯社会责任与腾讯游戏的社会责任

1. 腾讯社会责任概况

作为中国互联网三大巨头 BAT 之一的腾讯，能力越大，责任越大。腾讯发布的 2019 年度企业社会责任报告，阐述了腾讯如何发挥自身互联网平台、技术、资源等方面的优势，用实际行动回馈社会，践行新技术和新形势下的企业社会责任实践。

如果说互联网企业的基石是连接与开放，那么对于腾讯来说，腾讯的成长史就是一部连接一切、持续开放、担当责任的进程。从鞭策自身履行企业社会责任，到搭建社会责任平台的历史转变中，腾讯反复追问自己：能不能让有价值的信息传递更高效？能不能让社交网络更有温度？能不能让社会资源分配更迅捷？能不能让社群鸿沟更加弥合？

企业越大，责任越大。腾讯公司创始人、董事局主席兼首席执行官马化腾在报告致辞中表示："用户、行业、社会对我们主动担负更多的社会责任寄予了前所未有的厚望。腾讯不仅要踏实迈出当下每一步，还要不断思索和探讨，释放未来的能力。在这个过程中，社会责任将不仅是腾讯的最基本责任，而且应成为腾讯的未来担当，被我们的产品、我们的服务当作前提来考虑。"

在腾讯社会责任的实际履行中，腾讯分别从产品与服务、开放与生态、体验与创新、挑战与担当、员工关爱、社会与环境、责任与反思等方面，从企业经营、用户、社会和环境四个维度系统深入践行社会责任的担当。

2. 腾讯游戏社会责任的重要性

腾讯公司作为互联网巨头之一，其业务涵盖前文所述的电子商务、互联网金融、媒体企业、搜索引擎等各个领域，因而其社会责任与前文所述的各类企业社会责任的要求一致。但是，作为腾讯营收来源较多的游戏业务，其业务性质与电子商务、互联网金融、媒体企业、搜索引擎等各个类型企业的性质差异较大，故这里专门探讨腾讯游戏产品的社会责任。

腾讯游戏成立于2003年，是全球领先的游戏开发和运营机构，也是国内最大的网络游戏社区。腾讯游戏以"用心创造快乐"为理念，通过在MOBA、FPS、RPG、ACT、体育竞技、竞速、棋牌等多个产品细分领域的耕耘，旗下囊括英雄联盟、穿越火线、地下城与勇士、王者荣耀等多款精品游戏，致力为玩家提供"值得信赖的""快乐的"和"专业的"互动娱乐体验。在开放性的发展模式下，腾讯游戏采取内部自主研发和外部多元化合作两者结合的方式，已经在多个细分市场领域形成专业化布局，并取得了良好的市场业绩，为国内游戏行业的领军者。腾讯游戏与阅文集团（腾讯文学）、腾讯动漫、腾讯影业、腾讯电竞共同组成腾讯互动娱乐事业群的泛娱乐业务矩阵。从"地下城与勇士"到"穿越火线"，以及长盛不衰的QQ各类棋牌游戏，再到"王者荣耀"，游戏是腾讯最赚钱的业务，曾与腾讯3Q大战的奇虎360的周鸿祎表达了他对腾讯的羡慕，"我们算过它（腾讯游戏）比贩毒的利润还高，但没有贩毒的风险"，这话听起来有几分醋意，却也写实：互联网公司中，腾讯的业务最为稳固，收入稳定且鲜有竞争对手足以威胁它，游戏收入自2009年超越盛大之后，国内便再无对手，笑傲江湖。

鉴于腾讯游戏在行业中的绝对领导型和对社会影响的广泛性，腾讯游戏应当承担相应的社会责任，尤其是对青少年身心健康保护的社会责任。

（三）腾讯游戏社会责任的践行概况

伴随着互联网的普及，网络文化在网民日常生活中扮演的角色越来越重要，而网络游戏作为网络文化的重要组成部分，覆盖了2/3的网民。游戏产业不断发展壮大的同时，一些问题也开始显现。就在ChinaJoy召开前几天，《王者荣耀》一直深陷在是"荣耀"还是"毒药"的旋涡里。面对这种情况，《王者荣耀》除了进行实质性的防沉迷系统升级之外也不断对外发出自己的声音。除了制作人公开信之外，这次ChinaJoy上，《王者荣耀》还参与了网络伦理与游戏文化分会。开发出《王者荣耀》、腾讯旗下负责研发精品游戏的工作室天美工作室群副总裁纪泽锋在分会上表示，作为国民游戏的《王者荣耀》，在传承发展中国传统文化方面进行了诸多探索，并已经取得了初步成效。他们希望将《王者荣耀》作为

"文化索引"，即通过游戏的形式，在玩家的游戏过程中激发其对历史人物以及传统文化的兴趣，从而主动去探索，学习更多的相关知识。

而在防止玩家特别是未成年玩家沉溺游戏方面，腾讯于近日宣布以《王者荣耀》为试点，推出健康游戏防沉迷系统的"三板斧"——限制未成年人每天登录时长、升级成长守护平台、强化实名认证体系。其中包括 12 周岁以下（含 12 周岁）未成年人每天限玩 1 小时，并计划上线晚上 9 时以后禁止登录功能；12 周岁以上未成年人每天限玩 2 小时；增加"未成年人消费限额"功能，限制未成年人的非理性消费等。

在社会价值引导，关爱青少年发展方面，腾讯游戏也一直践行公益活动。在腾讯游戏五周年时，腾讯公益慈善基金会特别向湖南省青少年基金会捐赠了 225 万元人民币，并通过湖南卫视的两档大型公益节目《勇往直前》和《智勇大冲关》向全社会传播爱心主题，共同为青少年公益事业助阵。通过本次五周年公益捐款，QQ 游戏用实际行动引领行业风气，为青少年的健康、快乐成长贡献自己的力量。

1. 提供绿色健康产品

为用户提供合适的绿色健康产品，提供健康有益的玩法，不以诱导沉迷为导向，这是对我们最基本的要求。

依据开拓网络游戏细分市场的策略，腾讯游戏从七八年以前就开始了自身产品平台的搭建，力图为不同年龄、不同性别的用户提供不同细分题材和品类的优秀产品。特别是面向广大非传统游戏用户，腾讯推出了多款成功的游戏产品，也拥有比较丰富的研发和运营经验。

腾讯曾经推出的游戏产品《小熊梦工厂》，是一款用户定位为白领用户和学生的桌面在线休闲游戏，目前业绩十分理想。这款产品的成功，说明并不是只有 PK 和低俗才能吸引眼球和赢得欢迎。而这不仅在腾讯，也在中国网游行业过去十年涌现出的一批精品游戏身上得到了验证。

2. 倡导积极向上文化

游戏产品是文化属性上的内容。这并不仅是指网络游戏作为文化产品所必备的一定的文化背景，更多是希望能通过产品以及一些市场运营活动倡导积极向上的文化和态度，这也是在商业收益之外对于精神层面的促进。

腾讯游戏在打造电竞赛事上做了比较多的探索，旗下多款具备丰富竞技要素的网游产品都举办了一系列的竞技赛事。这些赛事共吸引了超过千万人次的用户参与，取得了非常好的效果。在比赛中也涌现出了一批明星选手，他们不仅拥有扎实过硬的技术，更以积极乐观的生命态度感动着每一个人。

3. 致力社会公益慈善

作为国内最早关注社会责任和公益活动的互联网企业，腾讯从一开始就在不断地思考与探索，希望能在搭建一个最全面的网游平台的同时，也能更大地发挥网络游戏的社会效应，将致力于爱心公益的价值观传递给玩家。比如，"腾讯梦想空间"是由腾讯公益慈善基金会出资，联合公益伙伴一同合作的项目。它旨在用一间现代化的多媒体教室装点乡村孩子梦想，为乡村孩子跨越信息鸿沟搭建互动平台。

4. 爱心联盟：与用户同在

腾讯在致力于社会公益、履行自身应有的社会责任之外，更认识到需要利用和发动平台资源，发动旗下用户参与全民公益活动。腾讯与用户同在，携手用户一起投身公益事业。

腾讯游戏爱心联盟将作为腾讯游戏旗下的子品牌之一而存在和运营。它是聚集腾讯游戏旗下所有用户的爱心公益组织，将由腾讯游戏自发，或由腾讯游戏组织用户更深入地开展各种爱心公益活动。期望通过这些工作，帮助用户树立正确的价值观，同时尽所能发动、影响更多的人加入爱心公益活动中去。

5. 社会责任：中国网游业的共同使命

企业越大、整个行业越大，社会责任也就越大。网络游戏是为用户带来积极快乐的行业。腾讯游戏希望能与腾讯平台上的所有用户一起一路成长，不仅为他们提供更多精彩丰富的游戏体验和欢乐，更希望通过腾讯平台的力量带领和发动所有网友和普通民众体验公益、参与公益，向更多人传递公益理念和爱心，塑造良好的社会公益氛围。

（四）腾讯游戏社会责任与企业声誉关系

2018年8月15日，腾讯发布但未经审核的第二季度及中期综合业绩财务报表显示：腾讯第二季度总收入为人民币1472.03亿元，比上年同期增长了39%，其中来自游戏的收入为305亿元。

《王者荣耀》引发社会集体呼吁腾讯公司的社会责任是在2017年初，为研究社会责任与企业声誉和企业绩效的关系，下面对比分析2017年和2018年各季度游戏财务绩效情况：

2017年Q1：就PC客户端游戏而言，腾讯实现约人民币141亿元的收入，同比增长24%；就智能手机游戏而言，腾讯实现约人民币129亿元的收入，同比增长57%。游戏合计收入270亿元。

2017年Q2：个人电脑客户端游戏收入同比增长29%至约人民币136亿元；智能手机游戏收入同比增长54%至约人民币148亿元，首次超过个人计算机客户端游戏收入。游戏合计收入284亿元。

2017年Q3：PC端游戏实现约人民币146亿元的收入，同比增长27%；智能手机游戏收入同比增长 84% 至约人民币 182 亿元。游戏合计收入 328 亿元。

2017 年 Q4：个人电脑客户端游戏收入同比增长 13% 至约人民币 128 亿元；智能手机游戏收入同比增长 59% 至约人民币 169 亿元。游戏合计收入 297 亿元。

2018Q1：智能手机游戏收入约达人民币 217 亿元，同比增长 68%；个人计算机客户端游戏收入约达人民币 141 亿元，与上年同期持平。游戏合计 358 亿元。

2018Q2：智能手机游戏收入同比增长 19% 及环比下降 19% 至人民币 176 亿元；个人计算机客户端游戏收入同比下降 5% 及环比下降 8% 至人民币 129 亿元。游戏合计收入 305 亿元。

尽管《王者荣耀》是在 2017 年初被社会热议的，但对 2017 年各个季度的财报分析发现，游戏收入同比均增长，从 2017 年第一季度的 270 亿元增加到超过历史最高值 328 亿元。在 2017 年第四季度回落至 297 亿元，然后又于 2018 年第一季度增加至 358 亿元，第二季度又回落到 305 亿元。

通过一系列的数据分析，发现游戏营收存在波动情况，但整体是趋于稳步上升的。营收波动情况与其他新游戏的推广有极大关系，而且随着一款游戏产品上市越久，其产品的市场渗透能力就越弱，增值空间就越接近天花板。所以，腾讯游戏的业绩波动并不能说明是受其社会责任履行不到位的影响。相反，排除游戏市场本身的竞争原因，可以认为腾讯游戏的社会责任履行较好，《王者荣耀》对腾讯的企业声誉和企业绩效几乎没有任何负面影响。这是因为腾讯是一家很有责任的互联网巨头，在 18 年的发展中一直努力担当着社会责任，而且成果斐然。加之《王者荣耀》后续的整改与努力很快被执行下去，腾讯的责任担当从未怠慢，因而腾讯的企业声誉几乎没有受到任何负面影响，企业业绩也有增无减。这样的结论反而进一步证明本书的研究观点：持续良好地履行社会责任的公司，企业声誉良好，企业绩效显著提高，也就是说企业社会责任的履行与企业声誉存在显著关系，企业声誉又进一步影响企业绩效。

六、网络游戏企业社会责任与企业声誉的关系

本部分讨论网络游戏公司的社会责任。网络游戏公司首先是互联网企业，有着运营虚拟性和广泛性；其次，网络游戏有着文化内容属性，属于文化产业，因而在价值导向、道德规范、行为准则和积极的意识形态方面具有引领作用；最后，网络游戏公司还具备企业公民属性。因而，网络游戏企业应当承担相应的社

会责任，主要是对用户、客户、行业、伙伴和政府履行经济责任、道德责任、法律责任、公益责任、技术责任等社会责任。

本部分采取个案研究，对我国最大的游戏厂商——腾讯旗下的游戏产品进行案例分析，探讨游戏公司的社会责任。通过案例分析，发现腾讯的社会责任履行及企业声誉与企业绩效存在显著关系。但是这一结论可能不够精确，因为腾讯公司的业务类型太多，游戏只是众多业务中的一小部分，从营业收入看，游戏收入大概占总收入的12%左右。所以游戏的社会责任履行对整体腾讯的企业声誉到底有多大的影响力不得而知。从游戏的社会责任履行来推论腾讯公司整体的企业声誉和企业绩效显然是不合理的。

那么，从腾讯公司整体的社会责任治理和企业声誉、企业绩效的现有表现看，能否推论出腾讯公司社会责任的履行与企业声誉和企业绩效之间存在显著关系呢？显然也是不能的。因为腾讯的企业声誉及企业绩效与腾讯的市场垄断地位、腾讯的技术创新优势、腾讯的行业背景优势有极大关系。假想一下，如果腾讯完全不履行社会责任，腾讯的企业声誉和企业绩效就会大幅度下降吗？显然这样的假设找不到验证答案。所以，我们也就不能得出腾讯社会责任履行与企业声誉、企业绩效有显著关系的结论了。幸好，腾讯公司自诞生以来，一直致力于社会责任的担当和落实，从技术创新服务国家和经济社会的发展，到行业自律和行业生态责任的履行，再到员工关怀和社会慈善公益事业的推动，都无不体现着腾讯的企业使命和企业价值——成为最受尊敬的互联网企业。腾讯一直积极参与公益事业、努力承担企业社会责任、推动网络文明，为我国经济社会的发展和网民应用尤其是社交网络应用做出了杰出贡献。

第四篇

研究结论

通过研究发现，企业生态责任、企业声誉与可持续发展之间存在的关系与企业的性质（传统企业或数字经济型企业）有关。对传统企业而言，企业生态责任和企业声誉与企业绩效之间存在的是正相关的影响。但是，对数字经济型企业的生态责任研究得出的结论与传统企业的结论不太一致。数字经济型企业即使不履行社会责任，对企业声誉和企业绩效也不会产生较大影响，履行社会责任还是对企业声誉和企业绩效有一定影响的，但至于这种影响程度有多大，影响关系是什么，本书并未详细深入地实证考究。

第十三章
研究总结

一、结论与启示

随着现代经济的快速发展与生态环境遭受污染和破坏日趋严重，企业生态责任的履行和企业声誉的构建，已经逐渐成为企业在市场中获得竞争优势并实现其可持续发展的必由之路。从国内外的研究可以看出，国外对于企业生态责任的履行和企业声誉的重视远远超前于中国，并且在这方面的管理实践上也已经开始趋于成熟。中国起步较晚，特别是对于企业生态责任的研究可以说是寥寥无几，虽然提出可持续发展战略以后，各个领域对于生态的保护和生态经济的重视在逐步提高，但是从现今企业和政府的重视程度来看是远远不够的，人们对于这方面的意识也有待提高。

（一）研究结论

本书采取文献分析、深度访谈、问卷调查、数理统计、案例分析和对比分析的方法，分别对传统企业和数字经济型企业进行了企业社会责任、企业声誉、企业绩效关系的研究。对传统企业的研究侧重使用数理统计法，对数字经济型企业的研究侧重使用案例分析法。通过研究发现，企业生态责任、企业声誉与可持续发展之间存在的关系与企业的性质（传统企业或数字经济型企业）有关。综合两部分的研究结果来看，可以将其归纳为以下三个方面：

（1）传统企业的产品往往涉及人们的健康和生命，而且对我们赖以生存的自然环境也产生着重要影响，而自然环境又直接影响我们的健康和生命，所以传统企业的生态责任尤为重要。企业生态责任和企业声誉与企业绩效之间存在的是正相关的影响，企业生态责任与企业绩效存在正相关的影响，企业声誉与企业绩效之间也存在着正相关的影响。这就表明了企业积极履行生态责任，可以提升企业声誉，从而促进企业提高绩效，对企业及整个行业的可持续发展起到巨大的作用。企业不履行生态责任，企业声誉可能急速下滑，甚至企业破灭终亡。

（2）企业通过履行生态责任来获得利益相关者的信任，从而提高企业的竞争能力。在高速发展的经济环境中，信息的传递变得尤为便捷，这使得市场竞争变得自由，从而使得产品同质的可能性变高。通过新的产品和发明吸引消费者的概率在下降。这个时候企业就应该找准新的突破口，那就是通过提高自己产品的生态安全系数、提高服务的生态性来吸引对于生态意识已经崛起的消费群体。当然企业面对的不仅是消费者，还有员工等所有的利益相关者，他们对企业抱有的认知、情感和行为倾向都将直接影响企业的发展和壮大。这就如文中描述性分析的结果一样，只有获得了利益相关者的信任和青睐才能提高企业的竞争能力。

（3）企业通过履行生态责任，能提升企业的声誉，对企业效益产生积极影响。企业在生态责任和可持续发展的基础上进行企业生态责任的设计，将现有的设计领域、责任领域以及可持续性领域交织在一起。企业对于生态责任的履行强化了企业在市场中的地位和特征，加深了社会成员与企业之间的联系，同时加快了外界对于企业声誉的认同速度，并且在这一过程中促进了企业与利益相关者之间价值观的融合。良好的生态责任行为可以提高消费者对企业产品和服务的评价。生态责任做得好的企业，会给公司树立一种良好的声誉。消费者对于具有良好声誉的企业的产品质量、员工能力以及服务水平会倾向于做出更高的评价。同时，企业也更容易得到消费者的信任，因为当消费者接收到企业积极履行生态责任的信息之后会对企业的信任感加强，进而提高对产品的购买意愿以及忠诚度。因此在产品市场和服务市场上，企业声誉与顾客对产品以及服务的购买信心之间是一个正向的相关关系。消费者对声誉良好的企业产品保持积极乐观的态度，而对不良的企业恰好相反。此外，消费者若对声誉良好的企业所提供的产品以及信息保持认同和信任的倾向，则受到该企业营销信息影响的可能性也就越大。因此，企业承担生态责任的行为会对自身效益产生积极影响。

在生态伦理的视角下，企业承担生态责任不是局限于已有的产品、服务和经营理念，而是在于激发企业的自主创新能力，实现技术的突破和管理的提升，增加企业产品的可持续性，以及环境保护的附加值。促使企业经济效益、社会效益以及生态效益相一致是企业生态责任的出发点。因此，企业应该以可持续发展为目标，积极保护生态环境，提升企业自身环境保护能力，改善环境保护与企业短期利益之间的冲突，实现可持续的发展。短期来看，企业为了生态环境的保护需要牺牲眼前一部分利益，如企业需要增加污染处理费用等。但是从长期来看，企业生态责任的履行是一种长远的可持续发展的正确道路，是经济利益与持续发展的双赢之举。因此，中国应该且必须加强企业生态文化建设，以生态伦理为核心，将保护环境、节约资源、维护生态平衡的观念贯穿到企业的制度、文化、理念当中，切切实实地渗透到企业生产经营的每一个过程当中。

综上所述，企业的生态责任的履行对于企业声誉的影响是直接且是显而易见的。这个结论给我们的启示是：履行好生态责任，必定能提升企业声誉，而良好的企业声誉也会督促企业履行好生态责任，这是一个良性的循环过程。

但是，对以互联网企业为主的数字经济型企业的生态责任研究得出的结论与传统企业的结论不太一致。

数字经济型企业的经营性质是虚拟的，尤其是互联网企业，是以网络为载体构建商业生态体系的，并不直接生产商品，所以互联网企业的网络服务并不涉及太多的生态责任，只是电子商务企业的交易商品以实体商品为主，实体商品除生产加工外，流通过程也涉及生态环境，所以电商企业有一定的生态责任；互联网金融控制着资金流动，间接地影响着企业的环保责任，所以互联网金融企业也有一定的生态责任。数字经济型企业的生态责任不会直接危及人的健康和生命，因而对社会责任中的生态责任的要求并不强烈，但作为互联网企业，信息传递及价值导向、文化道德这方面的社会责任尤为重要，所以数字经济公司也有重大的社会责任。因此，本书对数字经济型企业的生态责任研究转向为社会责任的研究。由于数字经济型企业的网络服务的生态责任和社会责任并不危及人的生命，所以即使不履行社会责任，对企业声誉和企业绩效也不会产生较大影响。这一结论与传统企业的结论完全不一致。但是通过案例分析，数字经济型企业的社会责任履行还是对企业声誉和企业绩效有一定的影响，但至于这种影响程度有多大，影响关系是什么，本书并未进行详细深入的实证考究。

（二）建议

根据本书的研究结论，结合中国的发展现状，笔者对于企业的生态责任实践提出以下七个方面的建议：

（1）企业要力争取得 ISO14001 国际认证，并积极地投入到生态安全的产品和服务开发创新中去。从书中的分析结果可以看出就目前的市场动态而言，公众更加青睐于购买生态安全的产品和服务，并且对于这类产品和服务有更高的忠诚度。企业若是想要提高其在市场上的竞争力就必须要重视在产品和服务方面的生态责任的履行。

（2）企业不仅要满足大众消费者对于生态安全的诉求，也应该满足员工和股东等利益相关者的生态要求。由于人类对于自然过度的索取导致资源稀缺，而产业的发展却在继续，这就需要企业在重视生态经济、重视员工的归属感和满足股东的利益三个方面都不能少。实现生态经济需要企业在生产管理的过程中努力地实现资源的合理利用、废物再利用等；重视员工的归属感需要企业在生产管理的过程中对于员工的工作环境和员工的健康福利加以重视，这样才能够减少企业的人员流失从而减少企业的管理成本，加快企业的发展进程；满足股东的利益不再是简单地追求企业的利润的提高，现在对于一个企业而言股东更加看重的是它的可持续发展性。所以企业要积极地投身到生态环境的保护中去，塑造良好的企业形象，从而提升企业声誉。

（3）企业除了需要重视自己的生产管理，也需要把生态责任意识放在其他的管理活动中。企业可以与政府合作促进当地的生态发展和维护。与政府共同发展能够使得企业在当地的市场打下牢固的基础，对于其以后的市场拓展或是跨领域的发展创造更加良好的条件。

（4）企业进行生态环境的保护离不开政府对于企业行为的鼓励。政府应该制定配套的经济激励机制，将保护环境、维护生态平衡作为衡量企业是否履行生态责任的重要指标。通过制度的强制性才能够在法律的层面约束企业的投机意图以及行为，应充分利用奖惩机制，调动企业环境保护的积极性和主动性。此外，政府还应综合运用市场、法律等手段规范企业环境保护行为，政府这只"看得见的手"要善于运用经济杠杆，实行鼓励性的环保政策，规范企业行为。同时，对于资源节约型和环境友好型的企业实行优惠政策，将政策倾向于这类企业，通过税收减免、信贷优惠、环保补贴等形式对这类企业因环境保护所牺牲的利益进行补偿；通过行政的力量对于非环境友好型企业进行经济处罚等措施来形成政策上的导向，引导企业进行环境保护。

（5）政府通过建立完善公众参与机制能够更好地激励企业主动去承担生态责任。因为加强了公众的监督之后，公众的监督行为会对企业产生一个外在的压力，以此引导企业的生态行为。在绿色消费、绿色生产、绿色经营的背景下，充分发挥公众舆论宣传的作用，通过舆论宣传，引导企业生产者进行节约资源、保护环境的生态行为，培养企业的生态文化，将生态文化意识渗入企业生产经营中的点点滴滴。

（6）政府应建立一个不仅与国际接轨，而且符合中国现实国情，以生态责任为重点的企业社会责任评价体系，用来规范以及约束企业的生产、经营和管理等行为。

（7）数字经济型企业应该利用自己的技术优势和行业领导能力，极力维护好互联网经营环境，构建良好的行业发展生态体系，促进自身企业的可持续发展和社会经济的发展。比如谷歌与百度相比，百度在中文检索领域的生态责任履行就比谷歌做得好得多，因而百度成为了中国 BAT 巨头之一，而谷歌则黯然退出了中国大陆市场。

二、局限

本书由于时间紧，研究组成员个人能力有限，调查问卷发放不够广，以及选择的行业和实证研究样本的代表性不够全面等客观原因，在研究过程中仍存在一些疏漏和局限，需要在未来的研究中加以改进和完善，这些局限性主要包括：

（1）对被调查的企业规模、商业模式、经营现状，以及调查对象的人格等特征没有进行区分，可能造成研究结论与实际存在偏差。在后续的研究过程中，在样本的选取上会尽可能运用科学的抽样方法，使样本更具代表性。

（2）被调查者的相关消费经历、背景特征、风险厌恶倾向、服务质量敏感性等可能会影响到企业声誉的感知与行为判断，后续研究应该对这些变量进行操纵或控制，以明确其对评价的有效性及公正性。

（3）本书没有考虑干扰变量的作用。本书中没有将利益相关者的价值取向因素考虑在内，而事实上这个因素会对利益相关者对企业的评价或看法，以及企业履行生态责任的真实动因产生影响。在未来的研究中可能考虑将利益相关者的社会责任意识、信任倾向等因素设为干扰变量来进行更为细致的讨论。

（4）本书对新兴数字经济型企业生态责任和企业声誉的关系研究还不够深入，以互联网企业为代表来研究数字经济型企业的社会责任与企业声誉是否具有科学性还有待实践证明。对互联网企业的生态责任研究以社会责任代替是否可靠还不得而知，对互联网企业的研究基本采取理论文献推演和比较分析的方式，结合个案进行观点论述，但个案研究结论是否具有普遍性也不能确定，而且定性的案例分析所得的结论得不到实证科学的证明。

三、展望

对于企业生态责任和企业声誉之间的关系及相关理论，还可以从以下六个方面作进一步的深入研究：

（1）结合中国的实际情况以及前人的研究成果，准确定义生态责任的结构划分，进而通过相应的实证来研究其结构方面与企业声誉、企业可持续发展的关系。

（2）研究国内外对于企业声誉的评价方法，结合中国当今经济结构性调整和供给侧改革情景下的企业可持续发展的案例，论证本书对于企业声誉的定义和结构划分的合理性。

（3）收集中国上市公司财务数据，对企业生态责任与企业绩效之间的关系进行研究，并与企业的非财务绩效进行对比，进而根据实证结果给出更加全面、更加贴近中国企业现状的企业生态责任和声誉管理的建议。

（4）从国家生态文明建设的战略高度和政策层面来深入探讨中国企业履行生态责任的内部驱动和外部推进因素，寻找和构建符合中国特色的企业履行生态责任的内生动力和外部推进机制。

（5）通过文献资料总结数字经济型企业生态责任的理论基础和指标体系。收集数字经济型企业的生态责任履行情况，结合文献研究结论和中国互联网实际，构建数字经济型企业生态责任与企业声誉、企业绩效的关系模型，进而通过收集企业的财务绩效，以实证研究的方式保证数字经济型企业生态责任与企业声誉、企业绩效关系研究的科学性和可靠性。

（6）互联网企业笼统地可以分为电子商务企业、网络媒体企业、互联网金融企业、搜索引擎和游戏企业五类。每一类企业的生态责任不太一样，因而后续研究应该分类讨论，并采用定量分析的方式来保证研究结果的可靠性。

参考文献

［1］ Angel, J. J. , Rivoli, P. Does ethical investing impose a cost upon the firm? A theoretical perspective ［J］. The Journal of Investing, 1997, 6 (4): 57 – 61.

［2］ Balmer, J. M. , Gray, E. R. Corporate brands: What are they? What of them? ［J］. European Journal of Marketing, 2003, 37 (7/8): 972 – 997.

［3］ Barnett, M. L. , Boyle, E. , Gardberg, N. A. Towards one vision, one voice: A review essay of the 3rd International Conference on Corporate Reputation, Image and Competitiveness ［J］. Corporate Reputation Review, 2000, 3 (2): 101 – 111.

［4］ Barney, J. Firm resources and sustained competitive advantage ［J］. Journal of Management, 1991, 17 (1): 99 – 120.

［5］ Beatty, R. P. , Ritter, J. R. Investment banking, reputation, and the underpricing of initial public offerings ［J］. Journal of Financial Economics, 1986, 15 (1): 213 – 232.

［6］ Bennett, R. , Gabriel, H. Reputation, trust and supplier commitment: The case of shipping company/seaport relations ［J］. Journal of Business & Industrial Marketing, 2001, 16 (6): 424 – 438.

［7］ Bentler, P. M. , Bonett, D. G. Significance tests and goodness of fit in the analysis of covariance structures ［J］. Psychological Bulletin, 1980, 88 (3): 588.

［8］ Bentler, P. M. Comparative fit indexes in structural models ［J］. Psychological Bulletin, 1990, 107 (2): 238.

［9］ Bhattacharya, C. B. , Sen, S. Consumer – company identification: A framework for understanding consumers' relationships with companies ［J］. Journal of Marketing, 2003, 67 (2): 76 – 88.

［10］ Blair, Margaret M. Ownership and control: Rethinking corporate governance for the Twenty – first century ［M］. The Brookings Institution, 1995.

[11] Brammer, S., Pavelin, S. Building a good reputation [J]. European Management Journal, 2004, 22 (6): 704 – 713.

[12] Brown, B., Perry, S. Removing the performance halo from Fortune's "Most Admired" companies [J]. Academy of Management Journal, 1994, 37 (5): 1347 – 1359.

[13] Brown, T. J. Corporate associations in marketing: Antecedents and consequences [J]. Corporate Reputation Review, 1998, 1 (3): 215 – 233.

[14] Byrne, B. M. Structural equation modeling with AMOS: Basic concepts, applications, and programming [M]. London: Lawrence Erlbaum, 2001.

[15] Carroll, A., Buchholtz, A. Business and society: Ethics, sustainability, and stakeholder management [Z]. Cengage Learning, 2014.

[16] Carroll, A. B. A three – dimensional conceptual model of corporate performance [J]. Academy of Management Review, 1979, 4 (4): 497 – 505.

[17] Cho, C. H., Laine, M., Roberts, R. W., Rodrigue, M. Organized hypocrisy, organizational facades, and sustainability reporting [J]. Accounting, organizations and society, 2015, 40: 78 – 94.

[18] Cornell, B., Shapiro, A. C. Corporate stakeholders and corporate finance [J]. Financial Management, 1987, 16 (1): 5 – 14.

[19] David Grayson. From responsibility to opportunity [J]. Corporate Responsibility Management, 2005 (2): 34 – 37.

[20] Dean, T. J., Brown, R. L. Pollution regulation as a barrier to new firm entry: Initial evidence and implications for future research [J]. Academy of Management Journal, 1995, 38 (1): 288 – 303.

[21] Deshpande, S., Hitchon, J. C. Cause – related marketing ads in the light of negative news [J]. Journalism & Mass Communication Quarterly, 2002, 79 (4): 905 – 926.

[22] Dunbar, R. L. M., Schwalbach, J. Corporate reputation and performance in Germany [J]. Corporate Reputation Review, 2000, 3 (2): 115 – 123.

[23] Dunn, B. C., Steinemann, A. Industrial ecology for sustainable communities [J]. Journal of Environmental Planning and Management, 1998, 41 (6): 661 – 672.

[24] Dutton, J. E., Dukerich, J. M., Harquail C V. Organizational images and member identification [J]. Administrative Science Quarterly, 1994, 39 (2): 239 – 263.

[25] Folkes, V. S., Kamins, M. A. Effects of information about firms' ethical

and unethical actions on consumers' attitudes [J]. Journal of Consumer Psychology, 1999, 8 (3): 243 – 259.

[26] Fombrun C. Reputation [M]. Boston: Harvard Business School Press, 1996.

[27] Fombrun, C., Shanley, M. What's in a name? Reputation building and corporate strategy [J]. Academy of Management Journal, 1990, 33 (2): 233 – 258.

[28] Fombrun, C., Van Riel, C. The reputational landscape [J]. Corporate Reputation Review, 1997 (1): 1 – 16.

[29] Fombrun, C. J., Rindova, V. Reputation management in global 1000 firms: A benchmarking study [J]. Corporate Reputation Review, 1998, 1 (3): 205 – 212.

[30] Fombrun, C. J., Van Riel, C. B. M. Fame & fortune: How the world's top companies develop winning reputations [Z]. Pearson Education, 2003.

[31] Fombrun, C. J. Corporate reputation its measurement and management [J]. Thexis, 2001 (4): 23 – 26.

[32] Freeman, R. E. Strategic planning: A stakeholder approach [M]. Boston: Pitman, 1984.

[33] Freer Spreckley. Social audit – a management tool for cooperative working [M]. Tunbridge Wells: Beechwood College, 1981.

[34] Fryxell, G. E., Wang, J. The Fortune corporate "reputation" index: Reputation for what? [J]. Journal of Management, 1994, 20 (1): 1 – 14.

[35] Gallo, M. A. The family business and its social responsibilities [J]. Family Business Review, 2004, 17 (2): 135 – 148.

[36] Giulio, Di, A., Migliavacca, P. O., Tencati, A. What relationship between corporate social performance and the cost of capital? [C]. Philadelphia, Academy of Management Annual Conference, 2007: 3 – 8.

[37] Goldberg, M. E., Hartwick, J. The effects of advertiser reputation and extremity of advertising claim on advertising effectiveness [J]. Journal of Consumer Research, 1990, 17 (2): 172 – 179.

[38] Gotsi, M., Wilson, A. M. Corporate reputation: Seeking a definition [J]. Corporate Communications: An International Journal, 2001, 6 (1): 24 – 30.

[39] Grant, R. M. The resource – based theory of competitive advantage: Implications for strategy formulation [J]. California Management Review, 1991, 33 (3): 114 – 135.

[40] Graves, S., Waddock, S. Institutional owners and corporate social per-

formance [J] . Academy of Management Journal, 1994, 37 (4): 1034 – 1046.

[41] Gray, E. R. , Balmer, J. M. T. Managing corporate image and corporate reputation [J] . Long Range Planning, 1998, 31 (5): 695 – 702.

[42] Hall, R. The strategic analysis of intangible resources [J] . Strategic Management Journal, 1992, 13 (2): 135 – 144.

[43] Haywood, R. How to manage your reputation [J] . Customer Management, 2002, 10 (6): 14 – 17.

[44] Henriques, I. , Sadorsky. P. The determinants of an environmentally responsive firm: An empirical approach [J] . Journal of Environmental Economics and Management, 1996, 30 (3): 381 – 395.

[45] Hilson, G. Inherited commitments: Do changes in ownership affect Corporate Social Responsibility (CSR) at African gold mines? [J] . African Journal of Business Management, 2011, 5 (27): 10921 – 10939.

[46] Hobbes, Thomas. Leviathan [M] . London: Penguin Books, 1985.

[47] James Lovelock, J. , Gaia. A new look at life on earth [M] . Oxford: Oxford University Press, 2000.

[48] Kaiser, H. F. An index of factorial simplicity [J] . Psychometrika, 1974, 39 (1): 31 – 36.

[49] Keinert, C. Corporate social responsibility as an international strategy [M]. Springer, 2008.

[50] King, A. Innovation from differentiation: Pollution control departments and innovation in the printed circuit industry, Engineering Management [J] . IEEE Transactions on, 1995, 42 (3): 270 – 277.

[51] Koch, J. In search of excellent management [J] . Journal of Management Studies, 1994, 31 (5): 681 – 699.

[52] Kula, E. Economics of natural resources and the environment [M]. Springer, 1992.

[53] Lafferty, B. A. , Goldsmith, R. E. , Hult, G. T. M. The impact of the alliance on the partners: A look at cause – brand alliances [J] . Psychology & Marketing, 2004, 21 (7): 509 – 531.

[54] Lafferty, B. A. , Goldsmith, R. E. Corporate credibility's role in consumers' attitudes and purchase intentions when a high versus a low credibility endorser is used in the ad [J] . Journal of Business Research, 1999, 44 (2): 109 – 116.

[55] Lazarsfeld, P. F. , Robert K. Merton. Mass Communication, Popular Taste

and Organized Social Action [M] . New York: Harper and Row, 1948.

[56] Li Haiqin, Zhang Zigang. An empirical study on the effects of corporate social responsibility on corporate reputation and customer loyalty [J] . Nankai Business Review International, 2010 (1): 11.

[57] Mahon, J. F. , Wartick, S. L. Dealing with stakeholders: How reputation, credibility and framing influence the game [J] . Corporate Reputation Review, 2003, 6 (1): 19 – 35.

[58] Mahon, J. F. Corporate reputation research agenda using strategy and stakeholder literature [J] . Business & Society, 2002, 41 (4): 415 – 445.

[59] Maignan, Isabelle, Ralston, David A. Corporate social responsibility in Europe and the US: Insights from businesses' self – presentations [J] . Journal of International Business Studies, 2002, 33 (3): 497 – 514.

[60] Manfred Schwaiger. Components and parameters of corporate reputation – an empirical study [J] . Schmalenbach Business Review, 2004 (56): 46 – 71.

[61] Martire, C. Study quoted in "America's most admired corporations"[J] . Fortune, 1993, 2 (8): 44 – 53.

[62] McWilliams, A. , Siegel D, S. , Wright, P. M. Corporate social responsibility: Strategic implications [J] . Journal of Management Studies, 2006, 43 (1): 1 – 18.

[63] Miles, M. P. , Covin, J. G. Environmental marketing: A source of reputational, competitive, and financial advantage [J] . Journal of Business Ethics, 2000, 23 (3): 299 – 311.

[64] Milgrom, P. , Roberts, J. Price and advertising signals of product quality [J] . The Journal of Political Economy, 1986 (94): 796 – 821.

[65] Mitchell, R. K. , Agle, B. R. , Wood, D. J. Toward a theory of stakeholder identification and salience: Defining the principle of who and what really counts [J]. Academy of Management Review, 1997, 22 (4): 853 – 886.

[66] Mohr, L. A. , Webb, D. J. , Harris, K. E. Do consumers expect companies to be socially responsible? The impact of corporate social responsibility on buying behavior [J] . Journal of Consumer affairs, 2001, 35 (1): 45 – 72.

[67] Mohr, L. A. , Webb, D. J. The effects of corporate social responsibility and price on consumer responses [J] . Journal of Consumer Affairs, 2005, 39 (1): 121 – 147.

[68] Morgan, R. M. , Hunt, S. D. The commitment – trust theory of relationship

marketing [J]. The Journal of Marketing, 1994, 58 (3): 20 – 38.

[69] Nehrt, C. Timing and intensity effects of environmental investments [J]. Strategic Management Journal, 1996, 17 (7): 535 – 547.

[70] Niutanen, V., Korhonen, J. Towards a regional management system – waste management scenarios in the Satakunta Region, Finland, International [J]. Journal of Environmental Technology and Management, 2003, 3 (2): 131 – 156.

[71] Ponzi, L. J., Fombrun, C. J., Gardberg, N. A. RepTrak™ pulse: Conceptualizing and validating a short – form measure of corporate reputation [J]. Corporate Reputation Review, 2011, 14 (1): 15 – 35.

[72] Porter, M. E., Van der Linde, C. Toward a new conception of the environment – competitiveness relationship [J]. The Journal of Economic Perspectives, 1995 (9): 97 – 118.

[73] Rindova, V. P. Part VII: Managing Reputation: Pursuing Everyday Excellence: The image cascade and the formation of corporate reputations [J]. Corporate Reputation Review, 1997, 1 (2): 188 – 194.

[74] Roberts, P. W., Dowling, G. R. Corporate reputation and sustained superior performance [J]. Strategic Management Journal, 2002 (23): 1077 – 1093.

[75] Russo, M. V., Fouts, P. A. A resource – based perspective on corporate environmental performance and profitability [J]. Academy of Management Journal, 1997, 40 (3): 534 – 559.

[76] Schuler, D. A., Cording, M. A corporate social performance – corporate performance behavioral model for consumers [J]. Academy of Management Review, 2006, 31 (3): 540 – 558.

[77] Schwalbach, J. Image, Reputation und Unternehmenswerfolg, Transnational Communication in Europe, Research and Practice [M]. Berlin: Vistas, 2000: 287 – 297.

[78] Searcy, C., McCartney, D., Karapetrovic, S. Identifying priorities for action in corporate sustainable development indicator programs [J]. Business Strategy and the Environment, 2008, 17 (2): 137 – 148.

[79] Sherman, M. L. Making the most of your reputation [M]. Reputation Management, 1999: 9 – 15.

[80] Shrivastava, P. The role of corporations in achieving ecological sustainability [J]. Academy of Management Review, 1995, 20 (4): 936 – 960.

[81] Spence, A. M. Market signaling: Informational transfer in hiring and related

screening processes ［M］. Boston：Harvard University Press，1974.

［82］Spicer，B. H. Investors，corporate social performance and information dis-closure：An empirical study ［J］. Accounting Review，1978（1）：94 – 111.

［83］Steiger，J. H.，Lind，J. C. Statistically based tests for the number of com-mon factors Iowacity ［C］. Annual Meeting of the Psychometric Society，1980：758.

［84］Steiger，J. H. Structural model evaluation and modification：An interval esti-mation approach ［J］. Multivariate Behavioral Research，1990，25（2）：173 – 180.

［85］Tucker，L.，Melewar，T. C. Corporate reputation and crisis management：The threat and manageability of anti – corporatism ［J］. Corporate Reputation Review，2005，7（4）：377 – 387.

［86］Van Riel，C. B. M.，Balmer，J. M. T. Corporate identity：The concept，its measurement and management ［J］. European Journal of Marketing，1997，31（5/6）：340 – 355.

［87］Waddock，Sandra A.，Graves，Samuel B. The corporate social performance – financial performance link ［J］. Strategic Management Journal，1997，18（4）：303 – 319.

［88］Weigelt，K.，Camerer，C. Reputation and corporate strategy：A review of recent theory and applications ［J］. Strategic Management Journal，1988，9（5）：443 – 454.

［89］Wood，D. J. Corporate social performance revisiled ［J］. Academy of Man-agement Review，1991，16（10）：691 – 718.

［90］Zheng Xiujie，Yang Shue. Research on the effect of Chinese listed compa-nies' reputation on their performance ［J］. Management Review，2009，21（7）：96 – 104.

［91］卞娜，苗泽华. 微观视角下的企业生态责任国外研究述评 ［J］. 生态经济，2013（8）：22.

［92］查少刚. 论社会主义市场经济条件下的企业伦理建设 ［D］. 成都：西南财经大学，2003.

［93］解硕. 我国电子商务企业社会责任约束机制研究 ［D］. 武汉：武汉科技大学，2011.

［94］李颖雯，丁海珍，李海岚，陈淑梅. 和谐社会建设视角下的企业社会责任研究综述 ［J］. 现代商业，2011（4）：180 – 185.

［95］刘晓晴. 互联网企业履行社会责任与财务绩效的关系 ［D］. 北京：北京交通大学，2017.

［96］刘彧彧，娄卓，刘军等．企业声誉的影响因素及其对消费者口碑传播行为的作用［J］．管理学报，2009，6（3）：348 - 354.

［97］任运河．论企业的生态责任［J］．山东经济，2004（3）：29 - 32.

［98］商务部．中国电子商务发展报告 2017［EB/OL］．搜狐网，https：// www. sohu. com/a/233293651_ 580874，2018 - 05 - 29.

［99］田虹，姜雨峰．网络媒体企业社会责任评价研究［J］．吉林大学社会科学学报，2014，54（1）：150 - 158.

［100］温炎．企业社会责任行为与其品牌成长关系的研究［D］．吉林：吉林大学，2012.

［101］吴静漪，邵云飞．生态责任对企业声誉的影响——以伊利集团为例［J］．企业管理与改革，2017（9）：60 - 61.

［102］肖海岳．网络媒体企业社会责任的评价及推进研究——基于网民视角［D］．绍兴：绍兴文理学院，2013.

［103］余慧敏．电子商务企业社会责任评价指标体系构建［J］．经营与管理，2015（2）：117 - 120.

［104］张博，左鹏飞．互联网企业社会责任体系构建研究［J］．中国物价，2018（6）：74 - 76.

［105］张杨．基于汽车产业的企业声誉在中德之间的对比研究——以宝马公司企业声誉的实证研究为例［J］．科学学与科学技术管理，2009，30（9）：172 - 178.

［106］张紫莹．网络媒体"把关人"及其社会责任——以"69 圣战"为例［J］．贵阳学院学报，2012（1）：76 - 80.

［107］郑秀杰，赵曙林．企业声誉与绩效的关系——西方相关研究综述与启示［J］．经济问题探索，2009（9）：66 - 71.